척척!

현장에서 바로 써먹는

# 아파트·빌딩·상가등 시설물 유지·관리

## 테크닉북

전기기능장 김재규 지음

BM (주)도서출판 성안당

## 도서 A/S 안내

성안당에서 발행하는 모든 도서는 저자와 출판사, 그리고 독자가 함께 만들어 나갑니다.

좋은 책을 펴내기 위해 많은 노력을 기울이고 있습니다. 혹시라도 내용상의 오류나 오탈자 등이 발견되면 "좋은 책은 나라의 보배"로서 우리 모두가 함께 만들어 간다는 마음으로 연락주시기 바랍니다. 수정 보완하여 더 나은 책이 되도록 최선을 다하겠습니다.

성안당은 늘 독자 여러분들의 소중한 의견을 기다리고 있습니다. 좋은 의견을 보내주시는 분께는 성안당 쇼핑몰의 포인트(3,000포인트)를 적립해 드립니다.

잘못 만들어진 책이나 부록 등이 파손된 경우에는 교환해 드립니다.

저자 e-mail : jg1717@hanmail.net(도서 관련 문의)

본서 기획자 e-mail : coh@cyber.co.kr(최옥현)

홈페이지 : http://www.cyber.co.kr 전화 : 031) 950-6300

# 머리말

최근 건축물이 복잡해지고 있다. 디자인뿐만 아니라 건축물의 설비와 기능들이 특정 목적에 맞춰 다양해지고 이에 따라 건축물 설비에 대해서도 전문적인 지식이 요구되고 있다.

필자는 종합건설회사, 설계 및 감리, 주택관리회사 등에서 이사, 소장으로 20년간 실무에 종사하고 있다. 특급기술자 및 특급감리자 업무를 수행하면서 터득한 건축설비(기계설비) 및 전기설비에 꼭 필요한 현장 경험과 노하우를 전달하고자 '건축설비 및 전기설비 분야 기술자'에게 필요한 '아파트 · 빌딩 · 상가 등 시설물 유지 · 관리 테크닉북'을 집필하게 되었다.

이 책에서는 생활하면서 발생하는 건축설비와 전기설비 관련 문제들을 쉽게 해결할 수 있는 방법들을 알려준다. 더불어 전력이 부족해 전력수급에 어려움을 겪고 있는 요즘, 생활 속에서 쉽게 전기에너지를 절약할 수 있는 방법을 제시하여 전기에너지 소비를 줄이고 전기요금도 아낄 수 있도록 하였다.

책의 내용 중에서 기술기준 자체가 변경될 소지가 있는 사항은 개정 시 변경사항을 적용할 것이지만 시간이 걸리는 관계로 독자분들이 판단하여 현명하게 대처하시길 바란다.

마지막으로 '아파트 · 빌딩 · 상가 등 시설물 유지 · 관리 테크닉북'이 공동주택(아파트, 연립주택, 다세대주택, 기숙사), 빌딩, 상가 등에서 근무하는 주택관리사(보), 전기과장, 설비과장, 전기기사(주임), 설비기사(주임)들의 필독서가 되길 기원하며 이 책이 나오기까지 많은 자문을 준 김종규 기술자님께 감사의 말씀을 드린다. 또 노후 주거지 지원에 대한 정책과 주택 개 · 보수 에너지효율화, 주택 성능의 향상을 위한 주택정비 서비스, 자원봉사 등 취약계층의 서비스에 솔선수범하고 지역주민의 삶의 질을 높이는 등의 노력에 매진하고 있는 임채준 총괄센터장님, 김은선, 이미현, 유행순 센터장님의 자문이 많은 도움이 되었고, 지방자치단체 도시재생과 해피하우스센터 관계 공무원의 노고에 감사를 표하는 바이다.

저자 김재규

차례

# 건축설비

## Chapter 01 도어 · 섀시 관리

## Chapter 02 화장실 · 부엌 관리



## Chapter 03 벽지 · 건물 외부 관리

# 소방설비 및 기타

# 생활 속 전기

# 공구 01 | 전기드릴

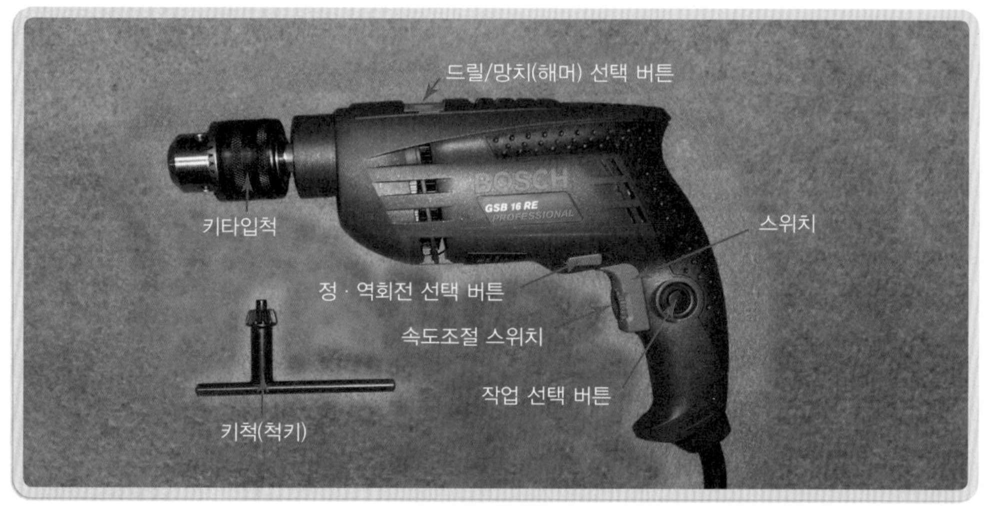


| 전기드릴 외부구조 |

| 전기드릴 내부구조 |

## 공구 소개

- 전기로 작동되는 드릴로 전동기의 회전자 끝에 드릴척이 있으며 다양한 속도의 회전을 이용하여 콘크리트 등 강도가 강한 소재에 구멍을 뚫는 데 사용한다.
- 정확한 드릴링을 하기 위해 조절하는 장치가 있다.
- 다이얼로 속도조절을 하고 속도의 선택이 가능하다.
- 정 · 역회전 선택 버튼을 적용할 수 있다.
- 목재, 타일을 작업할 경우 진동멈춤 기능을 적용할 수 있다.
- 전자식 속도조절장치를 적용한다.

**전동공구**

전원에 플러그가 있는 전선을 사용하거나 배터리를 사용하는 공구를 말한다.

## 공구 조작방법

### (1) 드릴/망치(해머) 선택 버튼

- 드릴 선택(우측) : 목재, 철재 등 작업에 맞도록 선택하며 일반 드릴작업에 사용한다.
- 망치 선택(좌측) : 콘크리트의 천장, 벽, 바닥, 석재 등을 뚫을 때 진동기능을 사용하여 콘크리트를 두들겨주기 때문에 콘크리트용 비트(날)가 잘 들어가고 고속회전으로 날 끝이 손상되는 것을 방지한다.
- 드릴/망치 선택 버튼은 일반작업 또는 망치기능을 사용하고자 할 때의 작업 버튼이다(여기서, 망치=해머=임팩트).

| 드릴 선택(우측) |

| 망치(해머) 선택(좌측) |

### (2) 키타입척(드릴척)

- 드릴척 부분 세 곳의 구멍에 드라이버 팁 또는 드릴비트(날)를 꽂아서 세 곳에 골고루 조여준다. 나사못 등을 풀거나 조일 때 또는 구멍을 뚫을 때 편리하게 사용할 수 있다(여기서, 키타입척=드릴척(수동)=키레스척(자동)).
- 드릴 비트(날) 6~10[mm]까지는 일반 드릴작업을 할 수 있고, 망치드릴비트(날)10~16[mm] 등은 망치드릴 기능으로 많이 사용하고 있다.

| 각 종류의 비트(날) |

| 키타입척(드릴척) 구멍 3개 |

### (3) 키척 또는 척키

키척은 드릴척을 조였다 풀었다 하는 척의 기구(열쇠)이다.

| 키척(척키) |

| 키타입척(수동) |

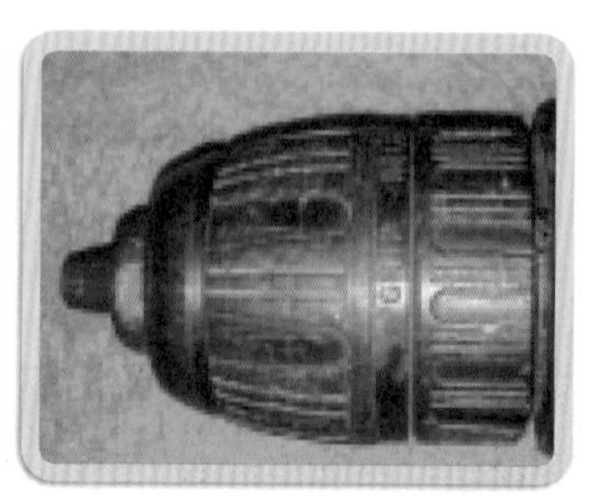

| 키레스척(자동) |

### (4) 작동 버튼 또는 스위치 작동

드릴 작동 스위치이고 이때 누르는 힘의 정도에 따라 속도가 조절된다(속도조절 스위치가 없는 경우).

**자동멈춤기능**

작업 중 용량을 넘어서 힘을 무리하게 가하여 사용할 때 '자동으로 멈추는' 기능이 되어 있다(용량을 넘어 힘을 무리하게 가하면 스위치 부분 등의 고장이 발생).

### (5) 속도조절 스위치

좌측으로 돌린 만큼 속도가 빠르게 되고, 우측으로 돌린 만큼 속도가 점점 느리게 된다.

### (6) 정 · 역회전 선택 버튼

- 정회전(오른쪽 버튼 누름)은 드릴의 회전방향이 시계방향이다.
- 역회전(왼쪽 버튼 누름)은 드릴의 회전방향이 반시계방향이다.
- 안전모드(버튼은 중간 위치)는 버튼을 중간 위치에 놓으면 드릴이 회전하지 않으므로 안전사고를 방지할 수 있다.

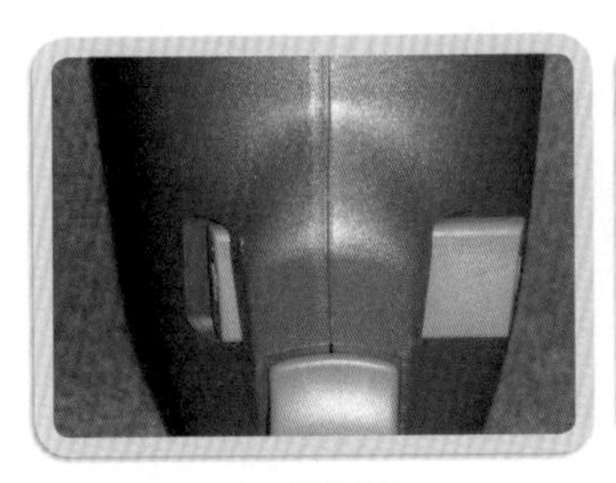

| 정회전 |

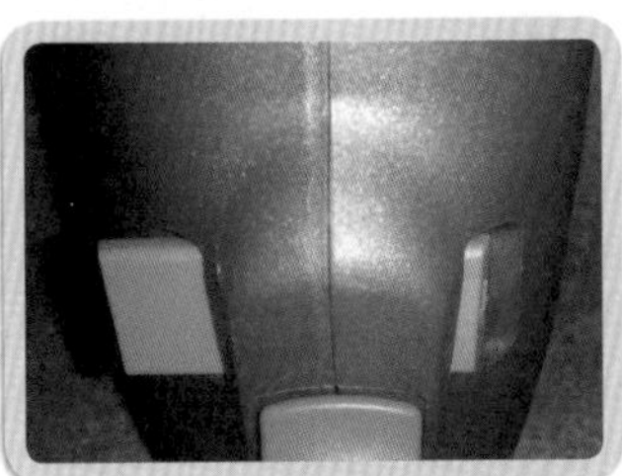

| 역회전 |

| 안전모드 |

### (7) 작업 선택 버튼

전기드릴 손잡이 부분의 작은 버튼은 연속동작을 가능하게 해주는 버튼이고 잠금 버튼은 말 그대로 버튼을 눌렀을 경우 회전상태가 계속되는 기능이다.

## 키척(척키) 보관방법

- 드릴 손잡이의 끝부분에 키척 보관꽂이가 고무 별모양으로 뚫려 잃어버리지 않도록 관리한다(끼우지 않고 작업을 하다 보면 분실되는 경우가 많고 고무 별모양이 찢어지는 경우도 있음).
- 드릴 플러그에서 약 25[cm] 떨어진 드릴 전선 쪽 위치에 키척을 케이블 타이나 끈 등으로 그림과 같이 세 곳을 묶어서 사용하면 분실할 위험도 없고 작업 중에 걸리지 않아 사용하기 편리하다.
- 작업할 때 반드시 드릴비트(날)가 뚫고자 하는 위치에 직각이 되도록 사용해야 하고 그렇지 않을 경우에는 드릴비트(날)가 쉽게 부러져 사고의 위험에 노출된다.

| 키척(척키) 보관꽂이 파손 |

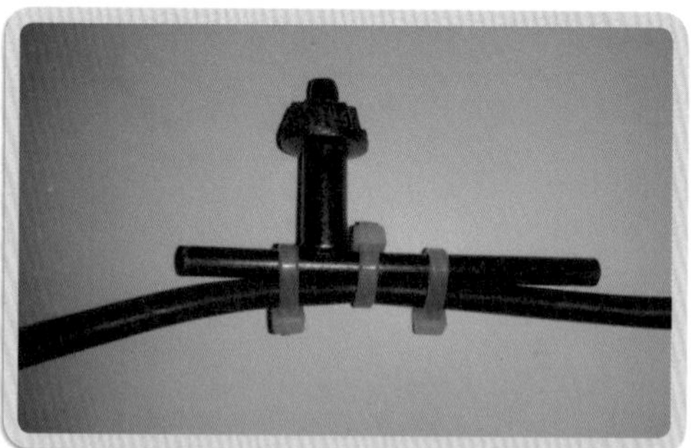

| 키척(척키) 플러그 뒤쪽 부착 |

## 전기드릴의 용량

- 전기드릴은 소비전력[W]이 높을수록 전류가 높아 드릴의 힘이 세지므로 단단한 작업물도 쉽게 작업할 수 있다.
- 소비전력 300~1,300[W]까지 다양한 전기드릴 종류가 있고, 보통 소비전력 600[W] 또는 700[W] 급을 사용하면 경제적이며 가장 많이 사용하는 드릴비트(날)는 13[mm] 정도이다.

## 드릴비트(날)의 종류

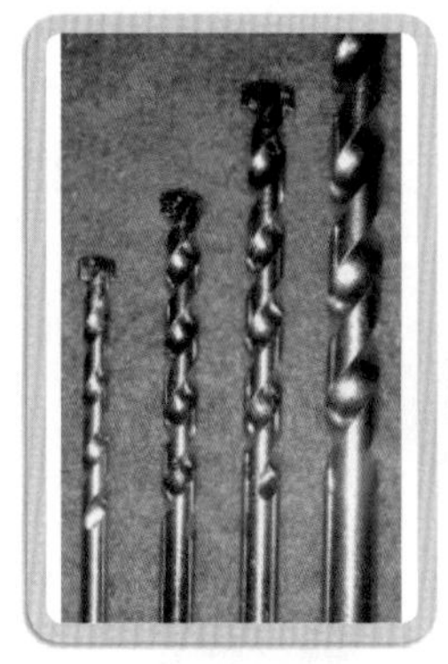

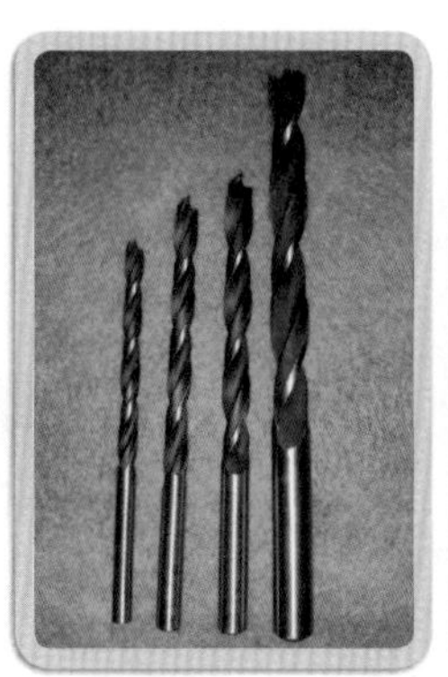

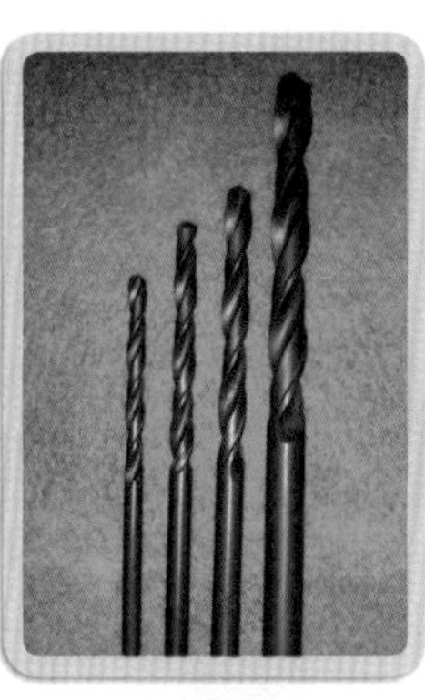

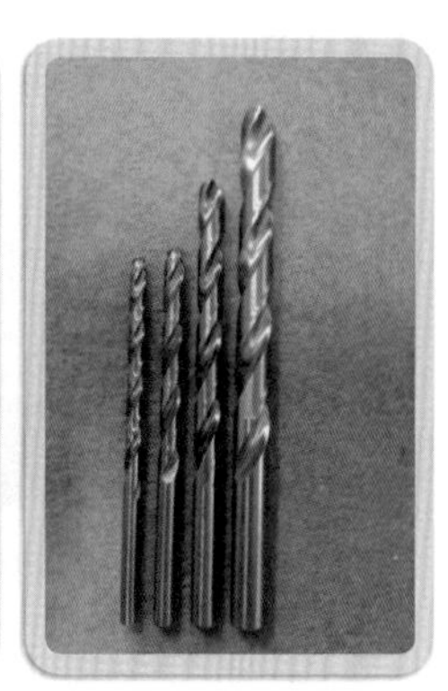

| 콘크리트용 비트 |　　| 목재용 비트 |　　| 철재용 비트 |　　| 스테인리스용 비트 |

## 주의사항

- 전기드릴을 안전하고 효율적으로 사용하기 위하여 반드시 '취급설명서'를 읽고 이해한 후 사용한다.
- 작업자의 보안경, 마스크, 안전화, 안전복 등을 착용하면 상해의 위험을 줄일 수 있다.
- 밀폐된 장소나 가연성 가스, 분진이 있는 장소, 인화 및 폭발위험이 있는 장소에서는 점화 및 불꽃을 일으킬 수 있어 전동공구를 사용해서는 안 된다.
- 전기드릴은 물이 들어가면 감전 또는 사망사고가 발생할 수 있으므로 물이나 습기가 있는 곳에 두지 않고 건조한 장소에 보관한다.

| 경 고 | 주 의 |
| --- | --- |
| "경고" 표시는 지시사항을 위반할 경우 심각한 상해나 사망사고 발생 가능성이 매우 높음 | "주의" 표시는 지시사항을 위반할 경우 제품을 사용할 수 없는 고장이나 성능 저하가 발생 |

# 공구 02 | 충전드릴

| 충전 드릴 외부구조 |

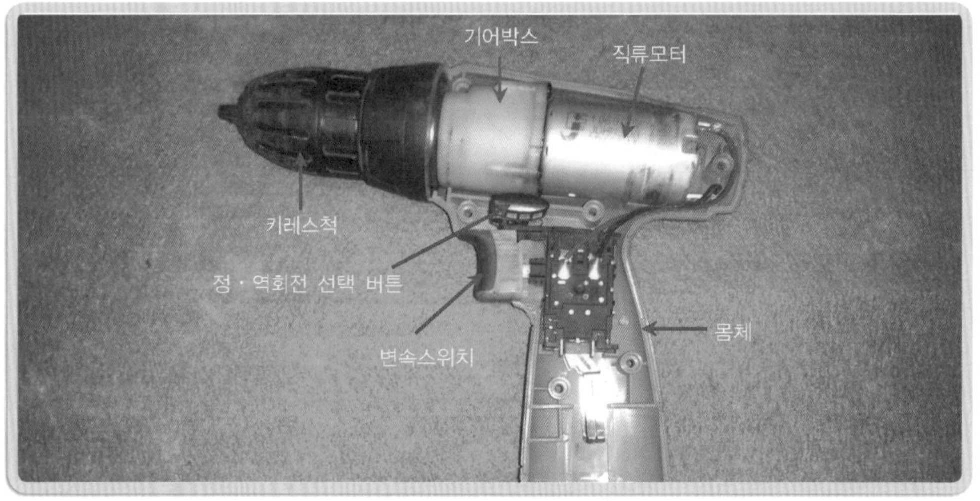


| 충전 드릴 내부구조 |

## 공구 소개

- 드라이버 기능이 있는 충전공구로 출장용 · 가정용 등으로 많이 사용하고 있다. 조립과 분해작업 등에 사용되며 정 · 역회전과 속도조절이 가능하다.
- 강력한 모터를 적용하고 있다.
- 몸체 미끄럼방지 그립을 적용하고 있다.
- 토크조절 캡은 1~5단 또는 1~10단 및 드릴단 토크조절 캡이 있다.

## 공구 조작방법

### (1) 배터리 장착 및 분리

- 배터리 장착은 적당한 힘으로 정확하게 충전드릴의 배터리 삽입부에 맞춰 '딸깍' 소리가 날 때까지 밀어 넣는다(그렇지 않으면 충전드릴로부터 배터리가 분리될 수 있음).
- 배터리 분리는 배터리의 양 옆 버튼을 누르고 아래로 잡아당기면 된다.

| 배터리 장착 |

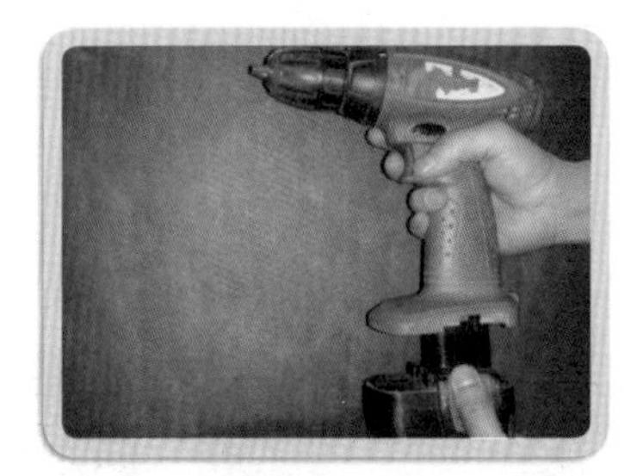

| 배터리 분리 |

### (2) 토크조절 캡의 선택(1~5단 또는 2~10단 및 드릴단)

- 1단(낮은 설정) : 작은 나사 및 연질의 작업을 할 경우 나사를 조일 때 사용한다(무르고 부드러운 성질의 플라스틱, 나무 등에 사용).
- 2~5단 또는 2~10단 : 큰 나사 및 경질의 작업을 할 경우 나사를 조일 때 사용한다(단단한 물건, 굳은 성질의 알루미늄, 철재 등 작업에 맞도록 선택).
- 드릴단 : 단단한 곳 또는 가장 큰 힘의 세기로 조이거나, 풀 때 또는 뚫을 때 사용한다.
- 나사를 풀 경우 높은 토크 또는 드릴표시로 설정한다.

플러스 tip **모터보호기능**

설정 토크 이상의 부하가 걸리게 되면 기어박스 내부의 장치에 의해 그 이상의 힘이 전달되지 않도록 모터를 공회전시켜 나사의 뭉개짐을 방지하고 모터를 보호하도록 되어 있다.

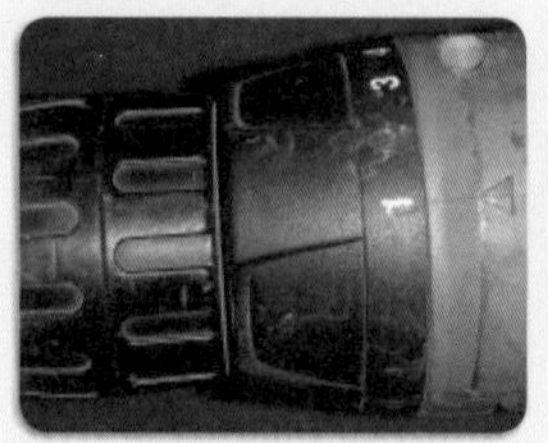
| 1단 연질작업 |

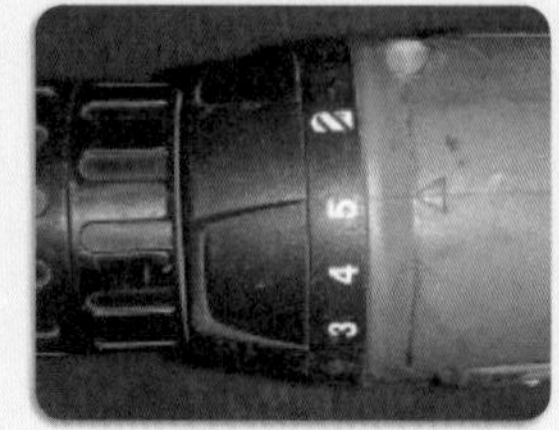
| 2~5단 등 경질작업 |

| 드릴단 작업 |

### (3) 정 · 역회전 선택 버튼

- 정회전은 오른쪽 버튼을 눌러 시계방향으로 나사를 체결하는 작업을 한다.
- 역회전은 왼쪽 버튼을 눌러 반시계방향으로 나사를 풀어주는 작업을 한다.
- 안전모드는 버튼을 중간 위치에 놓으면 회전하지 않는다.

반드시 공구가 정지한 상태에서만 회전방향을 변경해야 한다.

| 정회전(시계방향) |

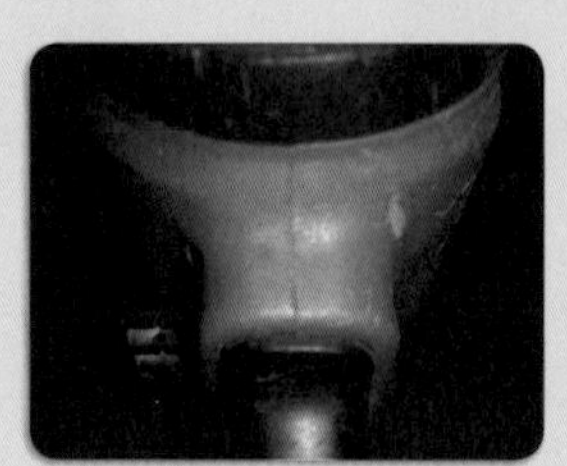
| 역회전(반시계방향) |

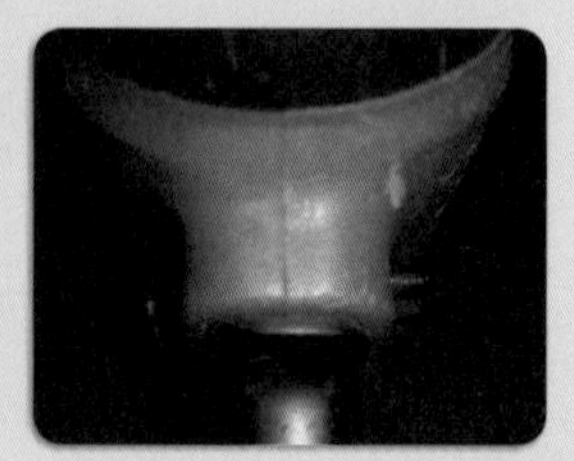
| 안전모드(정지) |

### (4) 스위치 작동

- 스위치를 누르는 정도에 따라 충전드릴의 속도가 조절된다.
- 충전드릴의 작동을 중단하려면 스위치를 놓는다.
- 스위치에 안전브레이크 장치가 되어 있어 스위치를 놓는 즉시 회전이 정지된다.

⑸ 비트 교환방법

- 스위치를 끄고 안전모드(정 · 역회전 선택 버튼 중립)에 놓는다.
- 키레스척을 반시계방향으로 풀어 비트를 끼울 수 있도록 한다.
- 비트를 끼우고 키레스척을 시계방향으로 '클릭'소리가 날 때까지 잠근다.

⑹ 드릴 작업

- 토크조절 설정은 드릴단에 맞춘다.
- 금속드릴 작업을 할 경우에 잘 연마된 HSS 드릴비트로 작업한다.

| 스위치 작동 |

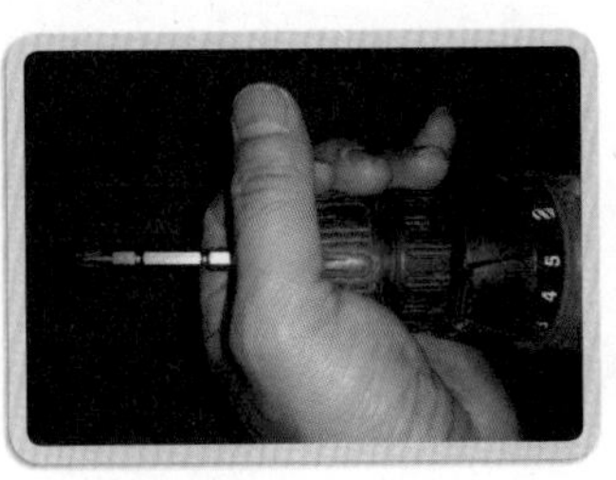
| 비트 교환 |

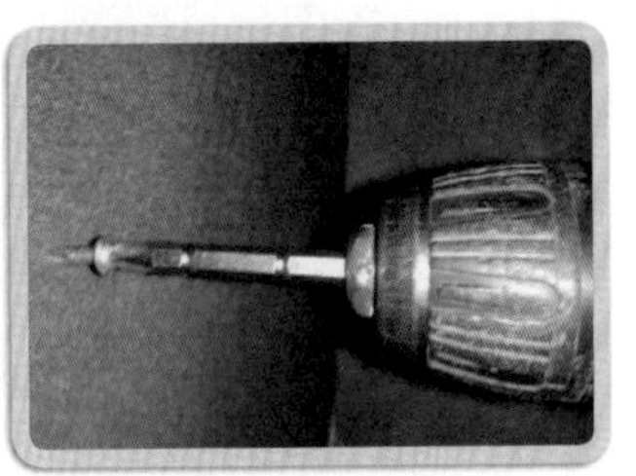
| 나사못 작업 |

주의사항

- 배터리를 물이나 비에 노출하는 것을 금지하며, 배터리의 쇼트는 전류를 다량으로 흐르게 하기 때문에 과열로 인한 화재 및 고장의 원인이 된다.
- 배터리를 충전할 때 제품사양에 맞는 충전기를 사용해야 한다. 그렇지 않을 경우 화재 및 폭발의 위험성이 있다.
- 수명이 다한 배터리는 폐기 전에 절연 테이프로 단자를 씌운 후 전문업체 또는 대리점에서 수거할 수 있도록 한다.
- 충전기는 습한 장소에서 사용하지 않고 또한, 충전기 안으로 물이 들어가면 고장 및 감전될 위험이 있으므로 항상 건조한 상태를 유지하도록 한다.

※ 전기드릴 및 전동드릴은 '공구상가' 등에 방문하면 부품의 부분 수리가 가능하다.

# 공구 03 | 직소기

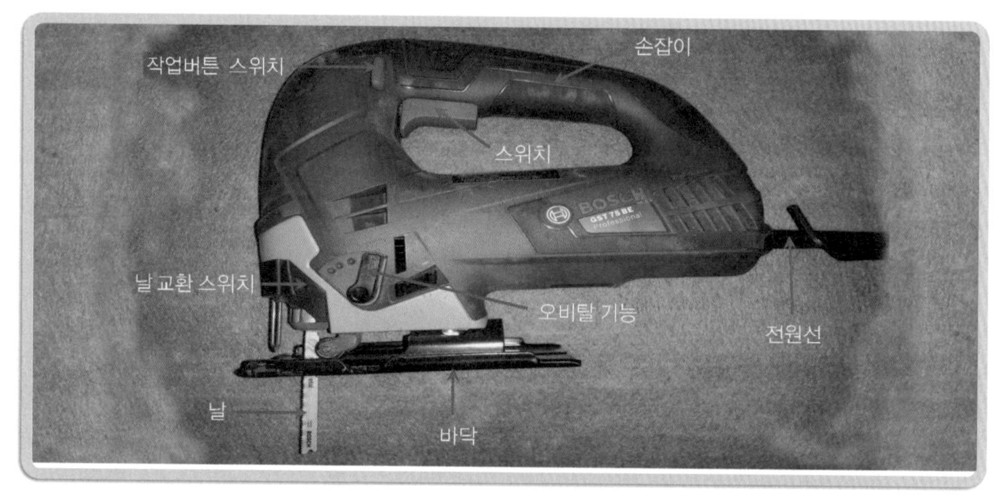


| 직소기 구조 |

## 공구 소개

- 직소기는 톱날이 상 · 하로 움직이며 작업물을 자르는 전동 톱이다.
- 톱날이 진자운동으로 두꺼운 판자나 철판, 스테인리스, 플라스틱 등 곡선, 직선으로 작업물을 자를 수 있어서 많이 사용되고 있다.
- 양손으로 쉽게 직소 날을 교환할 수 있다.
- 톱날 사용시 가속기능이 있는 스위치가 있다.
- 절단을 위한 6단계 진자(상 · 하)운동을 하며 속도조절이 가능하다.
- 진자운동으로 속도가 일정한 정속도형과 속도조절이 가능한 가변형이 있는데, 속도조절이 가능한 가변형이 많이 사용되고 있다.

## 공구 조작방법

### (1) 사용방법

- 톱날 끼우기는 아래 그림과 같이 왼손으로 날 교환 스위치를 좌측으로 당기고 오른손으로 톱날을 끼운 후 왼손을 놓으면 톱날이 끼워진다.
- 톱날 빼기는 아래 그림과 같이 왼손으로 날 교환 스위치를 좌측으로 당기고 오른손으로 톱날을 뺀다.
- 톱밥 분출장치를 작동한다.

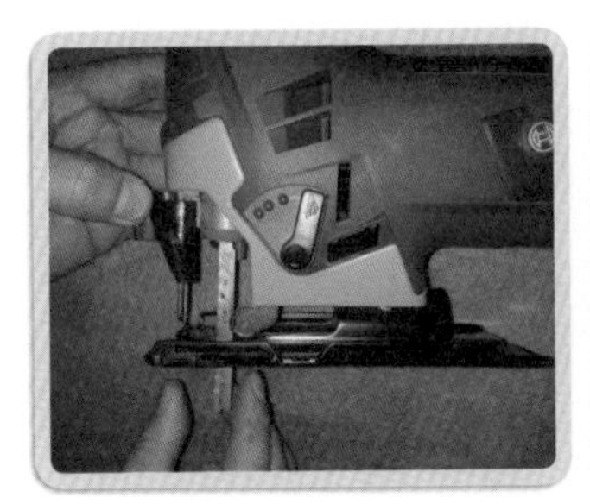
| 톱날 끼우기 |

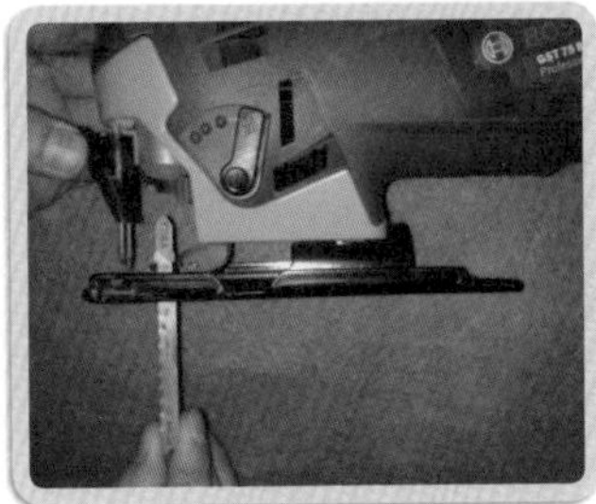
| 톱날 빼기 |

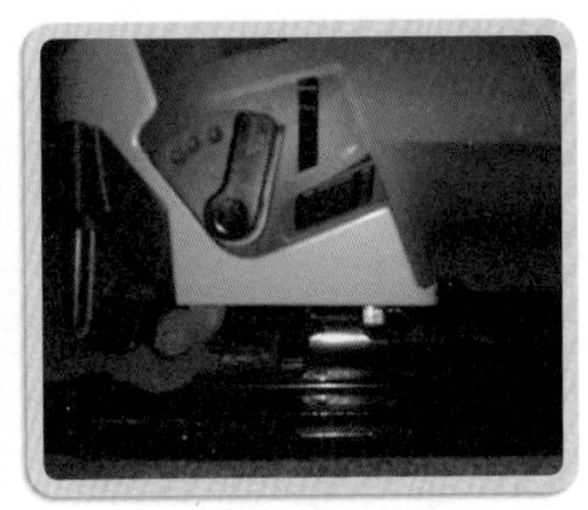
| 톱밥 분출장치 작동 |

- 각도 설정은 밑판으로 조정이 가능하고 작은 각도부터 최대 45°까지 가능하다.
- 속도의 설정은 1단계부터 6단계가 있는데 작업에 맞도록 설정한다.
- 전원 스위치를 작동한다.

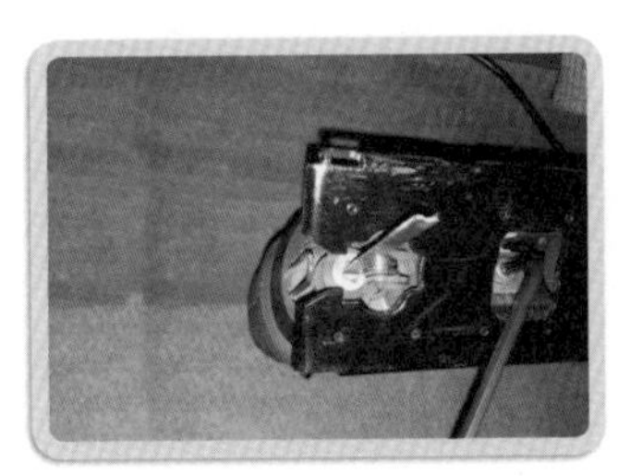
| 각도 설정 |

| 속도 설정 |

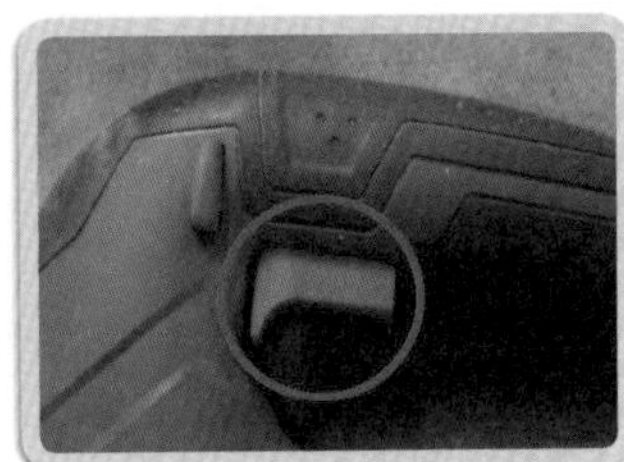
| 전원 스위치 |

### (2) 작업방법

- 작업물에 연필, 홀더 펜 등을 이용하여 자르고자 하는 모양의 선을 먼저 긋는다.

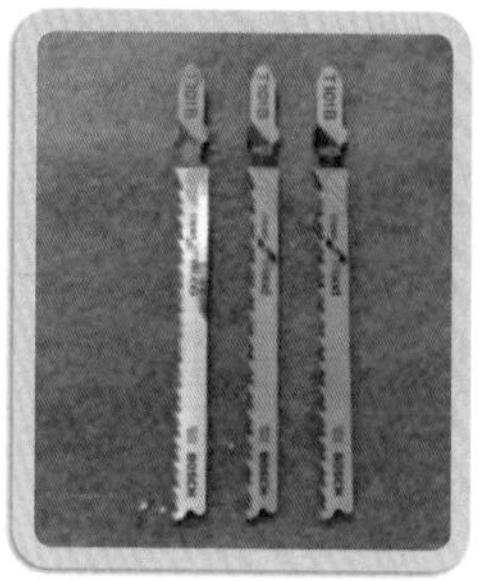
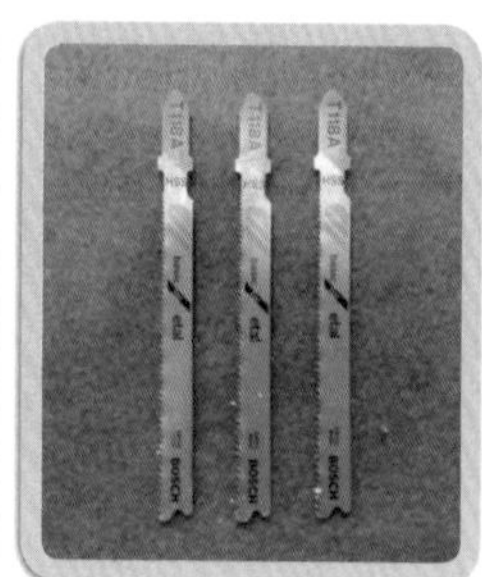
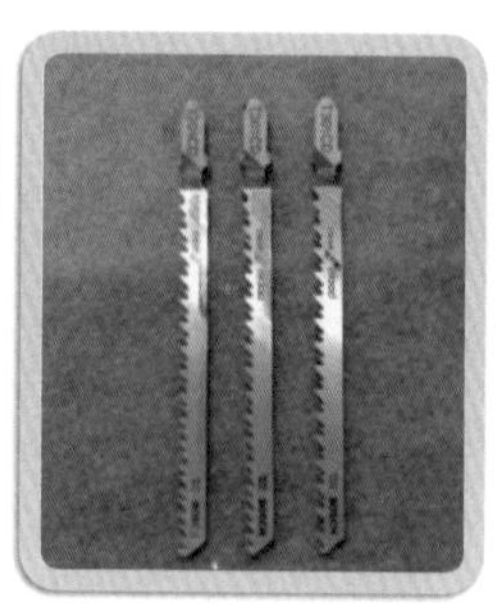
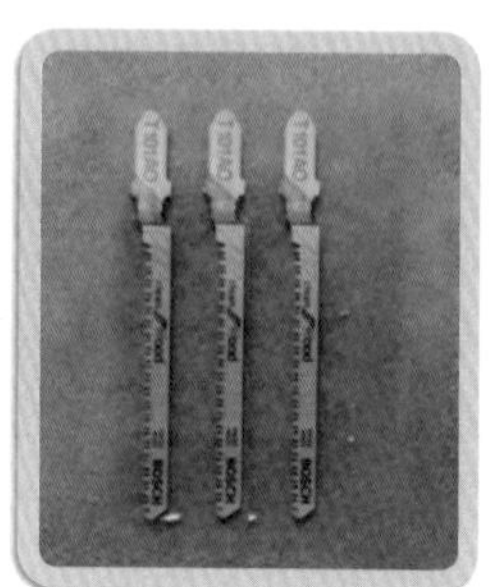

| 목재 · 플라스틱용 | | 철판 · 스테인리스용 | | 거칠고 강한 목재용 | | 깨끗한 곡선 절단용 |

- 작업물에 맞는 톱날을 선택한다.
  - 목재가 단단한 감나무, 밤나무, 상수리나무 등은 목재용 톱날 간격이 촘촘한(좁은) 것을 사용한다.
  - 철판, 알루미늄, 스테인리스 등은 작업에 맞도록 사용한다.
  - 직선용은 톱날 간격이 넓은 것을 사용한다(소나무, 잣나무, 전나무).
  - 곡선용은 톱날 간격이 좁은 것을 사용한다.
- 작업물을 도려낼 때에는 먼저 드릴비트로 톱날이 들어갈 구멍을 뚫고 작업을 시작한다.

## 주의사항

- 직소기를 사용할 경우에는 누전차단기(ELB)를 사용하여 감전의 위험을 줄인다.
- 직소기는 물이 들어가면 감전될 위험이 높으므로 건조한 장소에 보관한다.
- 플러그를 콘센트에 직접 연결하여 사용하고 중간에 어댑터 플러그를 사용하지 않는다.
- 톱날 쪽으로 손을 가까이 대지 말고 작업물의 아래쪽을 잡지 않는다.
- 작업을 마치고 나서 직소기의 스위치를 끄고 기기가 완전히 정지된 후 절단면에서 톱날을 뺀다.
- 직소기를 내려놓기 전에 기기가 완전히 멈추었는지 확인한다.

## 공구 04 | 디스크 그라인더

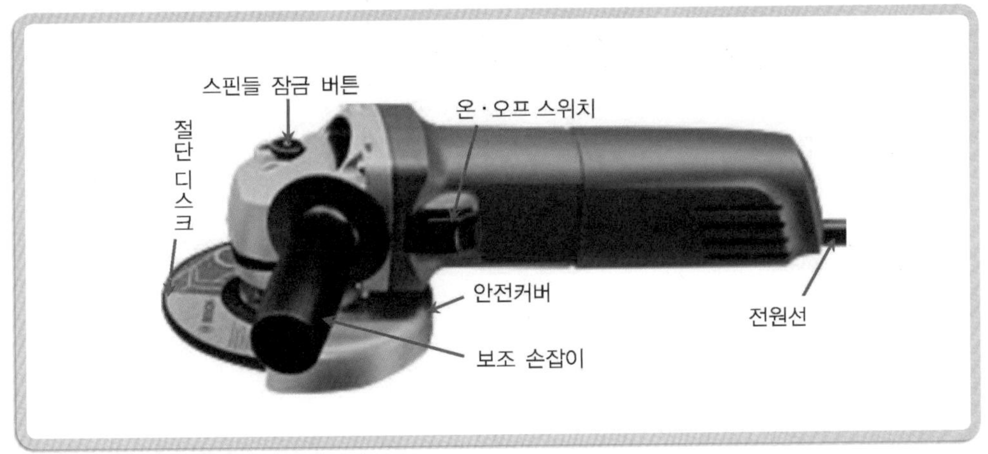


| 디스크 그라인더 구조 |

### 공구 소개

- 철, 청동, 알루미늄, 주물 등 연마작업을 할 수 있다.
- 대리석, 오석 등의 표면 마무리 작업을 할 수 있다.
- 평평한 기어 헤드로 좁은 공간에서 작업할 수 있다.
- 강력한 모터 적용으로 절삭력이 뛰어나다.
- 손쉬운 디스크 교환을 위한 스핀들 잠금 버튼으로 절단석 등을 편리하게 교환할 수 있다.

### 공구 조작방법

(1) 디스크 그라인더 조립(보조손잡이 · 안전커버 조립상태 후)

플랜지 ⇨ 절단석(철재, 목재 등) ⇨ 클램프 너트의 순서로 끼운 후 스핀들 잠금 버튼을 누른 상태에서 스패너로 꽉 조여준다.

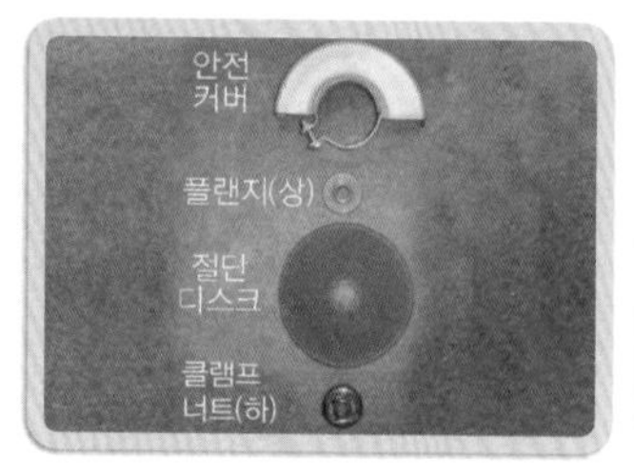


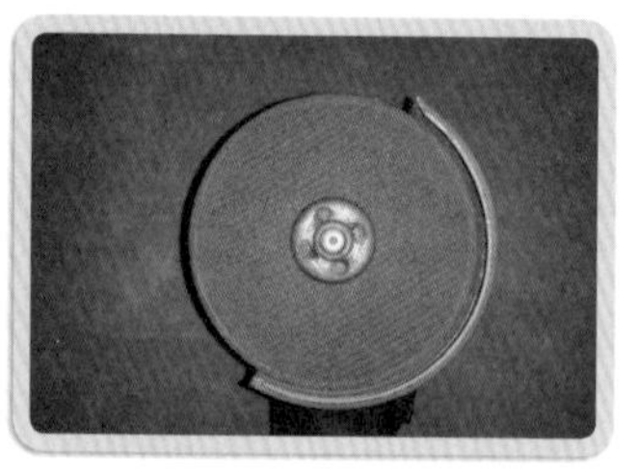

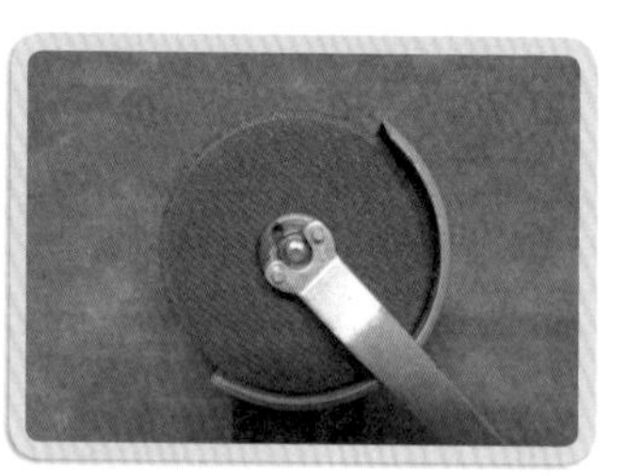

| 플랜지와 클램프 너트 | | 절단석 및 클램프 너트 | | 스패너로 조임 |

(2) 연마작업

연마작업시 접근각도를 30° 내지 40°로 하면 작업하기가 매우 좋으며 적당한 힘으로 기기를 앞뒤로 움직여야만 공작물이 과열되지 않고 탈색되지 않으며 패임이 생기지 않는다.

절대로 절단 디스크를 연마용으로 사용해서는 안 된다.

(3) 절단작업

- 절단작업을 할 때 무리하게 힘을 가하지 말고 비스듬히 기울이거나 진동해서는 안 되며 적당한 힘으로 앞으로 밀면서 작업한다.
- 절단방향 : 반드시 기기는 회전 반대방향으로 작업해야 한다.

(4) 공구 용도

- 석재 · 콘크리트 · 벽돌 · 슬레이트, 강화마루 · 원목 하단 틈새, 폴리글라스 · 패치라이트, 목재, 철재, 스테인리스 등을 절단할 수 있다.

| 석재 · 콘크리트 절단 | | 목재용 절단 | | 철재용 절단 |

• 연마석(철재), 콘크리트 및 보강블록 등 바닥 · 면 · 모서리 다듬기 등을 할 수 있다.

| 연마석(철재) |

| 콘크리트 바닥 · 면 다듬기 |

| 콘크리트 등 모서리 다음기 |

• 강판 등의 녹, 페인트, 그을림, 용접 후 탄자국 제거(연마석 또는 부직포), 녹, 산화막, 중도 페인트 제거, 용접 후 · 도장 전 마무리 작업에 사용한다(단, 부직포, 연마석은 모재의 손상 없이 깨끗한 표면처리가 가능).

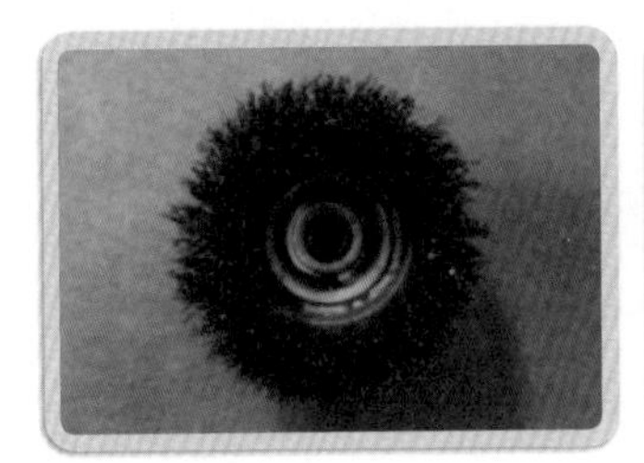

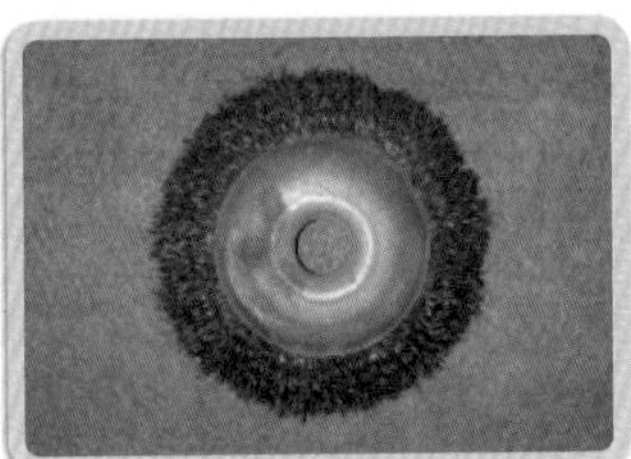

| 컵 브러시(녹 등 제거) |

| 반컵 브러시(녹 제거) |

| 휠 페이퍼 1겹(페인트 등) |

### 주의사항

• 디스크 그라인더 절단 날 등 부착 및 제거시 반드시 스위치를 끄고(OFF) 전원 플러그를 콘센트에서 뽑는다.

• 감전 우려가 있는 장소에서는 사용을 금지한다.

• 작업할 경우 반드시 보안경과 보호구를 착용한다.

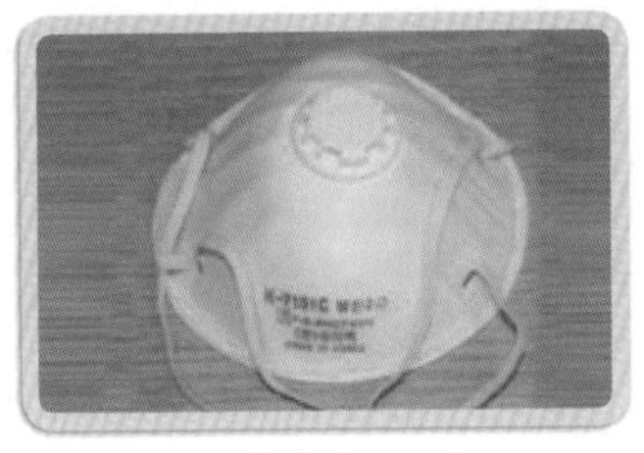

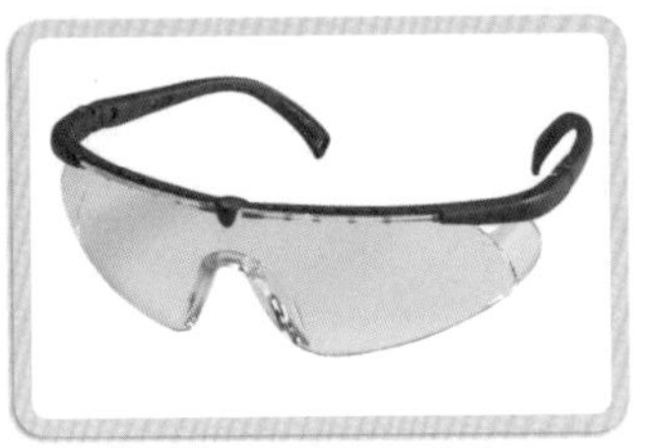

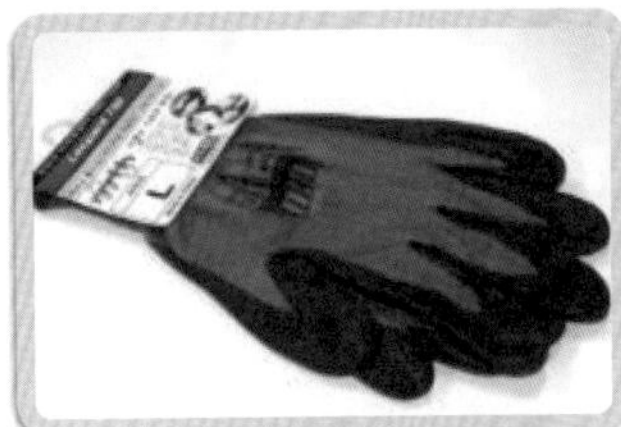

| 방진마스크 |

| 보안경 |

| 장갑 |

part 1

# 건축설비

chapter 01

# 도어·섀시 관리

## 1 건축, 건축설비 용어

### (1) 시공도

시공사의 원도급업자 또는 하도급업자의 각 공종별의 작업자, 기능공 등이 설계도면을 기준으로 실제로 시공할 수 있도록 상세하게 작성된 기본이 되는 설계도면이다.

### (2) 턴키도급방식

어떤 대상 계획의 금융, 토지, 설계, 기계설치, 시운전 등 모든 요소를 포괄하는 도급계약방식으로 건축주 또는 시행사가 필요에 따라 요구하는 모든 것을 조달하여 소유주(건축주 또는 시행사)에게 인도하는 방식을 턴키도급방식이라 한다.

### (3) 입찰의 종류

① 일반경쟁입찰

사업 종류별로 관련 법령에 따른 사업을 영위하는 불특정 다수의 희망자를 공개경쟁입찰에 참가하도록 한 후 그 중에서 선정하는 방법이다(공모하는 방법은 관보, 신문 등). 일반경쟁입찰이 2회차까지 유찰된 경우 3회차에는 수의계약을 할 수 있다.

② 제한경쟁입찰

사업 종류별로 관계 법령에 따른 면허, 등록 또는 신고 등을 마치고 사업을 영위하는 자 중에서 계약의 목적에 따른 '사업실적, 기술능력, 자본금 등을 제한'하여 공개경쟁입찰에 참가하도록 한 후 그 중에서 선정하는 방법이다. 이 경우 5인 이상의 입찰참가신청이 있어야 한다.

③ 지명경쟁입찰

계약의 성질 또는 목적에 적합한 특수한 장비 · 설비 · 기술 · 자재 · 물품이나 실적이 있는 5인 이상 입찰대상자를 지명하여 내용증명우편으로 입찰에 참가하도록 한 후 그 중에서 선정하는 방법이다. 이 경우 3인 이상의 입찰참가 신청이 있어야 한다.

제한경쟁입찰 또는 지명경쟁입찰로 사업자를 선정하는 경우 사전에 회의(입주자대표회의)로 의결을 얻어야 한다.

(4) PQ(Pre–Qualification)제도

건설업체의 공사수행능력을 기술능력, 재무능력, 조직 및 공사능력 등의 가격 요인을 사전에 검토하여 가장 효율적으로 공사를 수행할 수 있는 업체에 입찰참가자격을 부여하는 사전심사를 PQ제도라고 한다.

(5) 표준시방서

국토교통부가 제정한 모든 공사에 공통적인 사항을 명시한 시방서로 가장 표준이 되는 시방서이다.

(6) 일반시방서

공사기일 등 공사 전반에 걸친 비기술적인 사항을 규정한 시방서를 말한다.

(7) 특기시방서

공사 전반에 걸친 기술적인 사항을 규정한 시방서를 말한다.

(8) 표준공기제도

무리한 공기 단축으로 발생할 수 있는 부실시공을 방지하기 위하여 발주기관이 설계 및 시공에 필요한 공사기간을 표준화하여 정해놓고 발주하는 제도를 표준공기제도라고 한다.

(9) 생애주기비용

건물의 초기 건설비부터 유지 · 관리 해체에 이르는 건축물의 전생애에 소요되는 제비용을 생애비용이라고 한다.

(10) 무량판 구조

RC 구조방식에서 보를 사용하지 않고 바닥 슬래브를 직접 기둥에 지지시키는 구조방식이다.

(11) 데크 플레이트

철골구조(형강, 평강 등)의 보에 지주 없이 사용되는 슬래브용 철판 거푸집이다.

## 2 창호 및 철문

(1) 경첩

문짝을 문틀(문선)에 달아 여닫게 하는 철물이다.

⑵ **자유 경첩(스프링힌지)**

여닫이 경량문에 안팎으로 개폐가 가능하며, 자재문에 사용한다. 테라스, 미니정원, 발코니, 화장실 등에 사용한다. 스프링에 의해 열려진 문이 자동으로 닫힌다.

⑶ **래버터리 힌지**

공중전화박스나 공중화장실 등의 문에 사용되는 것으로 자동으로 문이 닫히지만 10~15[cm] 정도 약간 열린 상태로 유지하게 하는 경첩이다.

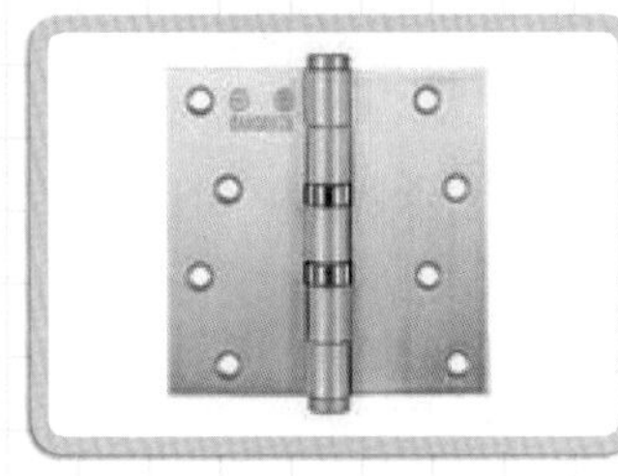

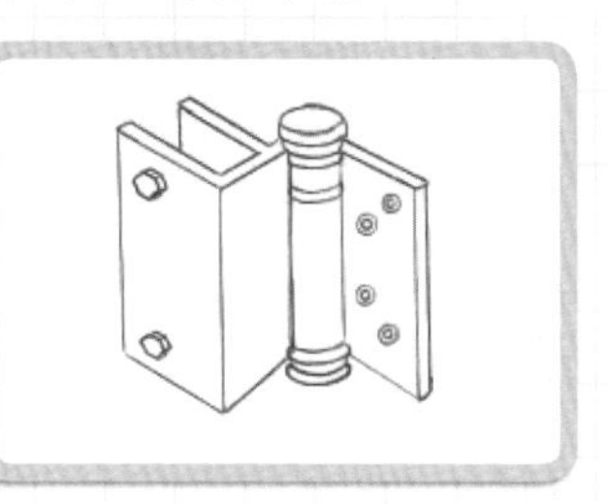

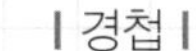

| 경첩 |　　| 자유경첩(스프링힌지) |　　| 레버토리 힌지 |

⑷ **도어클로저 또는 도어체크**

문선(중간틀)과 여닫이문 상부에 설치하여 자동적으로 문이 닫히게 하는 장치이다.

⑸ **플로어 힌지**

중량자재문의 여닫이문에 사용하여 문이 정지하거나 저절로 닫히게 하는 장치이다.

⑹ **나이트 래치**

외부에서는 열쇠로, 내부에서는 작은 손잡이를 틀어서 문을 열 수 있는 자물쇠이다.

⑺ **피벗 힌지**

용수철이 없는 문장 부식 힌지, 가장 무거운 아파트 현관문, 대문 등의 여닫이문에 사용한다.

⑻ **도어스톱(말굽)**

벽, 문짝을 보호하고 문을 고정시키는 장치이다(말굽 소형 120[mm], 중형 140[mm], 대형 190[mm] 등의 종류가 있다).

(9) 크리센트

양방향(180° 전환) 또는 좌 · 우측으로 구분되며 오르내리기창이나 미서기창의 잠금장치이다.

(10) 접이식 꽂이쇠

목재 창문 등의 잠금장치에 사용한다.

| 도어스톱(문, 바닥) |

| 크리센트 양방향(좌, 우) |

| 접이식 꽂이쇠 |

(11) 걸고리, 키 걸고리

문의 안이나 밖에 달아 문을 잠그는 기능을 한다.

(12) 도어체인(체인로크) 또는 안전걸이

문빗장의 보조 용구, 문을 함부로 열지 못하도록 문의 안쪽에 다는 쇠사슬을 말한다.

(13) 호차(로라)

목문용 호차(베어링, 오메가), 발코니 섀시 호차, 방충망 호차 등이 있다.

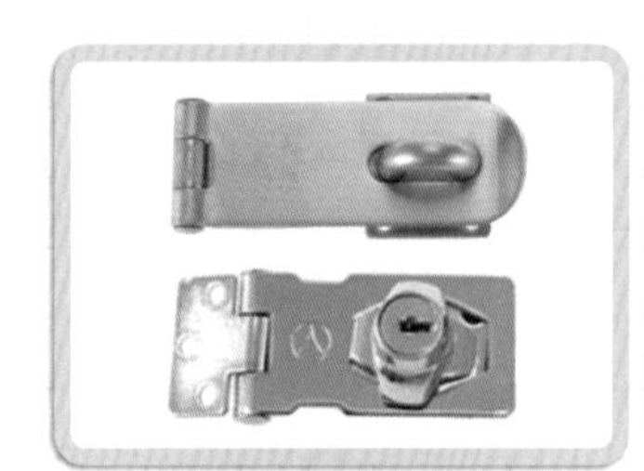

| 걸고리, 키 걸고리 |

| 도어체인(체인로크) |

| 호차(로라) |

(14) 걸쇠

대문이나 방의 여닫이문을 잠그기 위하여 빗장으로 쓰는 'ㄱ'자 모양의 쇠

(15) 손잡이

손으로 문을 열거나 붙잡을 수 있도록 덧붙여 놓은 부분을 말한다.

### ⒃ 싱크경첩

싱크경첩의 종류는 25[mm], 35[mm]가 있다.

### ⒄ 댐퍼

싱크경첩에 댐퍼 옵션을 설치하면 꽝 닫히는 문짝이 천천히 부드럽게 닫힌다.

신형 싱크경첩은 댐퍼 기능이 있어서 부드럽게 닫힌다.

### ⒅ 다용도 걸이

마대걸이, 빗자루, 먼지털이 등을 고정시킬 수 있다.

| 댐퍼 |

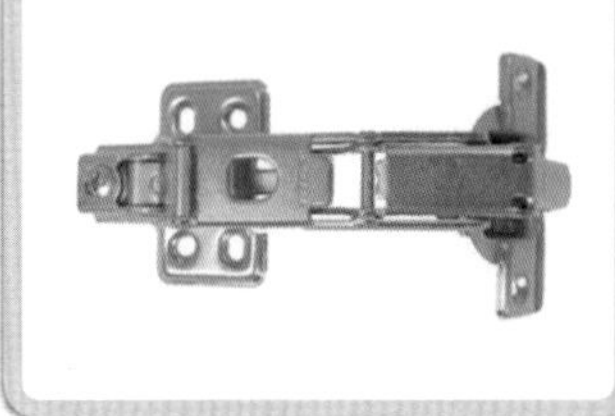

| 장롱경첩 |

| 다용도 걸이 |

### ⒆ 빗장

철재, 섀시 등으로 만든 창고문, 대문 등에 부착시켜 용접 또는 나사못으로 고정하여 사용하는 철물이다.

빗장은 옛날 선조들이 나무 재료로 여러 가지 모양을 만들어서 빗장과 빗장걸이(둔테)를 부착하여 전통 한옥의 대문을 가로질러 잠금장치로 쓰던 막대를 말하며, 현대에 와서는 철재, 섀시의 창고문, 대문 등에 사용하고 있다.

### ⒇ 꽂이쇠(가로 또는 오르내리기 꽂이쇠=오도시)

목문, 목재창문, 섀시문, 방화문 등의 잠금장치로 사용하고 있다. 오르내리기 꽂이쇠는 목문용과 철재문용이 형태가 다르다.

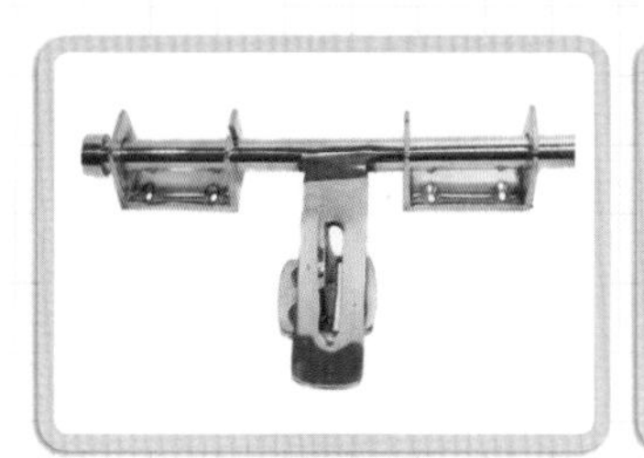

| 빗장 |

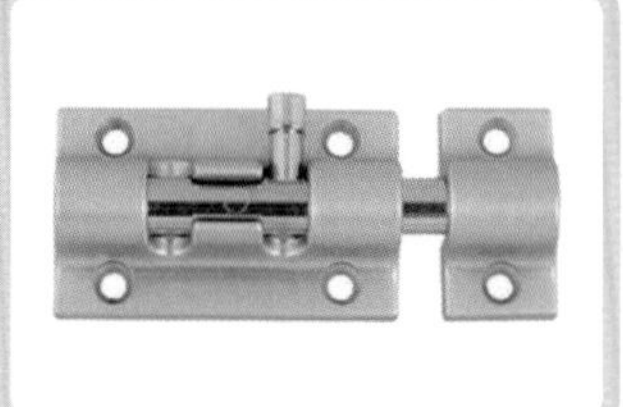

| 가로 꽂이쇠 |

| 오르내리기 꽂이쇠 |

## 3 문의 종류

### (1) 여닫이문

일반 출입문으로서 한쪽으로 열리는 아파트 현관문, 주택의 방문 등이 있다(쌍여닫이문도 있다).

### (2) 자재문

안쪽과 밖으로 열리는 문으로 은행, 화장실 등에서 사용하고 있다.

### (3) 미서기문

옆으로 밀어서 열고 닫게 되어 있는 문. 발코니 창문 등이 해당되며 문의 50[%]가 열린다.

### (4) 미닫이문

옆으로 밀어서 열고 닫게 되어 있는 문. 아파트 엘리베이터(승강기)문 등이 해당되며 문의 100[%]가 열린다.

| 여닫이문 |

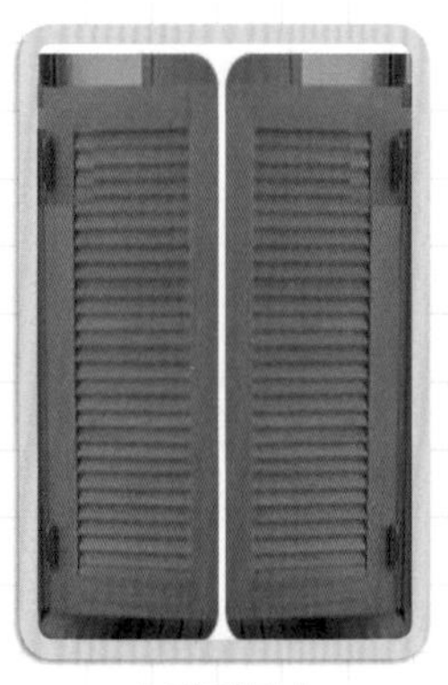

| 자재문 |

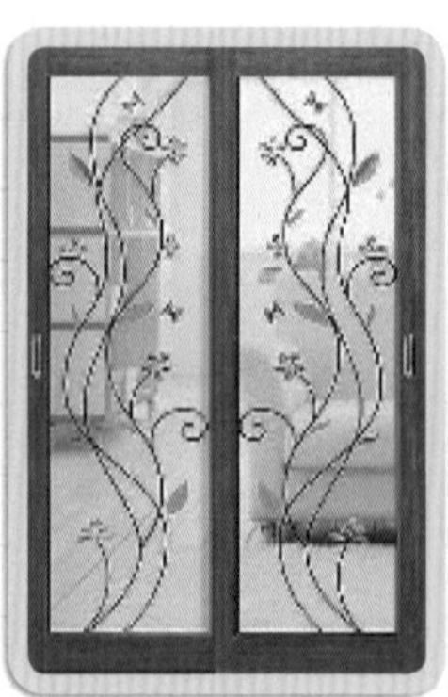

| 미서기문 |

| 미닫이문 |

## 4 유 · 무선 차임벨

### (1) 유선 차임벨

① 버튼과 본체를 선으로 연결하여 특정 신호나 상황을 음향으로 전달할 수 있는 전달장치이다.

② 차임벨은 기존의 출입문에 사용하는 신호용 초인종, 의료기관의 호출용, 장애우를 위한 도움벨 등으로 사용된다.

③ 제품을 응용하여 설치해 사용할 수 있다.

④ 건전지를 사용하므로 설치가 간편하며 감전 위험이 없으며 버튼과 본체

사이를 선으로 연결하기 때문에 500[m] 이상의 먼 거리에도 설치가 가능하고 소리 전달이 확실하다.

⑤ 사용전선은 UTP 케이블, 옥내전화선(TIV), 옥외전화선(TOV), 스피커선 등을 사용할 수 있다.

⑥ 버튼스위치와 본체의 전선만 연결하고 그림처럼 건전지를 넣으면 설치가 완료된다. 버튼을 한 번 누르면 '딩동' 소리가 두 번 나고 버튼스위치를 계속 누르고 있으면 놓을 때까지 소리가 발생한다.

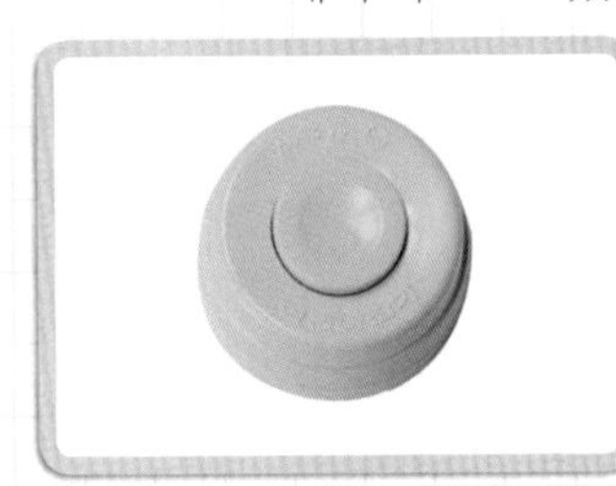

| 발신버튼(초인종) |

| 수신장치(차임벨) |

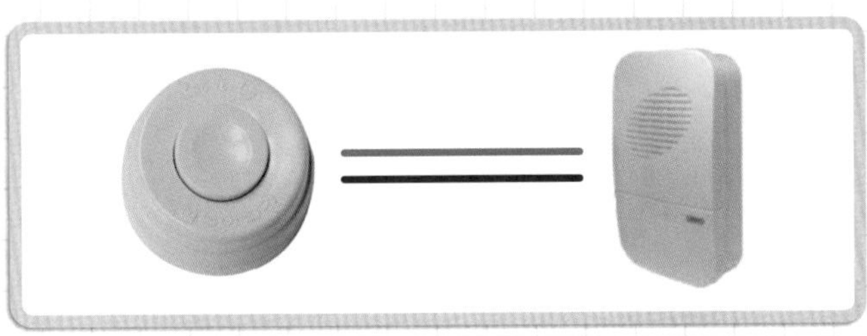

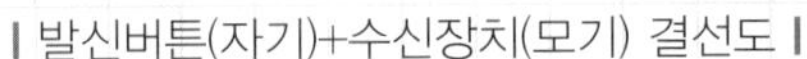

| 발신버튼(자기)+수신장치(모기) 결선도 |

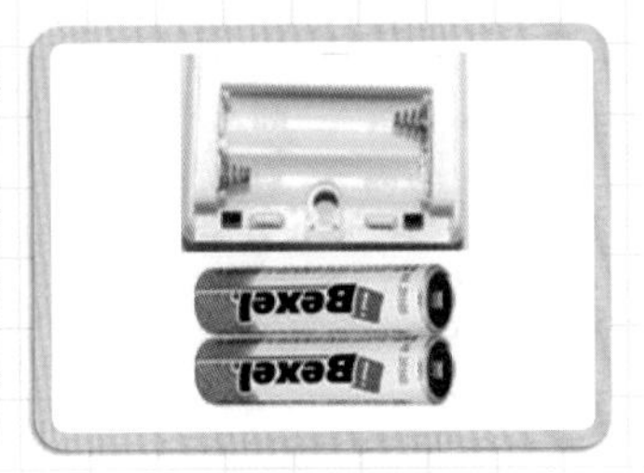

| 배터리 넣기 |

### (2) 무선 차임벨

① 대문 또는 현관 밖의 벽면에 발신버튼(송신부)을 붙여놓고 방문객이 버튼을 눌러서 집안의 벽면에 붙어있는 수신장치부(본체)에서 소리가 발생하여 방문객을 알리는 방식이다.

② 실내에서도 테이블에 붙여놓고 사람들을 호출할 경우 주로 사용한다(제품에 따라 10개까지도 가능하다).

③ 무선 차임벨은 금속에 붙여 사용하면 안 되고 콘크리트 벽이나 나무에 붙여 사용해야 한다.

④ 수신장치부는 강 · 약 · 꺼짐(OFF) 음량 스위치가 있다.

⑤ 발신버튼(송신부) 10개는 수신장치부(본체) 1개로 호출이 가능하고 버튼 멜로디의 선택 스위치가 있어서 호출음을 각기 다르게 선택해 놓으면 10곳 중 어느 곳에서 호출하였는지 음으로 식별이 가능하다.

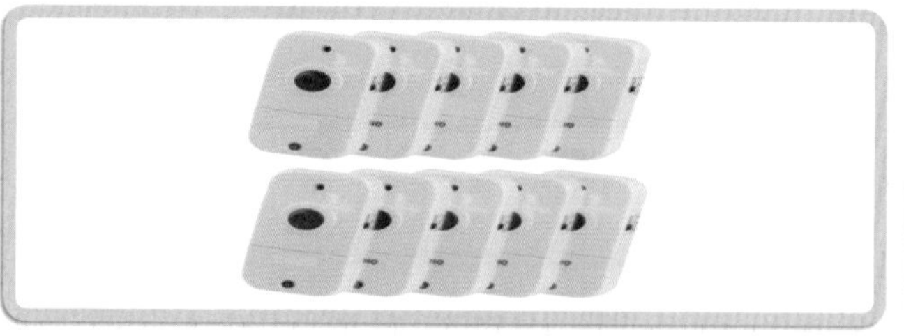

❙ 발신버튼(송신부) 10개 ❙

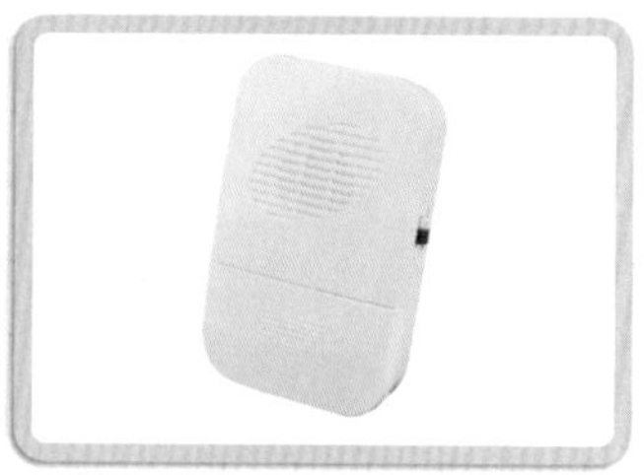

❙ 수신장치부(본체) 1개 ❙

⑥ 발신버튼(송신부) 1개로 수신장치부(본체) 10개 호출이 가능하다.

❙ 발신버튼(송신부) 1개 ❙

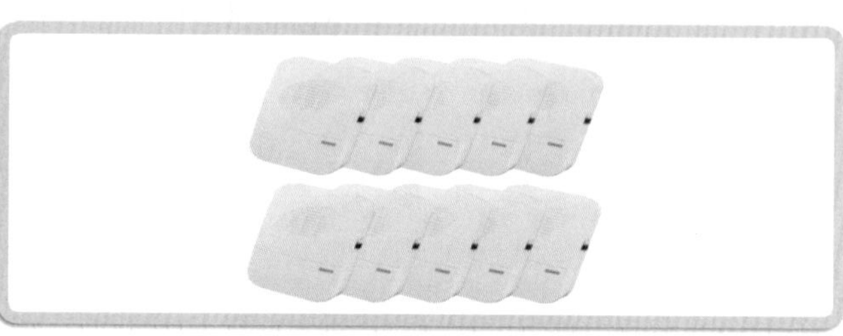

❙ 수신장치부(본체) 10개 ❙

⑦ 사용 중 신호가 미약하면 송신부, 수신장치부 건전지를 함께 교체한다.

⑧ 직선으로 20[m]가 사용거리이지만 장애물(벽 또는 건물 등)이 있으면 사용거리가 짧아진다.

⑨ 수신장치부(본체) 및 발신버튼(송신부) 건전지 사용모습

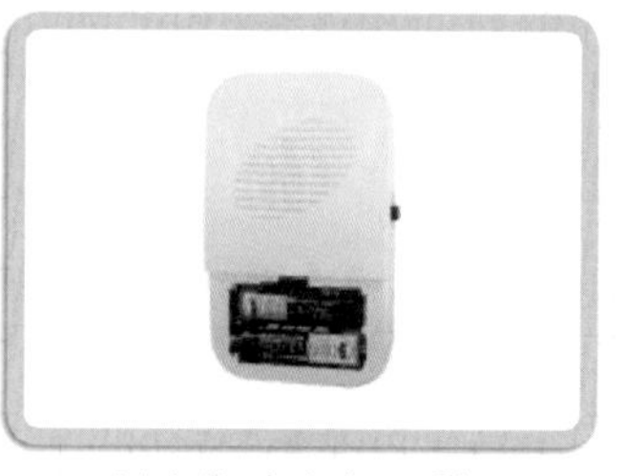

❙ 본체 건전지 AA형 ❙

❙ 발신버튼 건전지 23A형 ❙

(3) 벨 시험 종류

① 집게형 일반버저

② 리드선형 일반버저

③ 인터넷 버저형

| 집게형 |

| 리드선형 |

| 인터넷 버저형 |

| 단자 |

인터넷 버저는 전화, 인터넷 선로, 배선확인, 전화코드, IDC 단자함의 도통확인 할 수 있는 다용도 버저이다.

(4) **단자**

① 압착단자 : 납땜을 사용하지 않고 기계적으로 접속하는 단자이다.

② 종알단자 : 배선 연결시 연결, 해체가 필요할 때 사용된다. 종알단자를 사용하면 나중에 연결, 해체를 쉽게 할 수 있다.

③ 연결 커넥터 : 전원과 기기, 기기와 기기 등을 전기적으로 연결하는 것이다.

④ 스카치록 : 소형은 최대 1.0[mm]의 전선을 사용한다. 중형은 최대 2.5[mm], 대형은 최대 6.0[mm]의 전선을 사용한다.

| 압착단자 |

| 종알단자 |

| 연결 커넥터 |

| 스카치록(소, 중, 대) |

배선이 연선일 경우 압착단자(고리)를 압착기로 물리고 난 후 납땜을 하게 되면 견고하다.

## 5 스위치 · 콘센트 회로도

### (1) 스위치 회로도

① 단로 스위치 회로도

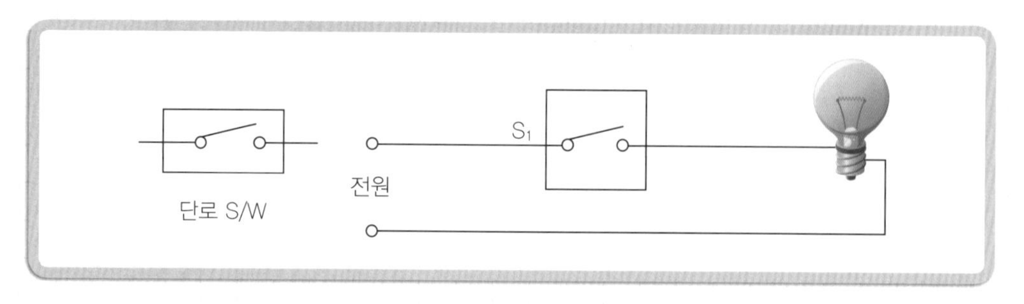


② 3로 스위치 회로도

3로 스위치는 2개소에서 점등과 소등이 가능하며, 계단 1층에서 점등(ON)과 소등(OFF)이 가능하고 2층에서 점등(ON)과 소등(OFF)이 가능하다.

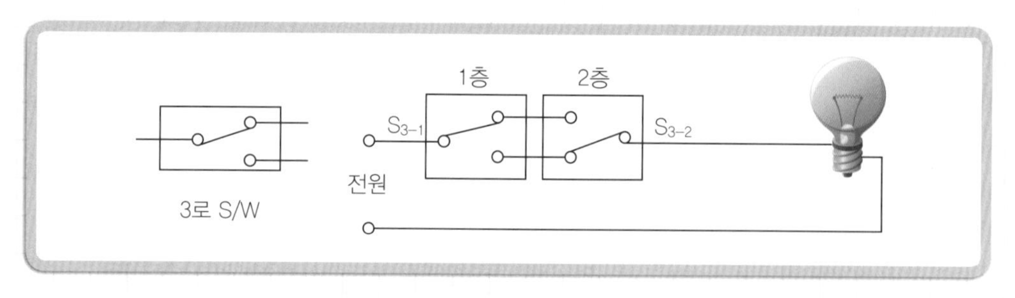


③ 3로 및 4로($S_4$) 스위치 회로도

3로 스위치와 4로 스위치를 조합하여 3개소 이상에서 점등과 소등이 가능하며, 업무용 빌딩, 공동주택 등의 계단에서 사용이 가능하다.

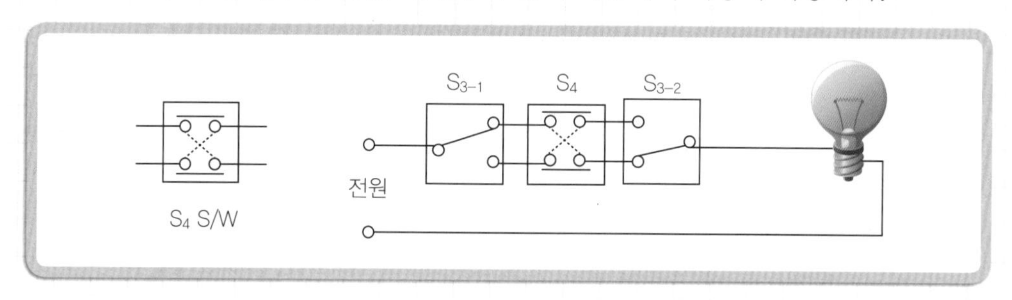

### (2) 매입스위치 1구, 2구 결선도 및 접속방법 : 후면(배면) 설치방법

스위치 1구

공통선 조명 1

스위치 2구

공통선 조명 1

조명 2

점프선

| 매입스위치 1구, 2구 결선도 |

매입스위치 2구~3구는 현재 생산되는 제조사에 따라 '점프선'이 필요 없이 일부 제조사에서 연결되어 기성품으로 생산되고 있다.

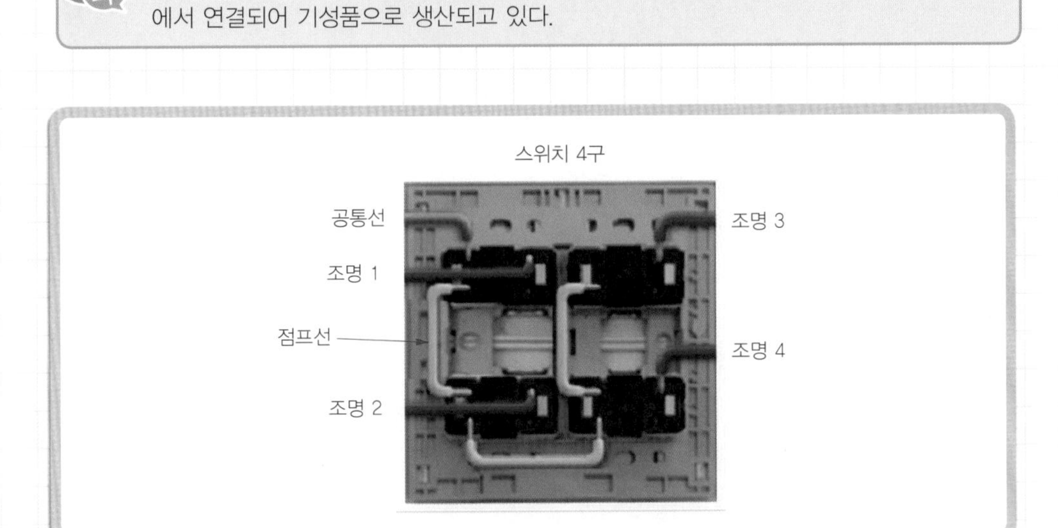


| 매입스위치 4구 결선도 |

전선(공통선, 조명 1, 2, 3, 4)의 색상은 시공하는 사람마다 다르게 시공할 수 있으며, 전열설비에는 녹색전선을 접지선으로 사용하고 있다.

### (3) 매입콘센트 1구, 4구 결선도 접속방법

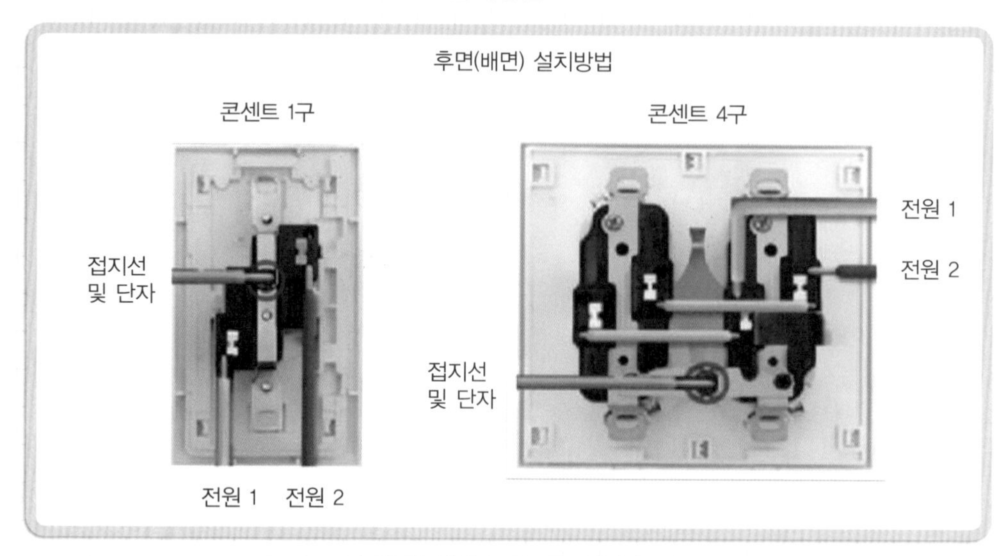


| 매입스위치 1구, 4구 결선도 |

수구란 콘센트, 소켓, 리셉터클, 로젯 등을 말하는 것이다.

## 6 리모컨 스위치 활용

### (1) 리모컨 스위치 설치 장소 및 방법

① 장애인, 노약자 등 건강상 활동이 부자유스런 사람에게 사용하면 많은 도움이 된다.(다리 및 거동이 불편, 활동 장애 등)

② 리모컨 스위치는 켜짐(ON), 꺼짐(OFF)기능 버튼을 한 번 누를 때마다 켜짐과 꺼짐을 반복하므로 사용자가 편리하게 사용할 수 있다.

③ 리모컨 스위치는 방범기능 버튼이 있어서 오랜 시간 집을 비우게 될 때 사용하는 기능으로서 전등이 자동으로 켜지고 꺼짐을 자동으로 반복함으로써 사람이 있는 것과 같은 효과를 낼 수 있다.

④ 리모컨 스위치는 정격전압(220[V])과 정격용량 1구 200[W], 2구 400[W] 이하로 사용할 수 있다.

⑤ 글로스타터(초크) · 래피드식 형광등, 전구식 형광등은 콘덴서 부착이 필요하고, 백열등은 콘덴서 부착이 필요 없다.

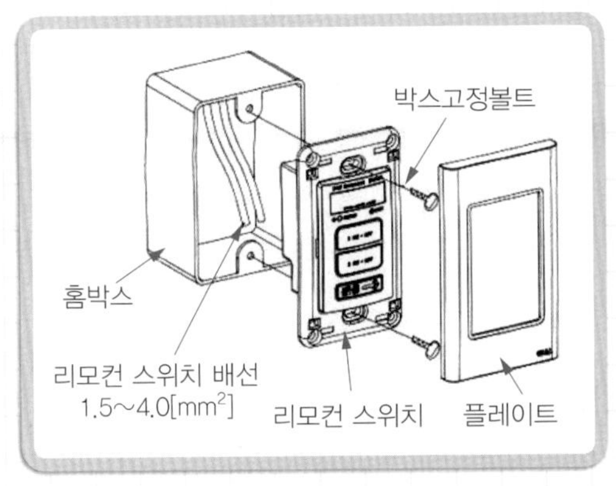


| 수신기 시공방법 |

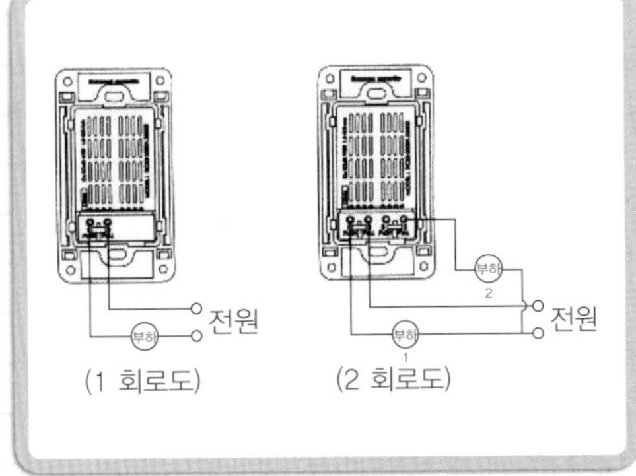


| 회로결선도 |

(2) 리모컨 스위치 백열등, 형광등 설치방법과 결선도

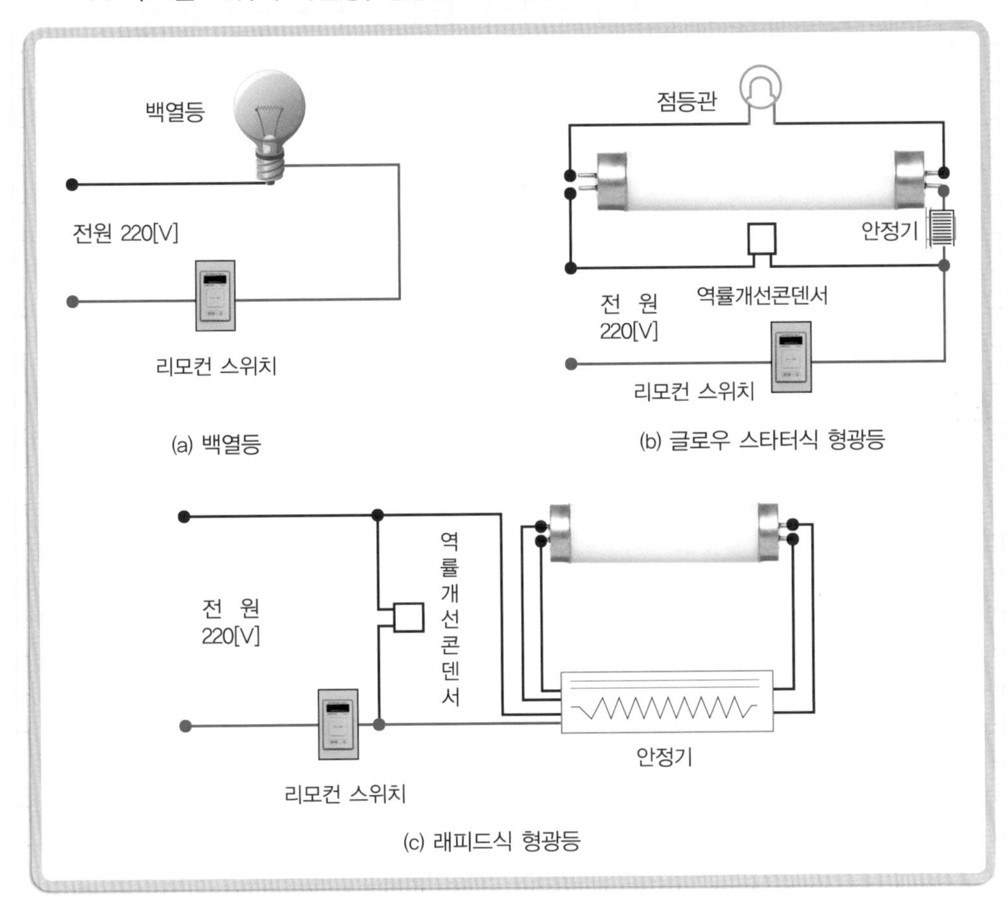

(3) 리모컨 스위치 대신 3로 스위치 2개를 가지고 켜짐(ON)과 꺼짐(OFF) 사용

① 리모컨 스위치는 거동이 부자유스러운 사람이 여러 곳에서 전등을 켜짐(ON), 꺼짐(OFF)의 기능을 할 수 있다는 장점이 있다.

② 리모컨 스위치는 일반스위치에 비해서 가격이 많이 비싸다.

③ 장애인, 노약자 등 건강상 활동 및 거동이 불편한 사람이 일어나서 방의 불을 끄고 잠자리로 돌아가기에는 불편함이 많다. 이럴 때 방에 3로 스위치 2개를 설치하면 잠자리에서 바로 전등을 켜고(ON), 끄는 것(OFF)이 가능하게 되어 편리하다.

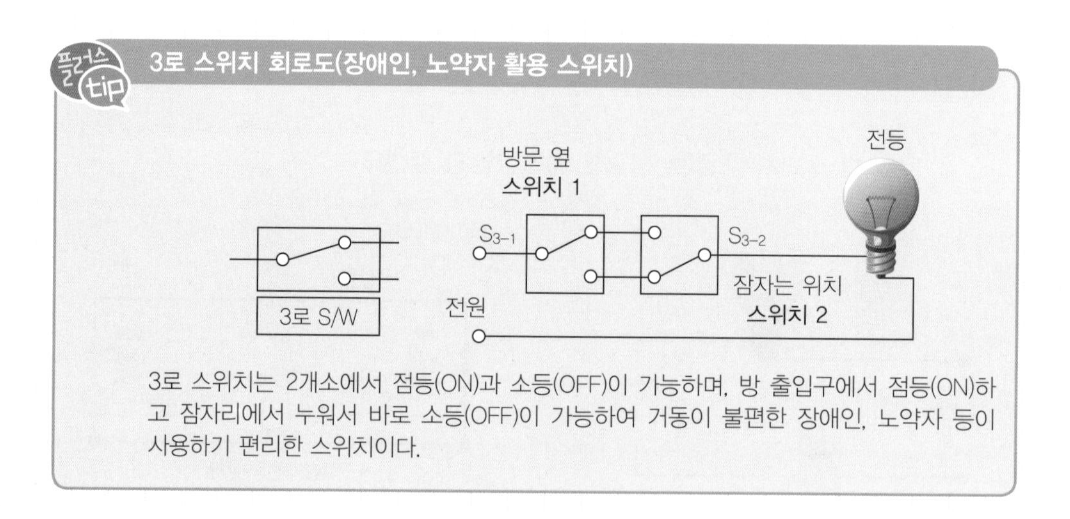


3로 스위치 회로도(장애인, 노약자 활용 스위치)

3로 스위치는 2개소에서 점등(ON)과 소등(OFF)이 가능하며, 방 출입구에서 점등(ON)하고 잠자리에서 누워서 바로 소등(OFF)이 가능하여 거동이 불편한 장애인, 노약자 등이 사용하기 편리한 스위치이다.

## 7 천연목재

(1) 침엽수종

① 삼나무, 소나무, 잣나무, 전나무 가문비나무 등 나뭇잎의 모양이 바늘처럼 가늘고 뾰족한 것을 침엽수 또는 바늘잎나무라 한다.

② 침엽수는 활엽수에 비해 강도가 높지 않아(연목재) 가공이 쉬운 것이 많다.

③ 나무가 가볍고 가공이 쉬워 건축 내장재료로 많이 사용되고 있다.

(2) 활엽수종

① 밤나무, 도토리나무, 상수리나무, 무궁화 등으로 나뭇잎이 넓다.

② 활엽수는 마르지 않은 생나무일 때 연질(무르고 부드러운 성질)이라 가공하기 쉽다.

③ 나무의 무늬가 아름답고 단단(건조)하여 가구나 목공예품의 재료로 많이 사용하고 있다.

| 침엽수(소나무) |

| 활엽수(상수리나무) |

(3) MDF(Medium Density Fiber board)

① 조직이 치밀하여 몰딩, 측면가공 등 조직가공성이 우수하다.

② 표면이 평활하여 도장 및 접착성이 우수하다.

③ 박스 및 수납공간을 만들어 활용하는 경우가 많다.

④ 가격이 저렴하다.

⑤ 습도에 특히 약해 외장재로 적합하지 않으며, 주로 내장재에 사용된다.

⑥ 선반, 측판, 뒤판, 도어 등 가구재로 많이 활용한다.

(4) 집성목

① 천연목재로 넓은 판재를 얻기가 힘들기 때문에 목재를 일정한 규격으로 결합시킨 것으로 길고 단면이 큰 부재를 간단히 만들 수 있다.

② 아카시아나무, 미송, 참나무, 고무나무, 단풍나무 등 다양하다.

③ 집성목은 다목적 테이블, 장식장, 옷장, 가구, 실내장식에 많이 사용하고 있다.

(5) 코어

① 각목을 대고 양쪽에 합판을 붙인 것이다.

② 가공 후 표면을 무늬목 또는 페인트로 처리한다. 튼튼하고 가격이 저렴해서 목공용으로 쓰인다.

(6) 칩보드(Chip board)

① 톱밥과 같은 작은 조각을 압축해서 만든 판재로 주로 싱크대에 많이 사용되고 있다.

② 표면처리가 벗겨지거나 찢어진 곳으로 물이 들어가면 부풀어오르는 성질이 있다.

(7) 합판

① 합판을 0.5~1.5[mm] 정도의 두께로 여러 개의 단판으로 만들어 접착제를 이용해 3겹, 5겹, 7겹 등 홀수 매로 붙인 것을 말한다.

② 원목에 비해서 수축, 팽창이 작고 가구 등의 부자재로 많이 쓰인다.

③ 합판의 두께는 3, 5, 9, 12, 15, 18, 21, 24[mm]이고 3×6자(900×1,800[mm]), 4×8자(1,200×2,400[mm]) 크기로 규격되어 있다.

| MDF |

| 집성목 |

| 코어 |

| 합판 |

| 석고보드 |

| 방부목테크재 |

| 방부목각재 |

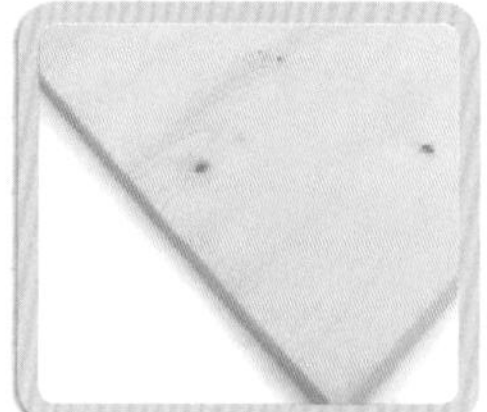

| 스프러스(인테리어) |

## 8 목공사

(1) 소목장

목재 세간을 만드는 기술을 가지고 그 일에 종사하는 사람을 말한다.

(2) 대목장

건축물의 구조를 다루는 수장 등의 일에 종사하는 사람을 말한다.

(3) 도편수

건축공사를 담당하던 기술자를 말하며 각 건축분야의 책임자를 말한다.

(4) 걸레받이

벽 하부의 바닥과 벽이 접하는 부분에서 바닥과 벽의 마무리를 위해 높이 약 20[cm] 정도의 장식몰딩이나 테돌림을 한 것을 말한다.

(5) 징두리판벽

건축물 실 내부의 벽 하부 약 1~1.5[m] 정도 널을 댄 것이다.

(6) 코펜하겐리브

흡음효과가 있는 벽면을 구성하기 위해 단면을 S자로 변형한 리브로서 방송국, 강당, 영화관 등에서 벽의 음향효과 및 장식효과를 내기 위해 사용한다.

## 9 목재의 재적 계산법

(1) 단위는 밀리미터[mm] 또는 센티미터[cm] 등으로 계산한다.

(2) 목재는 1사이(才)=3,600[mm]×30[mm]×30[mm]=3,240,000[mm]이다.
가로[mm]×세로[mm]×두께[mm]÷3,240,000=才
밀리미터 단위를 센티미터 단위로 환산해서 계산하면 편리하므로
목재소 계산식은 (12자=길이)×(치수=폭)×(치수=두께)÷12자=재적
예 3,600[mm]×90[mm]×45[mm]=12자×3치×1.5치÷12자=4.5재적

귀촌, 귀농, 귀어할 경우에 주택이 화목보일러일 경우에는 목재 종류로 느티나무, 밤나무, 상수리나무 등 나뭇잎이 넓은 활엽수를 사용하면 목질이 단단해서 침엽수보다 더 오랫동안 화력이 지속된다.

# 01 현관(철재)문 보조키 설치하기

## 1 홀 커터 종류

| 바이메탈 홀 커터(다용도) |

| 스테인리스용, 철판용 |

## 2 주의사항

홀 커터 작업시 드릴이 문과 직각이 되도록 하여 뚫어야 뒤쪽도 똑같은 위치에 뚫리게 된다. 드릴이 틀어지면 문의 뒤쪽(반대편) 구멍도 틀어지므로 주의해야 한다.

**준비공구** 전기드릴, 철재 드릴비트(기리) 4[mm], 바이메탈 홀 커터 30[mm] 또는 32[mm], 드라이버(+, −), 펜치 및 니퍼

| 전기드릴 |

| 바이메탈 홀 커터 30[mm] |

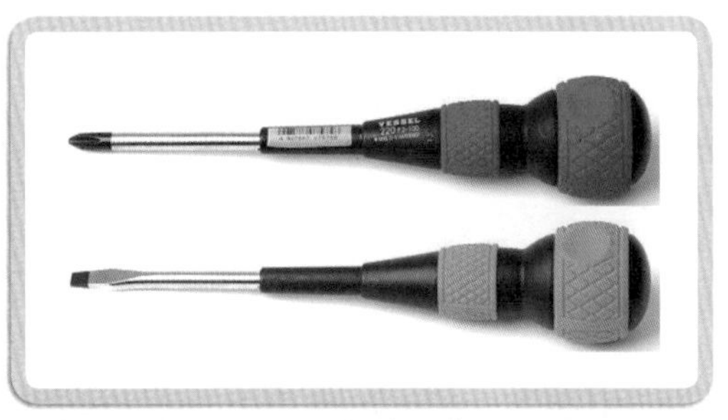


| 드라이버(+, -) |

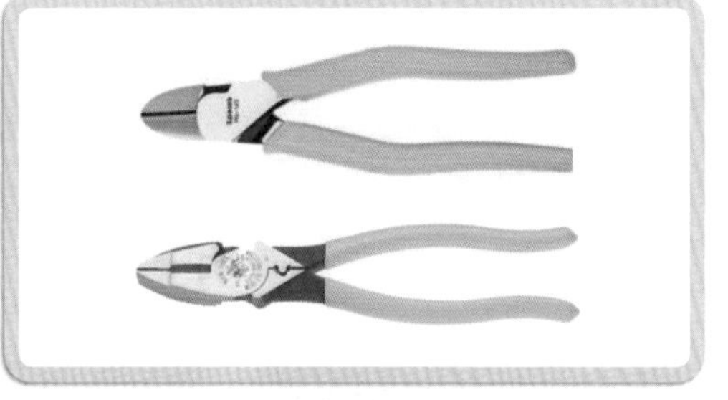

| 니퍼 및 펜치 |

**제품구성** 라운드형 보조키세트(사각 · 섀시 · 강화미니형 등도 있음)

| 걸고리 |

| 몸체 |

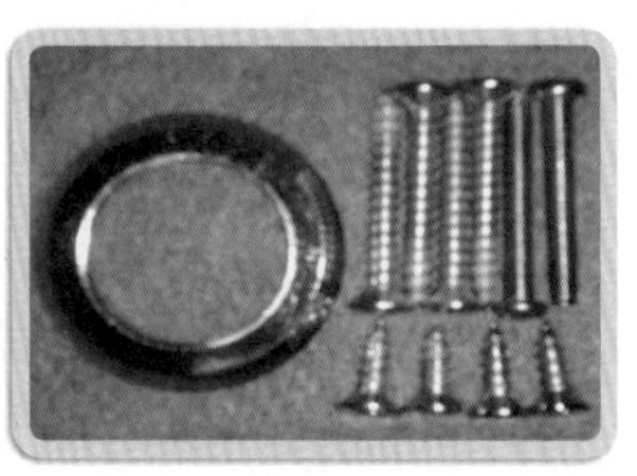

| 링 및 연결피스 |

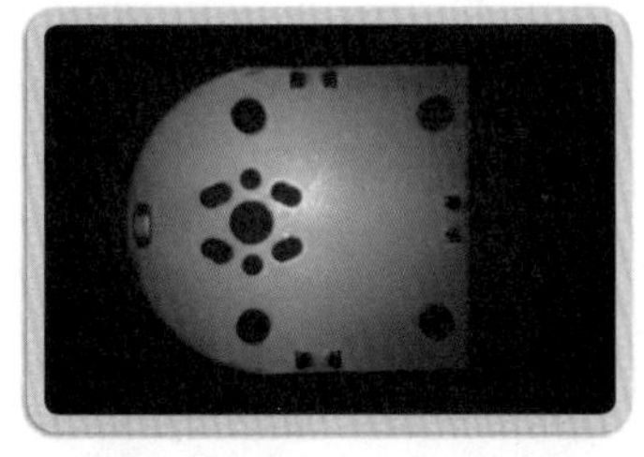

| 연결판 |

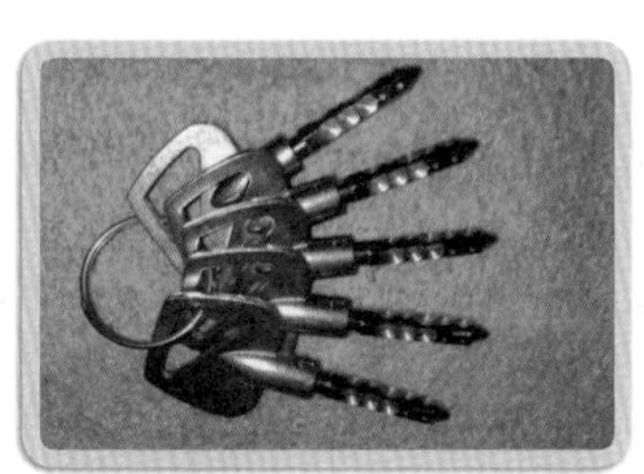

| 키 |

| 키 뭉치 |

**바이메탈 홀 커터**

철재문, 섀시문, 목재문(목문), 스테인리스문 등 다용도로 사용이 가능하다.

❶ 보조키 부착 위치를 결정한 후 문틀(선틀)과 문에 걸고리와 몸체를 부착 위치에 대고 연필 또는 사인펜으로 걸고리와 몸체의 외곽선을 표시한 후 떼어낸다.

❷ 몸체 부분에 표시했던 외곽선에 연결판을 대고 나사구멍(4개) 및 키 뭉치 구멍(1개)을 표시한 후 나사구멍은 4[mm] 드릴비트로 문 안쪽에서 구멍을 뚫는다. 키 뭉치 구멍은 바이메탈 홀 커터 30[mm]로 표시한 곳을 문 안쪽에서 밖으로 관통되도록 뚫는다.

❸ 걸고리 부분에 표시했던 외곽선에 걸고리의 외곽선을 맞추고 4[mm] 드릴비트로 구멍 중앙을 표시한 곳을 정확하게 문틀에 대고 구멍을 뚫는다.

키 뭉치 구멍을 뚫을 때 초보자는 4[mm] 드릴비트가 문과 직각이 되도록 먼저 뚫은 후 홀커터 30[mm]로 문과 직각이 되도록 뚫어야 틀어지지 않는다.

| 걸고리와 몸체 |

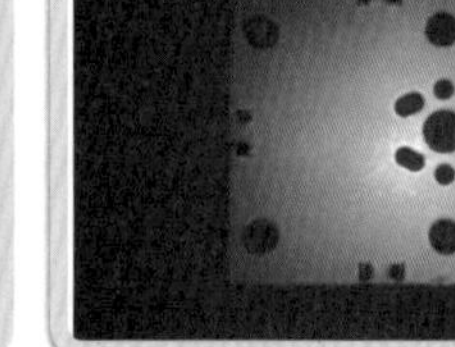

| 연결판 |

| 걸고리 |

❹ 링과 키 뭉치를 결합한 뒤 문 앞쪽에서 키 뭉치의 로고가 위쪽 방향을 향하게 끼운 후 뒤쪽에서 붙임판과 키 뭉치 2개로 고정시킨다.

❺ 키 뭉치 키심(연결대)의 보조키 몸체 뒷면 손잡이 구멍에 들어가도록 한 뒤 보조키 몸체를 나사 4개로 고정시킨다. 키 뭉치의 키심(연결대)의 길이를 문 두께에 맞도록 절단선을 따라 절단한다.

❻ 보조키 몸체에 맞춰서 걸고리에 3개의 나사로 문틀에 고정시킨다.

| 링과 키 뭉치 |

| 키 뭉치와 몸체 |

| 걸고리 나사못 고정 |

❼ 키 뭉치를 조립하는 경우 반드시 열쇠를 뺀 상태에서 조립해야 한다. 열쇠가 꽂힌 상태로 조립하는 경우 조립 후 키 뭉치에서 키가 빠지지 않는 원인이 된다(열쇠를 넣어서 작동되는지 확인한다).

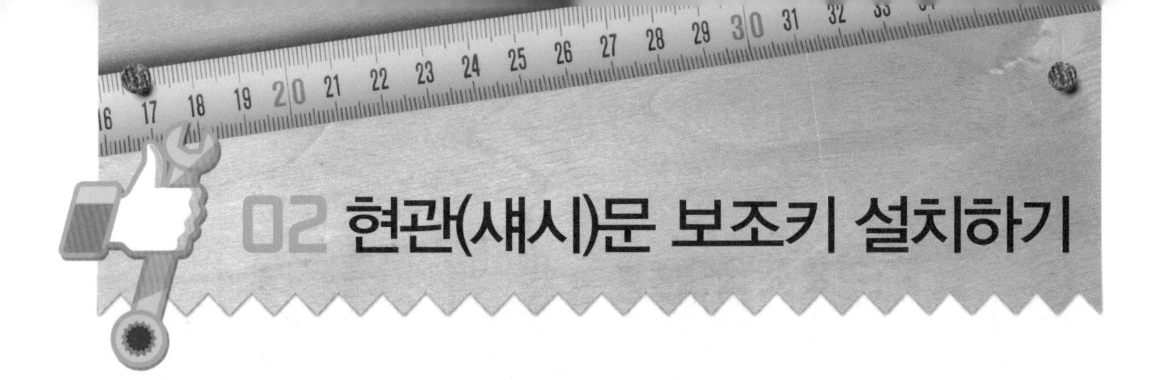

# 02 현관(새시)문 보조키 설치하기

실전 Start!

준비공구 충전드릴, 철재용 드릴비트 4[mm], 12[mm], 철판용 홀 커터 30[mm] 또는 32[mm], 걸고리, 드라이버 비트 또는 드라이버(+, −), 펜치 및 니퍼

| 충전드릴 |

| 철재용 드릴비트 4[mm] |

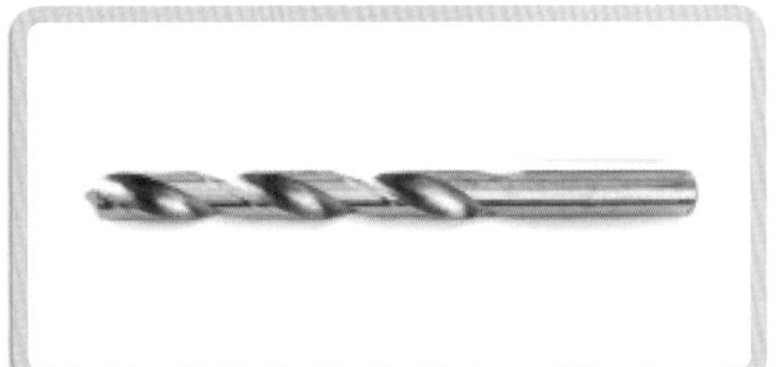

| 철재용 드릴비트 12[mm] |

| 철판용 홀 커터 30[mm] 또는 32[mm] |

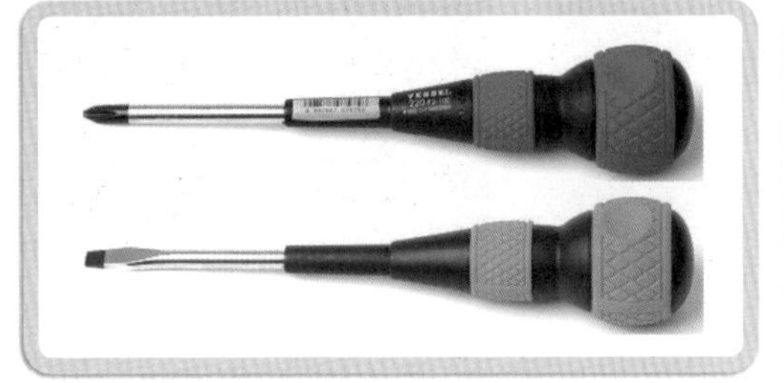

| 드라이버(+, −) |

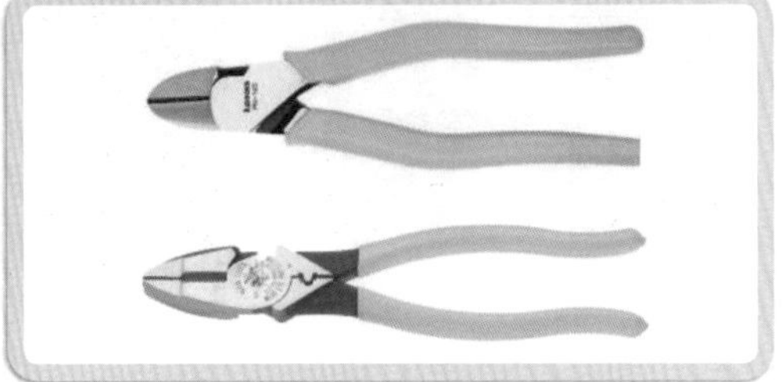

| 니퍼 및 펜치 |

## 제품구성 보조키 세트

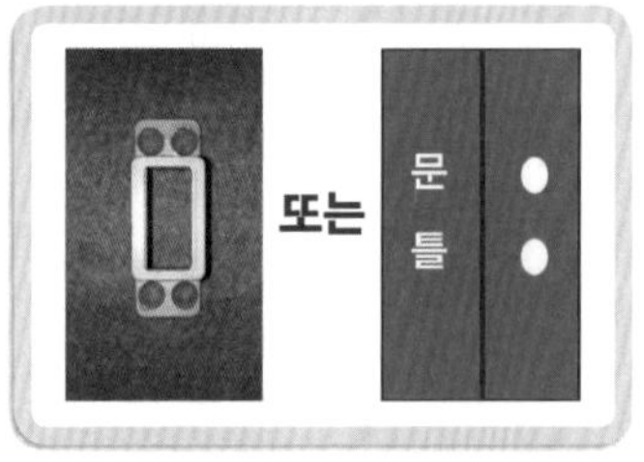

| 걸고리 또는 문틀청공 |

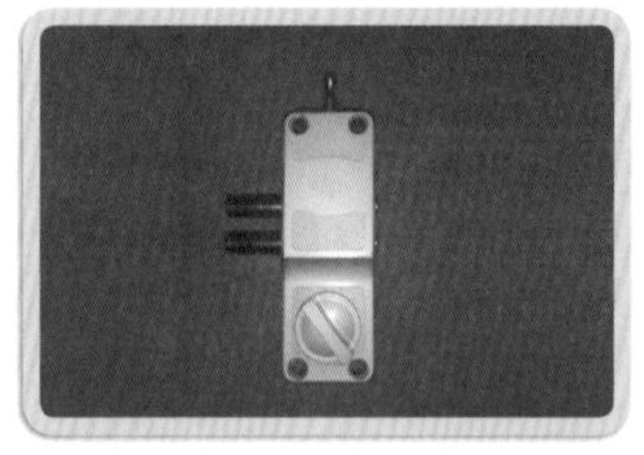

| 몸체 |

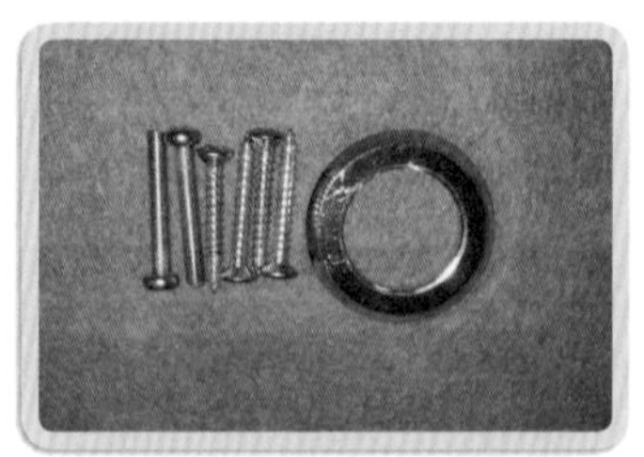

| 링 및 연결피스 |

| 연결판 |

| 키 |

| 키 뭉치 |

❶ 보조키 부착은 문틀과 문에 걸고리와 몸체를 부착 위치에 대고 연필 또는 사인펜으로 걸고리 구멍 4개 또는 문틀 구멍 2개와 몸체의 나사 구멍 4개와 키 뭉치 구멍 1개를 표시한 후 떼어낸다.

❷ 몸체 부분에 표시했던 외곽선에 연결판을 대고 나사 구멍(4개) 및 키 뭉치 구멍(1개)을 표시한 후 나사 구멍은 4[mm] 드릴비트로 문 안쪽에서 구멍을 뚫고, 키 뭉치 구멍은 바이메탈 홀 커터 30[mm]로 표시한 곳을 문 안쪽에서 밖으로 관통되도록 뚫는다.

❸ 걸고리 상 · 하에 4개 그렸던 나사 구멍 4개를 4[mm] 드릴비트로 문 안쪽에만 구멍을 뚫고(문 밖으로 나오지 않게) 또는 문틀 2개를 12[mm] 드릴비트로 구멍을 뚫는다.

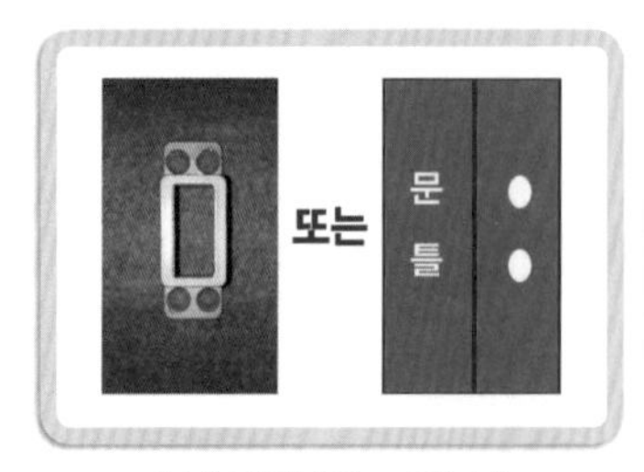


| 걸고리 또는 문틀 |

| 연결판 |

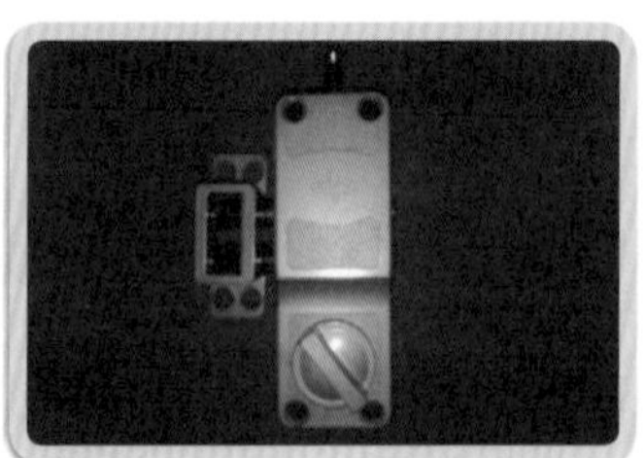

| 걸고리 및 몸체 |

❹ 링과 키 뭉치를 결합한 뒤 문 앞쪽에서 키 뭉치의 로고가 위쪽 방향을 향하게 끼운 후 뒤쪽에서 연결판과 키 뭉치 2개를 나사로 고정시킨다.

❺ 키 뭉치 키심을 보조키 몸체 뒷면 손잡이 구멍에 들어가도록 한 뒤 보조키 몸체를 나사못 4개로 고정시킨다. 키 뭉치의 키심 길이를 문 두께보다 크게 몸체에 연결되도록 절단선을 따라 절단한다.

❻ 보조키 몸체에 맞춰서 걸고리에 상 · 하 4개 나사못으로 문틀에 고정시킨다.

| 링과 키 뭉치 |

| 키 뭉치와 몸체 |

| 나사못으로 고정 |

❼ 키 뭉치를 조립하는 경우 반드시 열쇠를 뺀 상태에서 조립한다. 열쇠가 꽂힌 상태로 조립을 하는 경우 조립 후 키 뭉치에서 키가 빠지지 않는 원인이 된다(열쇠를 넣어서 작동되는지 확인).

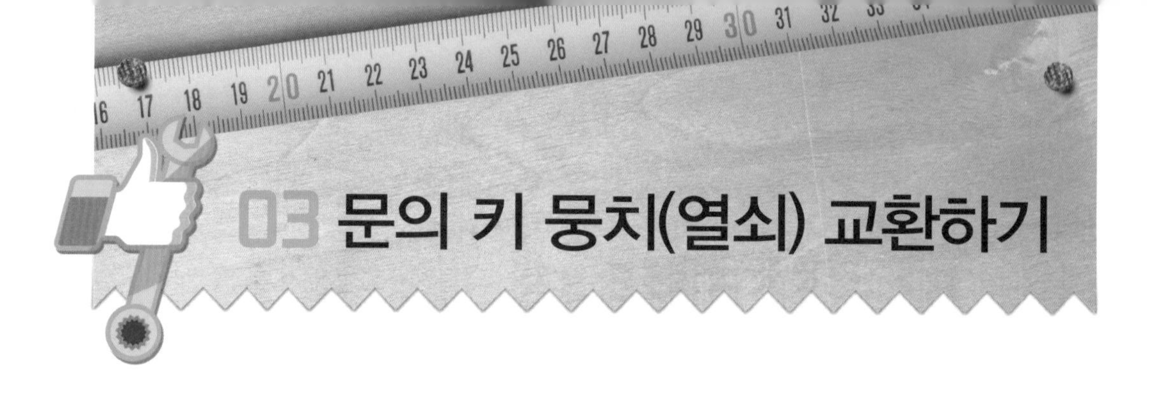

# 03 문의 키 뭉치(열쇠) 교환하기

## 1 키 뭉치

이사, 열쇠분실 또는 키가 부족하여 복제할 경우 보조키 전체를 교체하면 비용도 부담이 된다. 키 뭉치(열쇠)만 교환하면 비용도 절약되고 드라이버(+, −), 펜치 및 니퍼만 있으면 간단히 교체가 가능하다.

## 2 키심을 자를 경우 주의사항

(1) 키심을 자를 때는 적당한(1.2~1.5[cm]) 길이를 두고 자른다.
(2) 키심을 너무 짧게 자르면 키심과 몸체가 연결이 되지 않아 자물쇠 역할을 할 수 없다.
(3) 키심을 너무 길게 자르면 키심과 몸체 안쪽 잠금버튼이 튀어나오거나 열쇠가 빡빡하게 열리거나 잠금장치가 되지 않는다.

**준비공구** 드라이버(+, −), 펜치 및 니퍼 또는 롱로즈플라이어

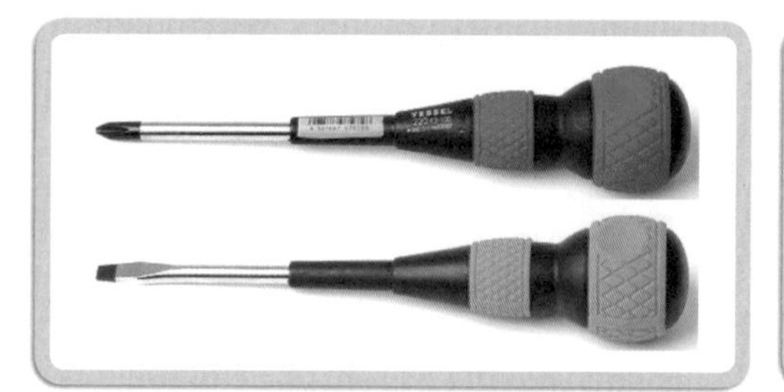

| 드라이버(+, −) |

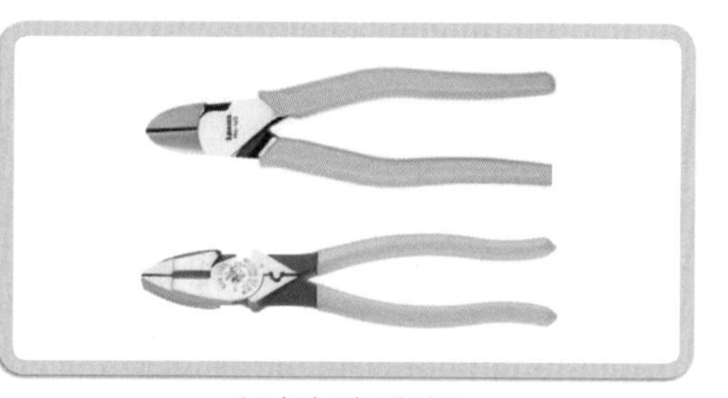

| 니퍼 및 펜치 |

**제품구성** 키 뭉치, 열쇠(일자키, 육각키), 링, 고정나사

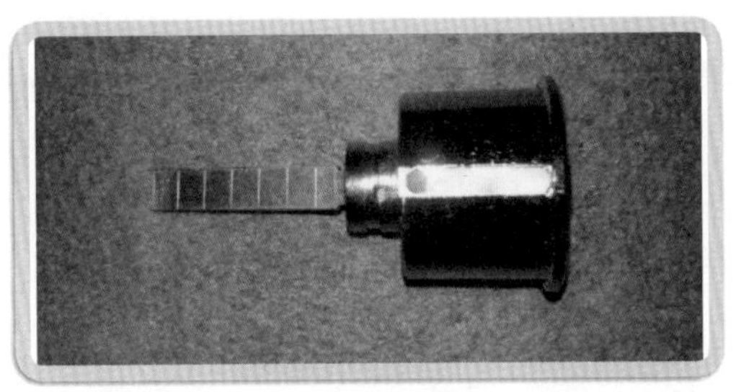

| 키 뭉치 |

| 열쇠(육각키) |

| 링 |

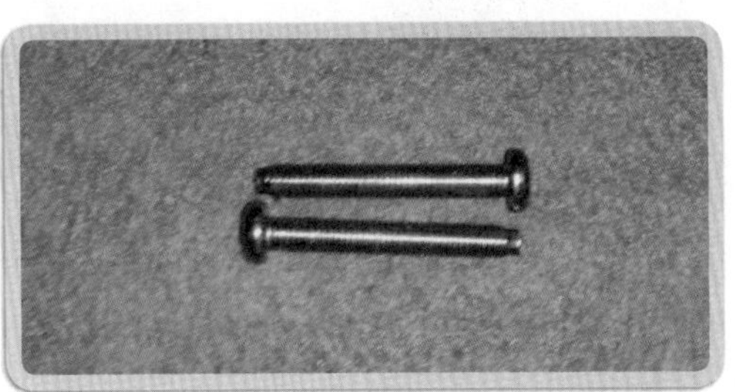

| 고정나사 |

❶ 보조키의 문 안쪽 몸체의 고정나사 4개를 푼다.

❷ 몸체를 분리하고 연결판과 키 뭉치 고정나사 2개를 풀면 몸체가 분리된다.

❸ 기존 키 뭉치만 분리한다.

❹ 키 뭉치는 키심이 중간에 있는 것과 아래쪽에 있는 것 두 종류가 있고 이 두 종류는 서로 호환이 되지 않는다. 키심의 위치를 확인하고 같은 위치의 키심을 구입하여 교환하면 된다(키는 평키 또는 육각키가 있다).

| 몸체 고정나사 4개 풀기 |

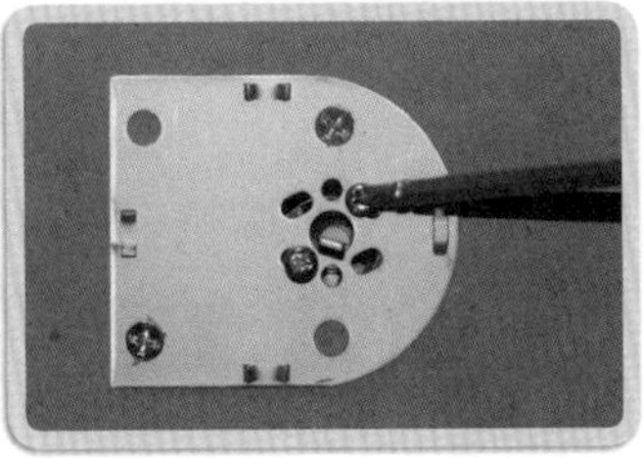

| 연결판 나사 2개 풀기 |

| 키심 위치 확인 |

키심의 위치가 중앙에 있는 것은 현관 열쇠로 사용되고, 키심의 위치가 아래에 있는 것은 대문 열쇠로 사용된다.

❺ 키 뭉치의 글자 또는 로고가 위쪽으로 위치한다.

❻ 키 뭉치(열쇠)와 연결판과 고정나사 2개를 고정 후 키심은 펜치와 니퍼로 1.2~1.5[cm] 남기고 절단한다.

❼ 키 뭉치의 키심을 몸체의 구멍에 넣고 몸체의 고정나사 4개를 고정하면 키 뭉치(열쇠)만 설치가 완료된다(키심은 잘 끊어지도록 표시되어 있다. 표시된 부분을 펜치와 니퍼 또는 롱로즈플라이어로 잡고 상 · 하로 움직이면 끊어진다).

| 키 뭉치 글자(로고)가 위쪽 |

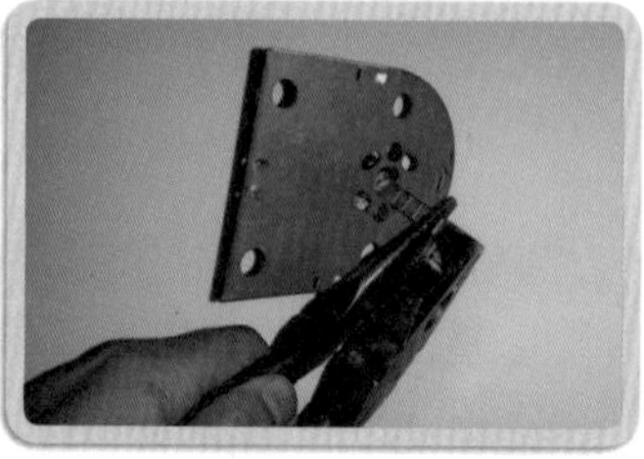
| 키심 1.2~1.5[cm] 남기고 절단 |

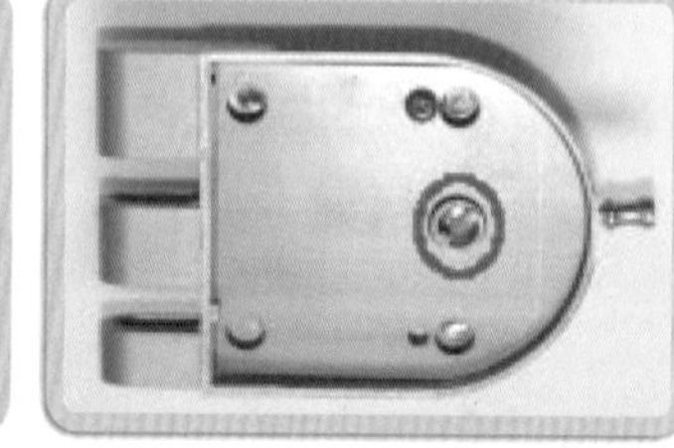
| 키심 넣는 구멍 |

키 뭉치를 조립하는 경우 반드시 열쇠를 뺀 상태에서 조립한다. 열쇠가 꽂힌 상태로 조립하는 경우 조립 후 키 뭉치에서 키가 빠지지 않는 원인이 된다(열쇠를 넣어서 자연스럽게 작동되는지 확인한다).

# 04 목재문 도어록(실리더) 교환하기

## 1 도어록

(1) 사용가능한 문은 목재문, 섀시문, 판넬문이며 사용가능한 문 두께는 35~45[mm]이다.

(2) 욕실용 도어록은 가정의 실내, 사무실의 욕실, 화장실에서 열쇠가 없는 버튼식으로 사용이 가능하고 안쪽에서 잠겼으면 바깥쪽에서 동전으로 열면 열린다.

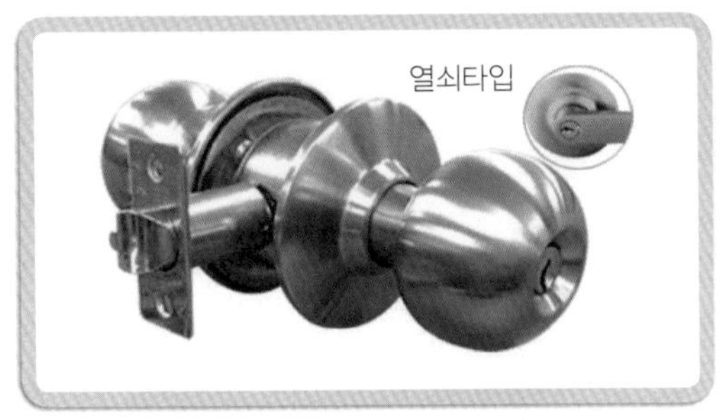


| 침실용 도어록(열쇠타입) |

| 욕실용 도어록(동전타입) |

## 2 도어록(실린더) 홀 커터 작업방법의 예

(1) 가운데 드릴의 끝이 뒷면으로 나오게 한다.

(2) 뒷면 관통구멍에 맞추어 넣어 잘라낸다.

(3) 간단한 조작으로 양면에 깨끗한 구멍을 만들 수 있다.

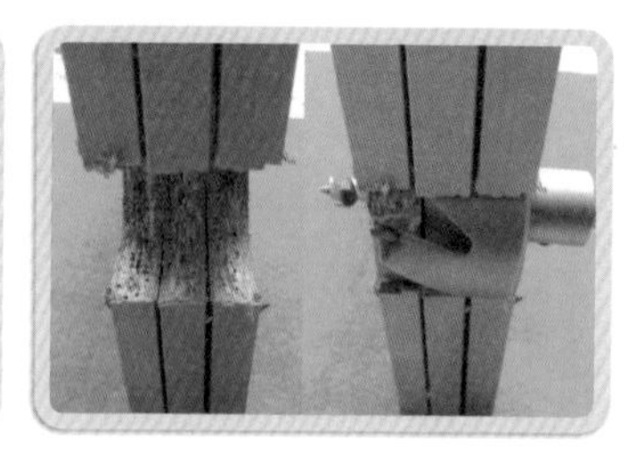

(4) 래치 홀 커터는 23[mm]를 사용한다.

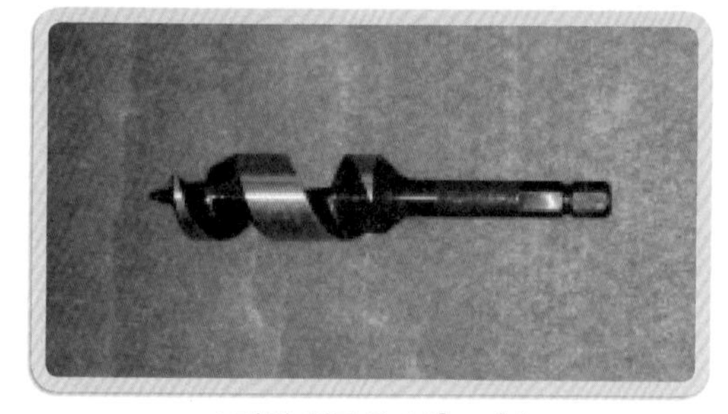
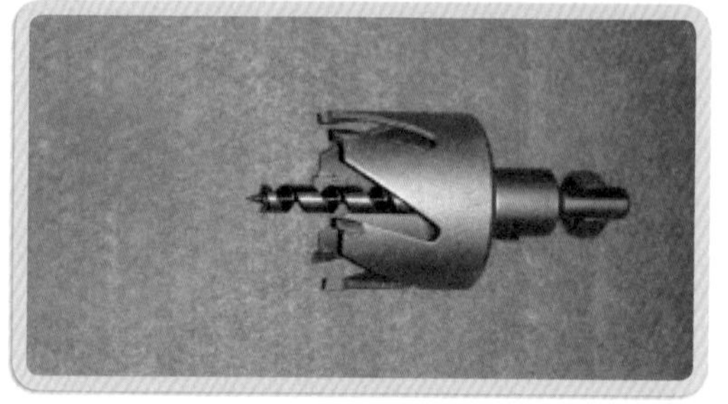

| 래치 청공용 23[mm] |

| 실린더 청공용 56[mm] |

**준비공구** 분해핀 또는 송곳, 드라이버(+, −) 또는 충전드릴(드라이버 비트)

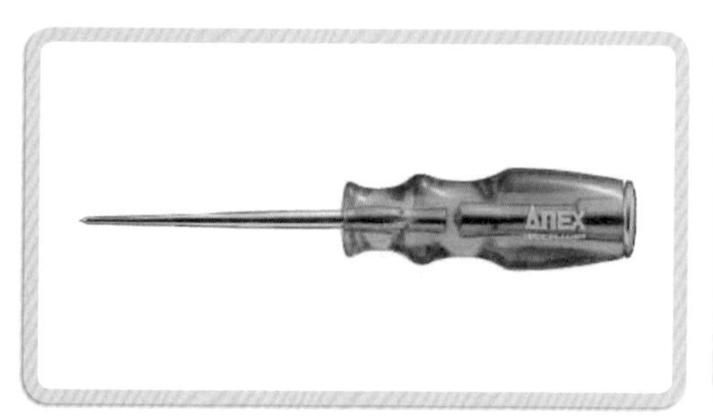


| 송곳 |

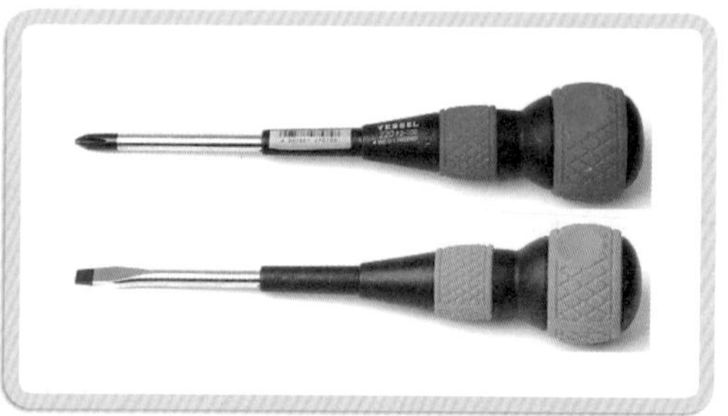

| 드라이버(+, −) |

제품구성 도어록

| 도어록 명칭 |

| 도어록(분해구멍 내부) |

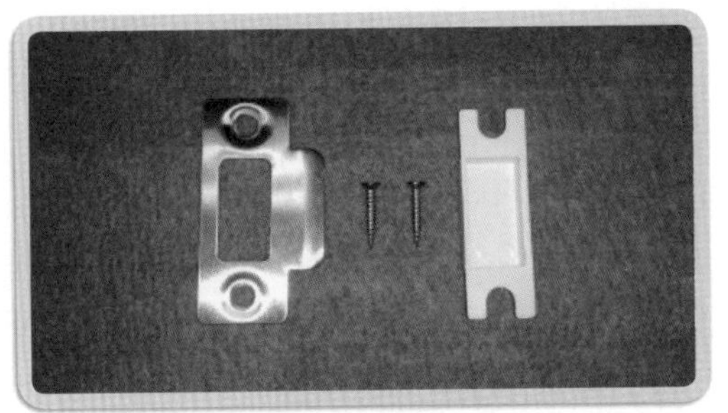

| 문틀 래치 및 래치 박스 |

❶ 도어록 손잡이를 분리할 때는 항상 안쪽 손잡이(버튼으로 눌러 잠그는 쪽)를 분리한다.

❷ 도어록의 안쪽 손잡이 안에 있는 분해구멍을 송곳이나 분해핀으로 눌러 몸통에서 손잡이를 분리한다.

❸ 인 플레이트를 반시계방향으로 돌려 몸통에서 풀어준다.

❹ 부착판에 고정된 몸체에 고정나사 2개를 풀어준다.

| 분해핀으로 손잡이 분리 |

| 인 플레이트 분리 |

| 부착판 고정나사 2개 풀기 |

❺ 도어록의 바깥 손잡이를 바깥쪽으로 당겨 문에서 분리한다.

❻ 래치에서 2개 나사를 풀어 문에서 래치를 분리한다.

| 바깥 손잡이 분리 |

| 래치 분리 |

❼ 래치의 경사(곡선) 부분이 문 닫힘 방향으로 향하도록 래치를 삽입하고 조임 나사로 견고하게 조인다.

❽ 도어록의 바깥 손잡이를 잡고 래치 다리에 몸통이 정확히 걸리도록 도어록을 문의 바깥쪽에서 밀어 넣는다(손잡이를 돌려서 래치의 머리가 안쪽으로 들어가는 것을 꼭 확인한다).

❾ 부착판에 고정된 몸체에 나사 2개를 고정시켜 준다.

❿ 인 플레이트를 시계방향으로 돌려서 몸통에서 조여 준다.

| 도어록 안쪽 넣기 |

| 부착판 나사 2개 고정 |

| 인 플레이트 시계방향 조임 |

⓫ 도어록 안쪽에 있는 몸통에 손잡이를 끼워 넣는다.

⓬ 문틀에 래치와 래치박스를 그림과 같이 넣고 조임나사로 견고하게 조인다.

| 안쪽 손잡이 끼움 |

| 래치와 래치박스 견고히 고정 |

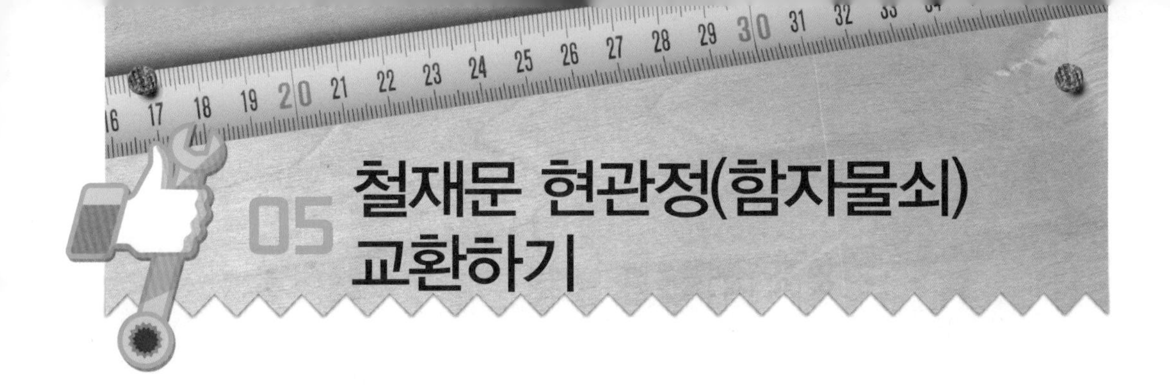

# 05 철재문 현관정(함자물쇠) 교환하기

**준비공구** 첼라 또는 필터렌치 60~90[mm](소형) 드라이버(+, –) 또는 충전드라이버, 망치(빠루망치)

| 첼라 |

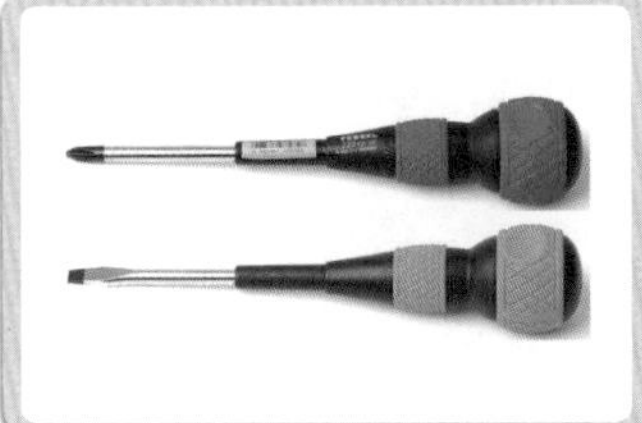

| 드라이버(+, –) |

| 망치(빠루망치) |

**제품구성** 현관정 세트

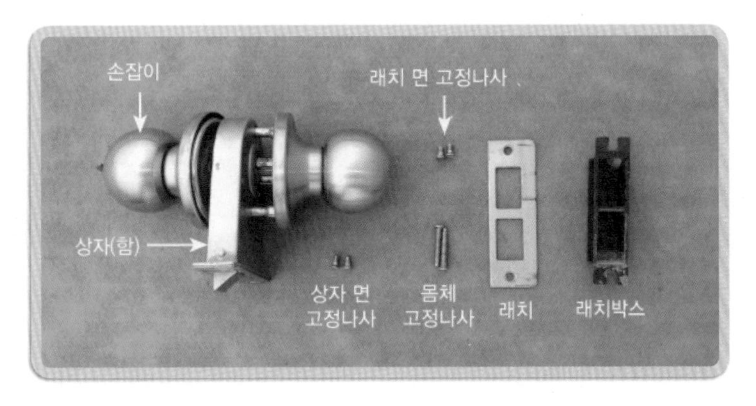


❶ 원통형은 문 안쪽에서 반시계방향으로 돌리면 손잡이가 빠지고 손잡이가 잘 빠지지 않을 경우 플레이트 홈에 드라이버를 대고 때리면서 돌리면 쉽게 빠진다.

❷ 잘 풀리지 않을 경우 파이프렌치, 첼라 또는 필터렌치를 사용하면 쉽게 풀린다.

❸ 손잡이가 풀리면 고정판 볼트를 드라이버로 푼다.

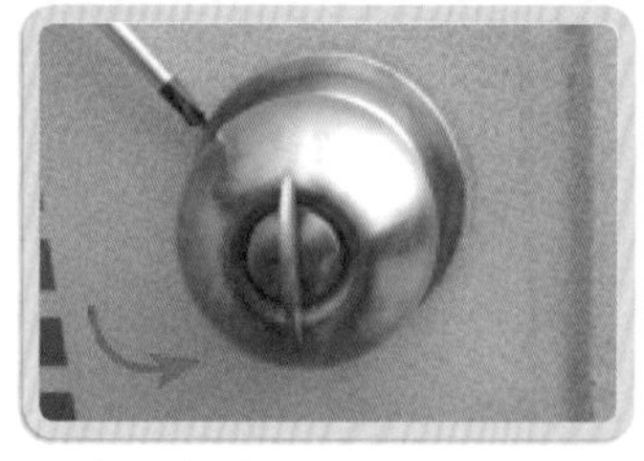
| 반시계방향으로 돌리면 빠짐 |

| 첼라 등 기구를 사용하여 풀기 |

| 고정판 볼트 제거 |

❹ 재조립시 플라스틱 부싱도 잊지 않고 넣어주어야 한다.
❺ 고정판이 풀리면 반대편 손잡이도 빠진다.
❻ 래치의 몸체나사 2개를 풀면 상자(함자물쇠)가 빠진다.

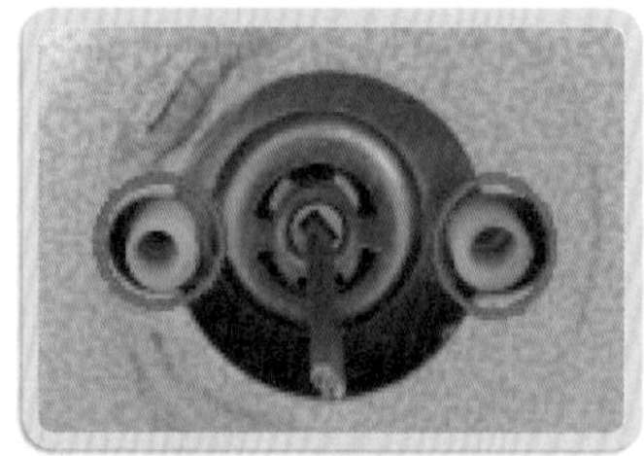
| 부싱 |

| 고정판 제거하면 손잡이 빠짐 |

| 래치 빠짐 |

❼ 역순으로 재조립한다.
❽ 상자(함자물쇠)를 넣고 래치의 나사 2개를 잠근다.
❾ 손잡이의 바깥쪽 부분을 넣고 안쪽에서 플라스틱 부싱을 넣는다.

| 래치 볼트 2개 고정 |

| 손잡이를 래치 구멍에 맞춤 |

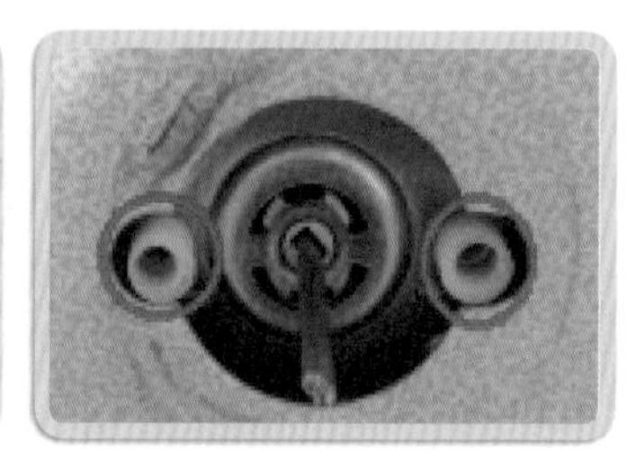
| 부싱 넣고 고정 |

❿ 고정판을 대고 고정나사 2개를 넣고 조인다.
⓫ 문 안쪽 플레이트를 손으로 돌리고 마무리는 첼라 등을 사용하여 고정한다.

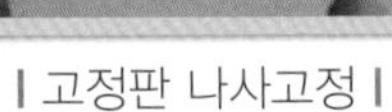

| 고정판 나사고정 | | 드라이버 또는 첼라로 고정 | | 완성 |

현관은 주로 철재문에 사용하는 도어록(함자물쇠)을 사용하고 조립시에는 반드시 원형 부싱 2개를 넣어서 조립하여야 한다. 부싱을 넣지 않고 조립할 경우 처음 사용할 때는 이상이 없어 보이지만 사용하다보면 상자(함자물쇠)가 흔들리게 되어 고장의 원인이 된다.

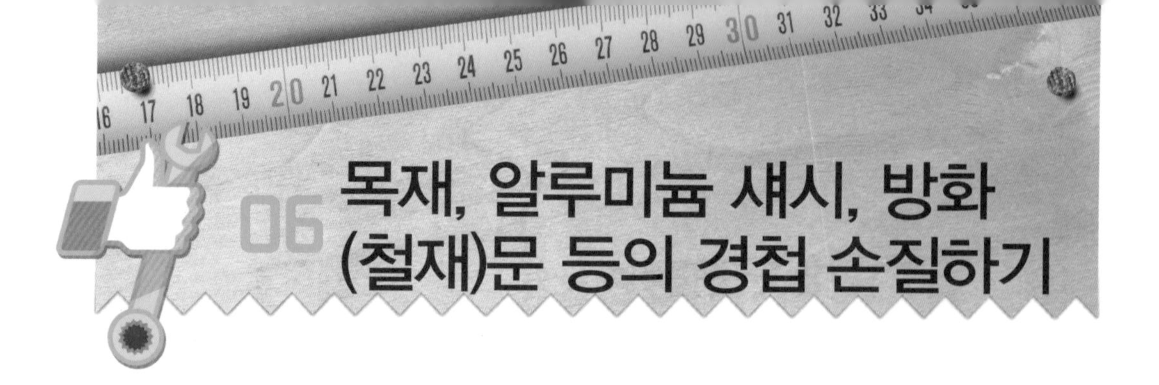

# 06 목재, 알루미늄 새시, 방화(철재)문 등의 경첩 손질하기

**준비공구** 나무젓가락, 목재용 끌 또는 칼, 공업용 본드(순간접착제), 알루미늄 리벳 또는 스테인리스 리벳, 리벳 건, 반코팅장갑, 망치, 사포

| 목재용 끌 |

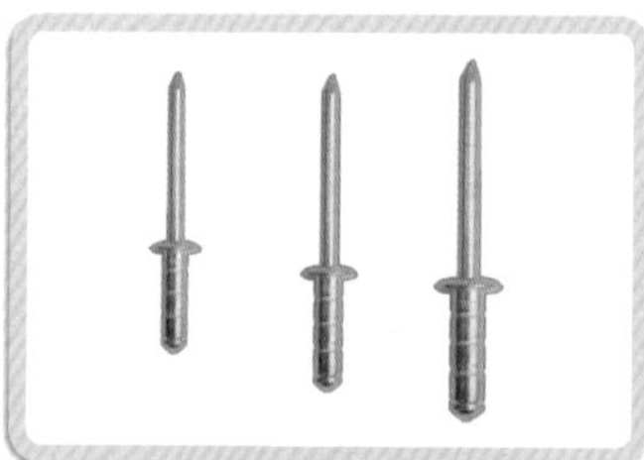

| 알루미늄 리벳 |

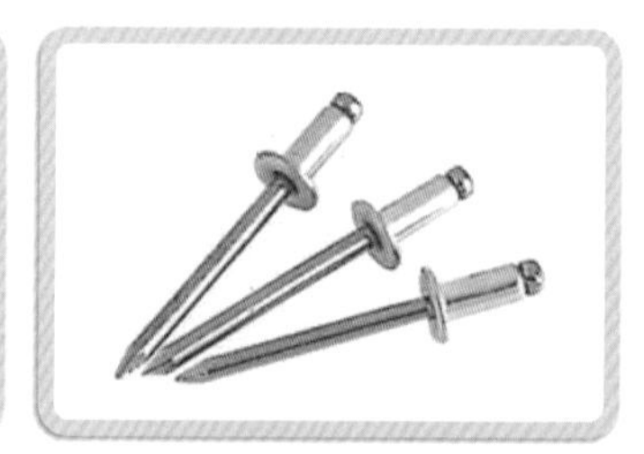

| 스테인리스 리벳 |

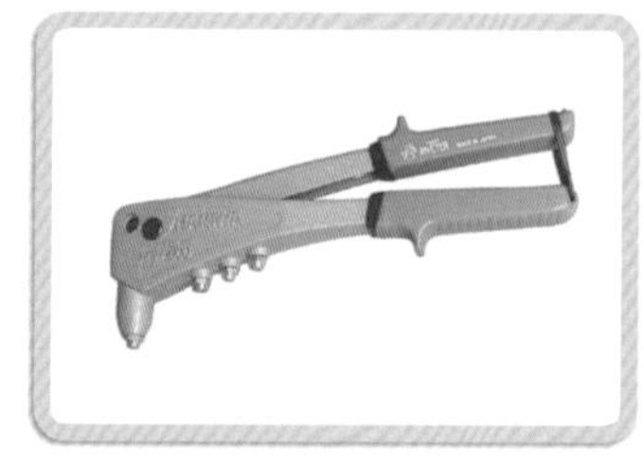

| 리벳 건 |

| 반코팅장갑 |

| 천, 종이 사포 60~1,000방 |

## • 목문(방문)의 경첩이나 손잡이 부분에 나사못이 헐거워 흔들리는 경우

❶ 나사못 구멍이 커져서 헐거워졌을 경우에는 사용하고 있던 나사못보다 약간 굵기가 크거나 긴 나사못을 구입해 고정하면 된다.

❷ 나사못이 너무 굵거나 길어서 맞지 않는 경우에는 기존 나사못은 빼내고 나사못 구멍에 나무젓가락 등을 적당한 굵기로 깎아서 박아 넣는다. 나사못 구멍에 나무젓가

락 남은 부분은 문 및 문틀(문선)의 면에 맞추어 칼로 잘라내고 목공용 본드 또는 공업용 본드(순간접착제)를 발라서 경첩을 맞추어 나사못을 끼워주면 견고하게 부착된다.

| 경첩 구멍 막은 모습 |

벽이나 가구에 난 못 구멍도 위와 같은 방법으로 매꿔 주면 되고, 만약 자른 면이 꺼칠한 경우 고운 사포나 목재용 끌을 이용하여 다듬어 처리하면 된다.

## 알루미늄, 섀시문 등 경첩 부분의 나사못이 헐거워 흔들리는 경우

❶ 경첩을 떼어내고 다른 부분으로 옮기는 방법이 있으나 번거롭다.

❷ 기존 설치된 경첩 자리에 그대로 재설치하는 것이 가장 좋은 방법이다. 알루미늄 섀시문은 알루미늄 리벳과 리벳 건이 있으면 쉽고 간단하게 고정된다. 방화(철재)문 또는 스테인리스 문에는 스테인리스 리벳과 리벳 건이 있으면 쉽고 간단하게 고정된다.

리벳과 리벳 건이 없는 부득이한 경우에는 우산살(ㄷ) 부분을 짧게 잘라서 헐거워진 홈에 끼우고 나사못을 조이면 어느 정도 고정이 가능하다.

## 리벳으로 채운 경첩 등을 떼어내야 할 경우

알루미늄 섀시문이나 방화(철재)문에 리벳으로 채운 경첩을 떼어내야 할 경우 −(일)자 드라이버로 리벳머리 부분에 대고 망치로 때리면 쉽게 리벳머리가 떨어지고 떨어진 자리에 리벳심이 남아 있으므로 콘크리트못을 리벳심이 남아 있는 곳에 대고 망치로 치면 처음 철재비트로 구멍이 뚫린 상태가 되어 재시공이 가능하다.

| 리벳머리 |

| -(일)자 드라이버 |

| 리벳머리 떼어내기 |

| 콘크리트못 대고 망치로 치기 |

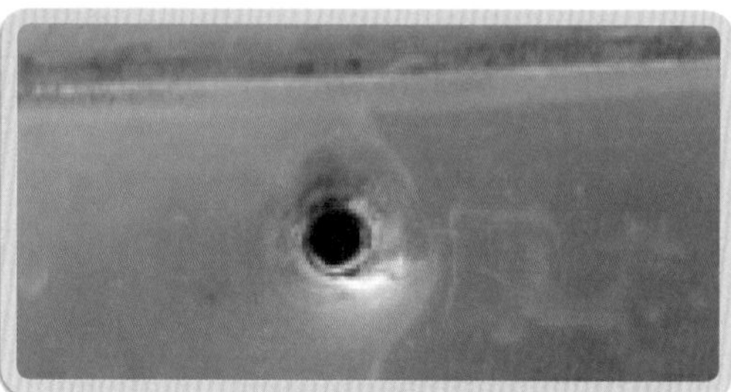

| 처음 구멍 뚫린 상태 |

- 부식된 나사를 빼낼 때에는 나사의 주위에 방청윤활제(WD-40), 오일 등 종류를 뿌리고 1~2분 후에 나사를 돌리면 잘 풀린다.
- 부식된 나사가 전혀 풀리지 않을 경우에는 나사를 무리하게 돌리면 나사 머리가 뭉개져 버린다. 이럴 때는 미리 나사 주위에 방청윤활제 등을 충분히 뿌려 스며들게 한 다음 망치로 두들길 수 있는 드라이버를 나사머리에 대고 나사의 부착물이 분리가 될 만큼 적당히 충격을 가한 다음 돌리면 나사가 쉽게 풀린다.

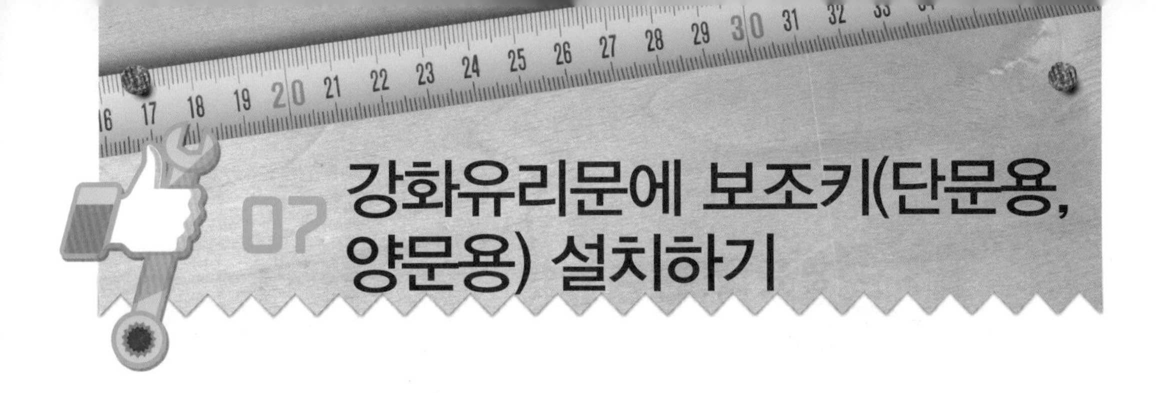

# 07 강화유리문에 보조키(단문용, 양문용) 설치하기

**준비공구** 플라이어 또는 바이스 플라이어, 유성펜 또는 자동센터펀치, 고무망치, 드라이버(+, −) 또는 육각렌치세트

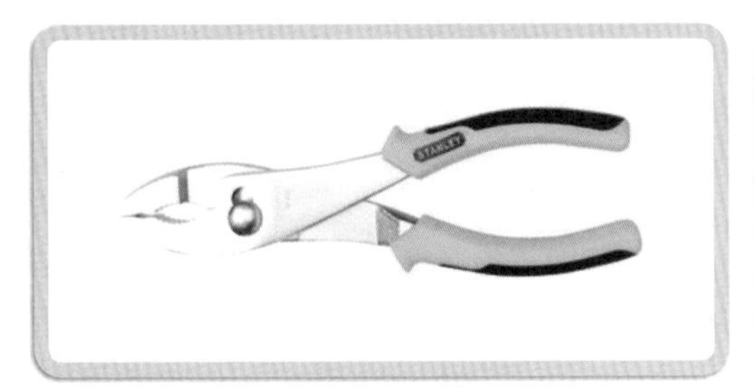

| 플라이어 |

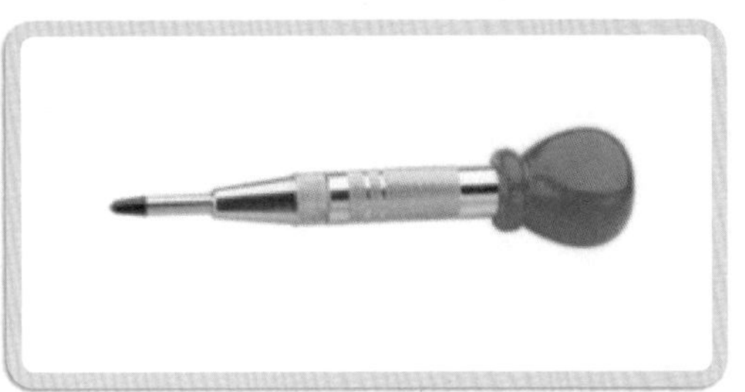

| 자동센터펀치 |

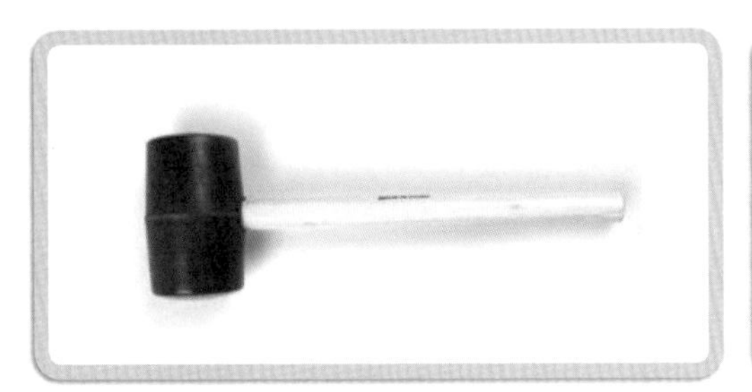

| 고무망치 |

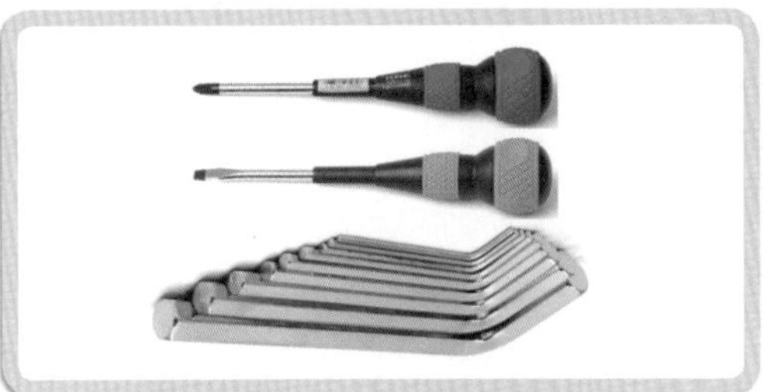

| 드라이버(+, −) 또는 육각렌치세트 |

## 제품구성 보조키(단문용 또는 양문용)

| 보조키(단문용) |

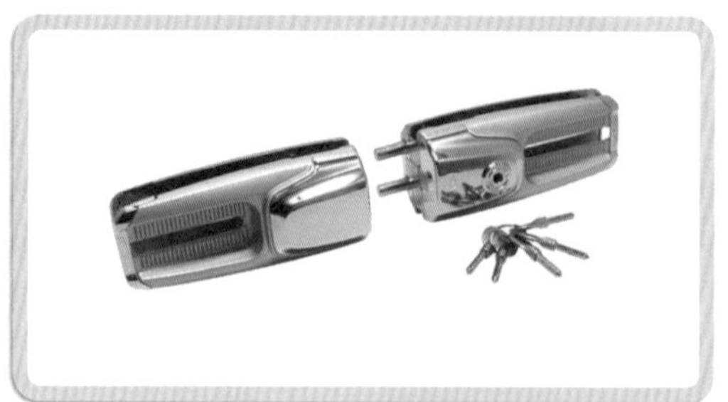

| 보조키(양문용) |

강화문 손잡이 바깥쪽의 양쪽(상, 하) 볼트를 먼저 2회 반시계방향으로 돌려주고 강화문 손잡이 안쪽의 양쪽(상, 하) 볼트를 함께 반시계방향으로 돌려주면 강화문 손잡이가 쉽게 조립(+(십)자 드라이버나 육각렌치(약 3[mm]) 또는 구멍이 있으니 적절하게 조이면 된다) 된다.

❶ 강화문 손잡이(일자) 볼트 풀기

강화유리문 안쪽에서 강화문 손잡이 볼트를 플라이어를 이용하여 풀어준다.

❷ 강화문 손잡이(일자) 분리하기

일자 손잡이의 보조키를 손잡이 위쪽에 부착할 경우에는 윗부분만, 아래쪽에 부착할 경우에는 아랫부분만 분리시킨다. 강화문 손잡이 모양이 다르더라도 강화문 안쪽 손잡이는 볼트를 분해할 수 있게 되어 있다. 문 안쪽에서 바깥쪽 손잡이와 연결된 부분을 자세히 보면 +(십)자 드라이버나 육각렌치 또는 구멍이 있고 풀 수 있는 나사로 고정되어 있거나 구멍에 −(일)자 드라이버로 쉽게 분해가 가능하다(플라이어 등의 공구를 이용하면 간단히 풀린다).

❸ 보조키 단문용 또는 양문용 설치

단문용 또는 양문용 보조키가 안쪽에 움직이지 않도록 강화유리문 안쪽과 바깥쪽에 고무판 등이 하나씩 있어서 고정시킬 때 잘 부착이 되고 단단하게 고정된다.

| 안쪽 손잡이의 아래쪽을 공구로 푼다 |

| 안쪽 손잡이의 위쪽을 공구로 푼다 |

| 보조키(단문용) 설치 |

❹ 조립

보조키를 강화유리문 사이에 끼우고 강화유리문 손잡이(일자 또는 파이프식)를 재조립한다.

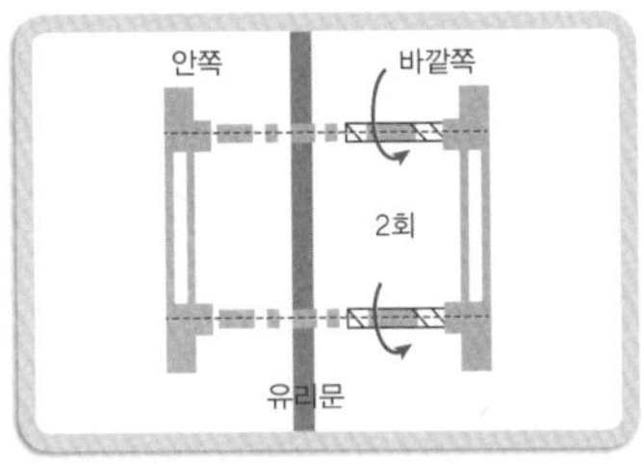


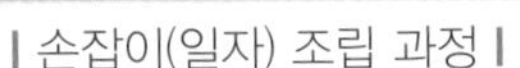
| 손잡이(일자) 조립 과정 |

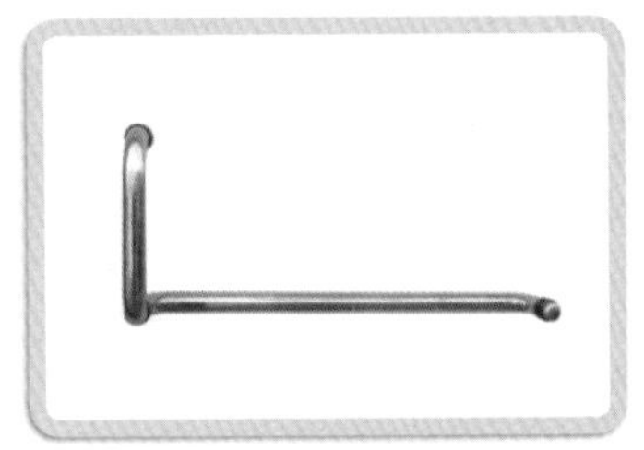
| 파이프 손잡이(조립시) |

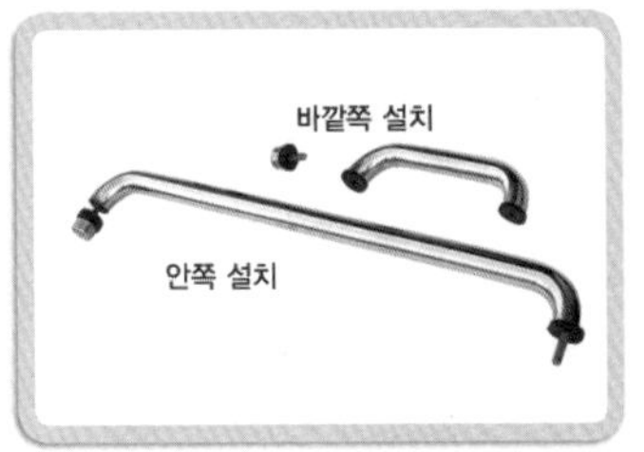

| 파이프 손잡이(분해시) |

❺ 양문용(두 문짝) 조립

강화유리문이 양문용일 경우 반대편 강화유리문에도 위의 그림과 같은 방법으로 조립하면 간단하게 보조키 설치가 끝난다. 강화유리문을 잠글 때 한쪽 강화유리문은 안쪽에서 고정하고 바깥쪽으로 나와서 나머지 한쪽 강화유리문을 잠가야 하기 때문에 강화유리문이 견고하게 고정되어야 한다(한쪽 강화유리문의 상부에 보조키(양문용)로 고정시키는 방법이 있다).

❻ 단문용(한 문짝) 조립

강화유리문이 단문용일 경우에는 문틀이 강화유리문보다 나와 있어 문틀에 구멍(청공)을 내고 열쇠가 고정이 되도록 설치해야 하고 구멍을 뚫을 자리에 유성펜 또는 자동센터펀치를 이용하여 표시한다.

❼ 구멍 뚫기

표시된 부분의 재질에 따라 드릴비트를 이용하여 처음에는 작은 치수부터(4[mm] 정도) 구멍을 뚫은 후 원하는 구멍 크기(11~12[mm])의 드릴비트를 사용하면 더 잘 뚫을 수 있다(단, 스테인리스의 경우 스테인리스용 드릴비트, 철재문의 경우 철재용 드릴비트를 사용해야 한다).

| 양문 아래쪽 보조키 설치 |

| 양문 위쪽 보조키 설치 |

| 단문용 아래쪽 보조키 설치 |

드릴비트가 10[mm] 이하인 경우 구멍이 작을 수 있는데, 구멍을 좀 더 넓혀야 할 경우에는 작업 후 날카롭고 거친 부분을 다듬고 마무리 작업은 추지석 또는 리머를 사용하면 된다.

❽ 단문(한문짝)용일 경우

단문용은 문틀에 직경 11~12[mm] 구멍을 뚫는다. 보조키의 잠금장치 간격은 약 30[mm] 이다(제조사에 따라 다를 수 있음). 강화문 두께의 적용 유리는 12[mm] 시공이 가능하다.

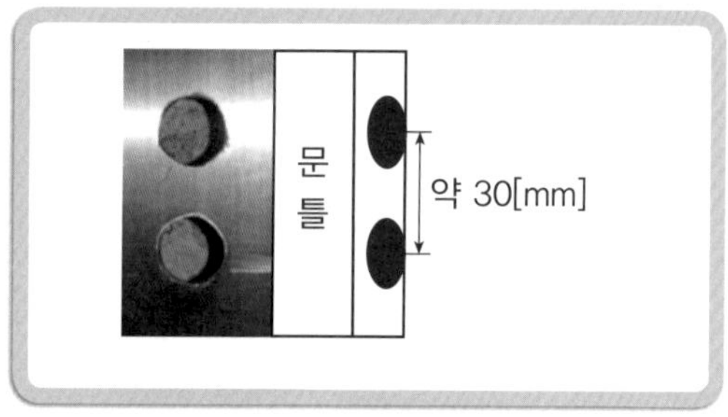


| 문틀 구멍 뚫기 |

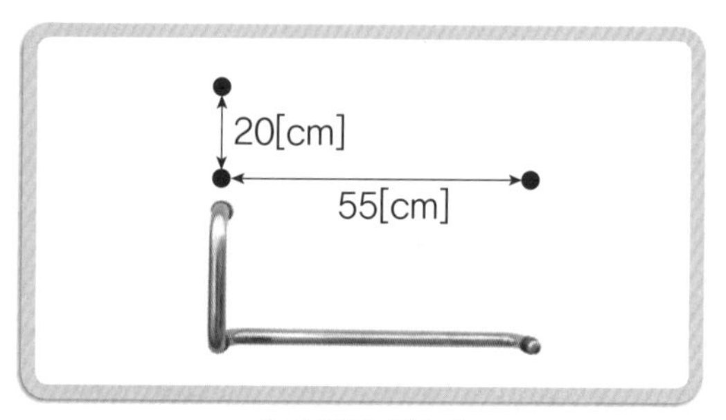


| 파이프 치수 |

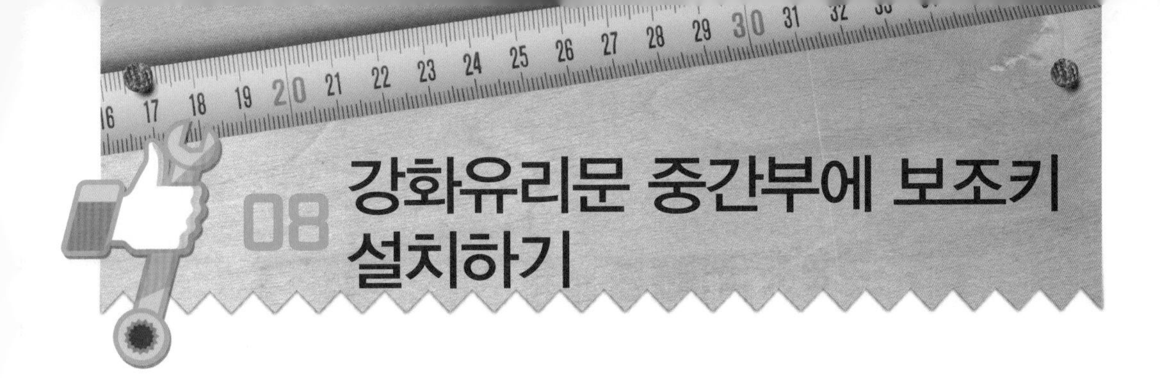

# 08 강화유리문 중간부에 보조키 설치하기

실전 Start!

**준비공구** 드라이버(+, –) 또는 전동드릴(드라이버 비트), 고무망치

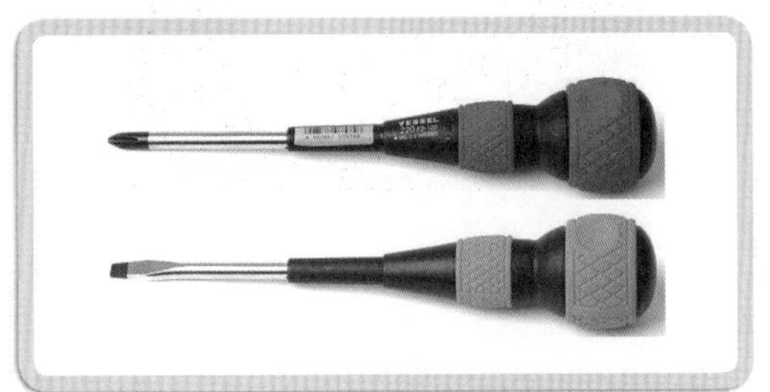

| 드라이버(+, –) |

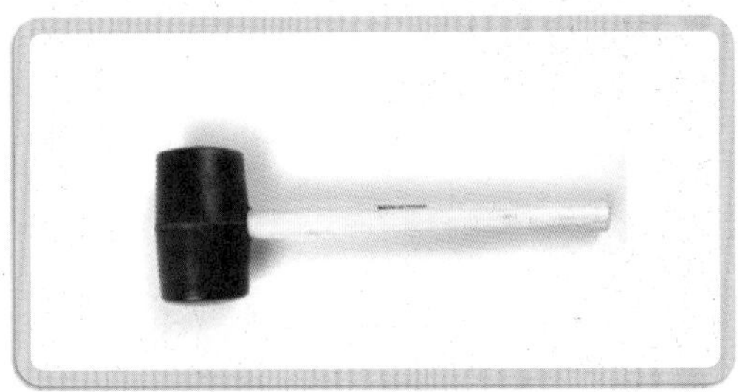

| 고무망치 |

**제품구성** 보조키(단문용 또는 양문용)

| 단문용 보조키 |

| 양문용 보조키 |

❶ 고무의 압착성분이 강화유리 표면과 밀착되어 고정 역할을 하기 때문에 강화유리문에 끼워 넣으면 보조키가 강화유리문에 고정된다.

❷ 다음 사진은 양쪽 강화유리문에 설치하는 보조키로 한쪽은 강화 유리문, 다른 한쪽은 강화문 두께와 같은 통유리로 된 구조물에도 설치할 수 있는 제품이다.

❸ 부착하고자 하는 위치에 방청윤활제(WD-40), 오일제품 등을 유리에 뿌리거나 바른 다음 위 · 아래로 눌러가면서 조금씩 밀어 넣는다. 들어가지 않을 경우 고무망치로 서서히 보조키를 쳐주면 안전하게 들어가며 이 작업만으로도 강화유리문에 보조키 달기는 완료된다.

❹ 강화유리문과 문틀 사이 또는 문과 문 사이가 최소 2[mm] 이상의 이격이 있어야 설치가 가능하며 문의 틈새 조절을 하여도 공간이 확보되지 않을 경우에는 설치가 불가능하므로 꼭 확인 후 설치해야 한다(양문용은 별도의 천공작업 없이 양쪽 유리에 하나씩 끼우기만 하면 되므로 누구나 쉽게 설치할 수 있다).

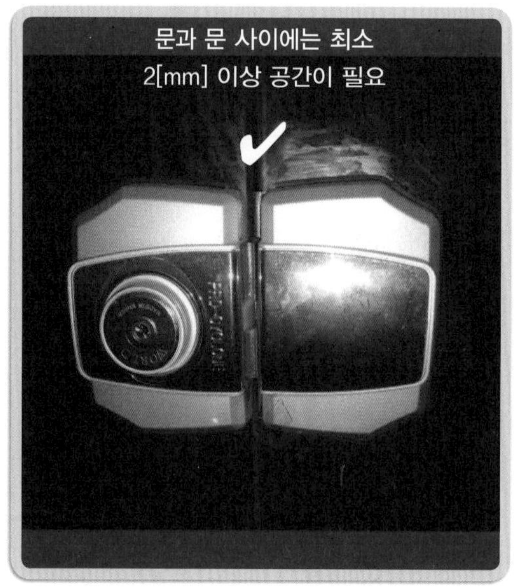

| 문과 문 사이 최소 2[mm] 이상 |

| 중간열쇠 전면 |

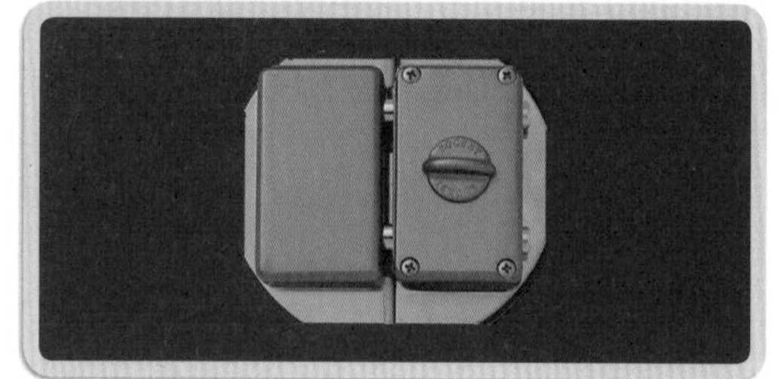
| 중간열쇠 후면 |

❺ 단문용은 좌 · 우측 구분 없이 사용할 수 있고 고무의 압착성분이 강화유리면과 밀착되어 고정되므로 유리에 방청윤활제(WD-40), 오일제품 등을 뿌리거나 바른 다음 위 · 아래로 눌러가면서 조금씩 밀어 넣기만 하면 부착이 완료된다.

- 유리문과 문틀 사이에 최소 2[mm](500원을 동전을 세워서 들어갈 공간 정도) 이상 있어야 설치가능하다.
- 단문용은 문틀에 직경 11~12[mm] 구멍을 뚫는다.

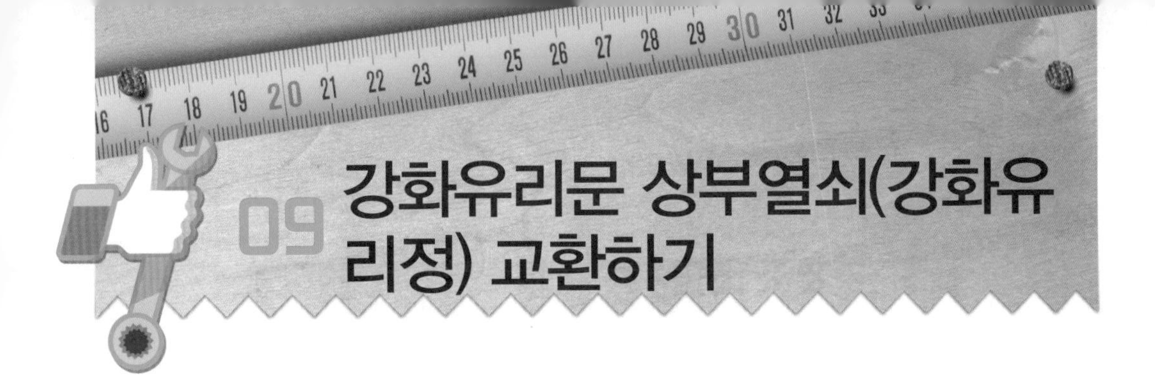

# 09 강화유리문 상부열쇠(강화유리정) 교환하기

**준비공구** 드라이버(+, –) 또는 충전드릴(드라이버 비트)

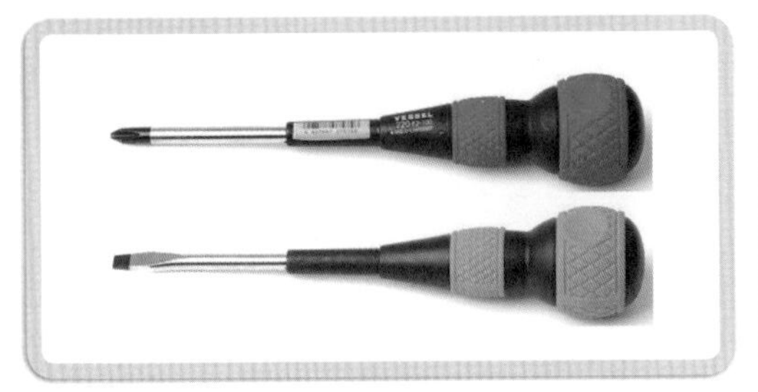

| 드라이버(+, –) |

| 충전드릴(드라이버 비트) |

**제품구성** 상부열쇠(A타입 또는 B타입)

| 상부열쇠(강화유리정) A타입 |

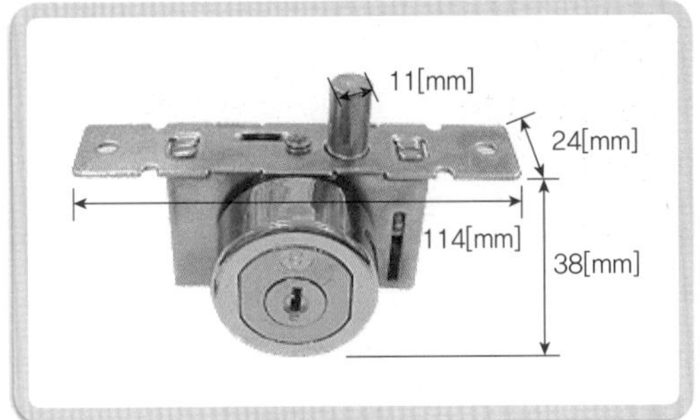


| 양문용 상부열쇠 A타입 |

| 상부열쇠(강화유리정) B타입 |

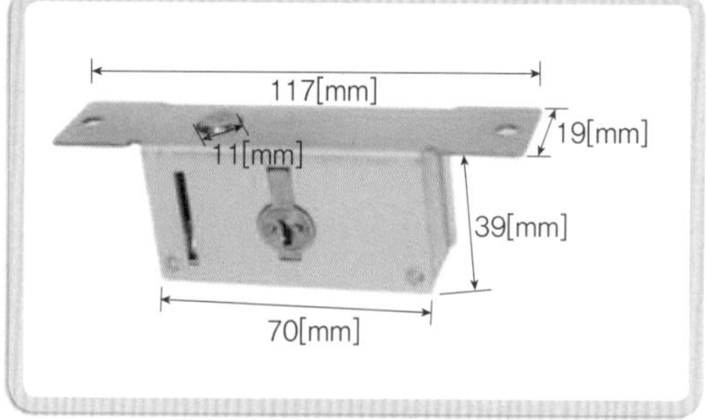


| 양문용 상부열쇠 B타입 |

여기서 잠깐!

강화유리문 상부열쇠는 2가지 종류가 있으나 가장 많이 사용하는 특정업체의 한 제품을 선택하여 설명하였다.

❶ 강화유리문 상부 틀의 나사못 3개(①번, ②번, ③번)만 풀면 상부열쇠는 강화유리문의 틀에서 분리된다.

❷ 상부열쇠의 ②번에 있는 나사를 풀면 키 뭉치가 바깥쪽(열쇠)과 안쪽(레버)으로 분리된다.

❸ 상부열쇠의 ①번, ③번 나사를 풀면 몸체도 강화유리문의 문틀에서 분리된다.

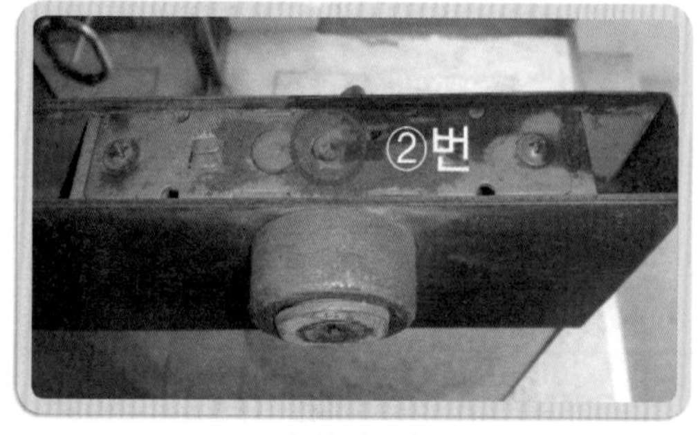


| 키 뭉치 분리 |

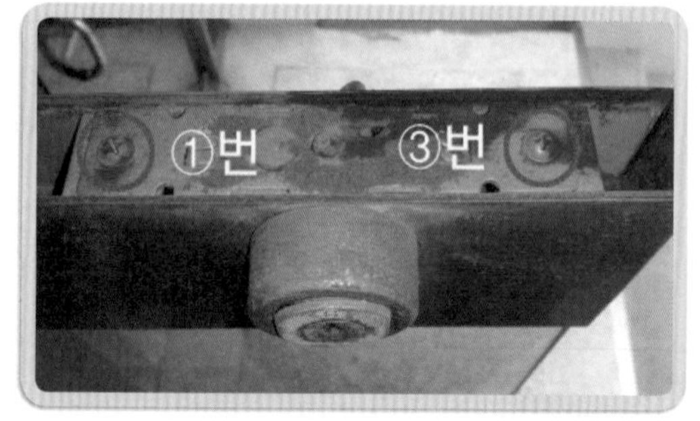


| 문틀에서 몸체 분리 |

강화유리문용 상부열쇠는 종류가 다양하고 규격이 각각 달라서 같은 회사의 동일제품이 아니면 교환이 불가능하다.

❹ 위치가 다소 다른 것도 있을 수 있다.

| 상부열쇠(강화유리정) 내부측 |

| 상부열쇠 내부 조립과정 |

| 상부열쇠(강화유리정) 외부측 |

| 상부열쇠 외부 조립과정 |

상부열쇠의 종류는 강화유리문 상부열쇠, 사각 본체열쇠, 신형이 있다.

## 좀 더 알아보기

### 플로어힌지

**제품구성** 상부로트 및 하부, 플로어힌지

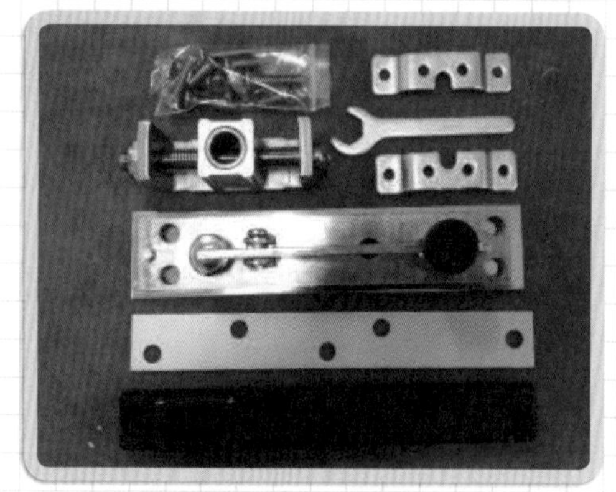

| 상부로트 및 하부 |

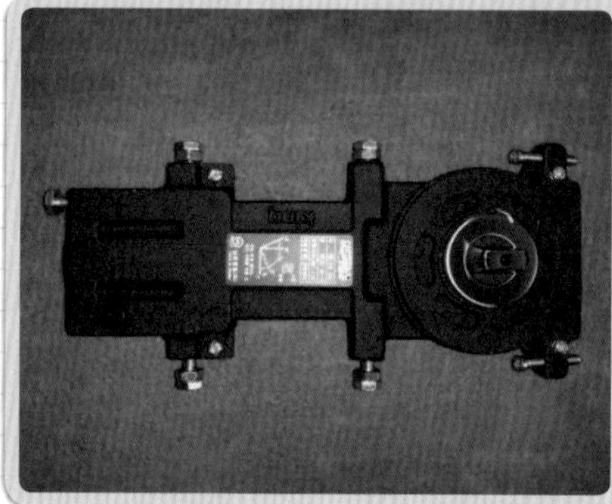

| 플로어힌지 |

#### 1 제품의 특징

(1) 고급 플로어힌지

고급 제품은 주요 부품이 특수강을 사용하므로 내구성의 강화 상판 찌그러짐 방지 및 정밀도가 향상된 제품이다.

(2) 보급 또는 중급 플로어힌지

보급 또는 중급 제품은 저렴한 가격으로 많이 사용되고 있다.

#### 2 문 크기 및 문 무게와 종류

(1) 중량문의 자재문에 쓰이며 문의 바닥에 설치하여 지도리를 축대로 하여 문이 열리면 자동으로 닫히게 한 장치이다. 아파트, 상가 등의 사무실 현관문에 사용하고 있다.

(2) 강화유리문 크기(900×2,100~1,200×2,400) 및 문 무게(40~100[kg])에 따라 제품을 선택한다.

| 용 도 / 종 류 | 양쪽 정지 90°, 115° | 양쪽 자유 NON STOP | 한쪽 정지 90°, 115° | 문 크기 [mm] | 적용문 |
|---|---|---|---|---|---|
| ■ King는 | 8200 | 8200N | 8200S | 900×2,100 | 40[kg] |
| 숫자 앞 K | 8300 | 8300N | 8300S | 950×2,100 | 60[kg] |
| ■ KKK는 | 8400 | 8400N | 8400S | 1,050×2,400 | 80[kg] |
| 숫자 앞 SHK | 8500 | 8500N | 8500S | 1,200×2,400 | 100[kg] |

| 양쪽 정지 | 양쪽 자유 | 한쪽 정지 |
|---|---|---|
| | | 좌 우 |
| 정지각도 90°, 115° | 논스톱형 | 정지각도 90°, 115° |

## 3 구조와 기능

(1) 강화유리문을 자주 사용하므로 문이 바닥에 닿거나 강화유리가 서로 부딪히는 경우가 있고, 문이 닫히는 속도가 빨라 어린이, 노약자 등이 부상을 입을 수 있다. 이때 드라이버(+, −)와 편구스패너 또는 양구스패너 13[mm]가 있으면 조정이 가능하다.

(2) 플로어힌지는 크게 구분하여 양쪽으로 자유롭게 여닫을 수 있는 양문형과 한쪽으로 여닫을 수 있는 단문형이 있으며, 문을 90~115° 열었을 때 정지하는 스톱형과 열었다 놓으면 바로 닫히는 논스톱형이 있다.

(3) 플로어힌지는 상·하, 앞·뒤, 좌·우, 속도 조정 등을 할 수 있다.

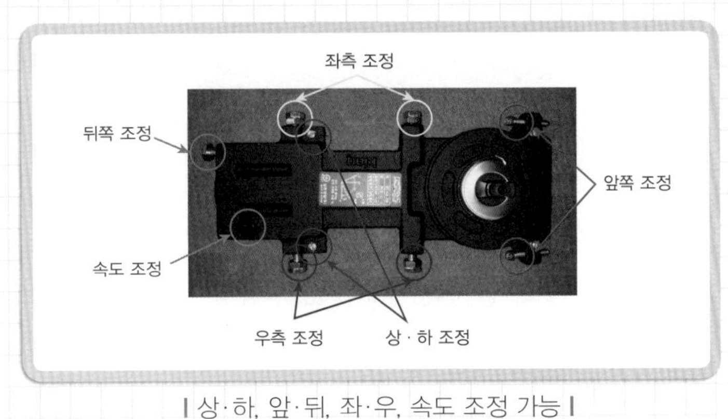


| 상·하, 앞·뒤, 좌·우, 속도 조정 가능 |

① 드라이버로 플로어힌지 상판 커버를 고정시킨 나사를 풀고 커버를 제거한다. 이때 강화유리문을 그대로 놓고 상판커버를 제거해도 아무런 지장이 없다.

② 상·하 조정 : 강화유리문 전체를 위로 올리거나 아래로 내려야 할 경우에 사용한다.

③ 앞·뒤 조정 : 강화유리문의 밑부분이 문틀에 닿거나 강화유리문이 서로 부딪힐 때 조절한다. 플로어힌지를 설치할 때 외에는 거의 조절하지 않는다(오래 사용하면 아래 오른쪽 그림과 같은 방법으로 조정이 가능).

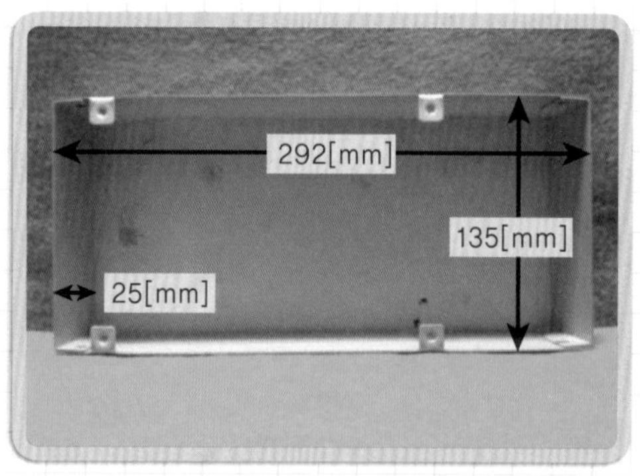


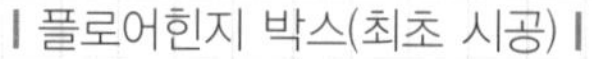
| 플로어힌지 박스(최초 시공) |

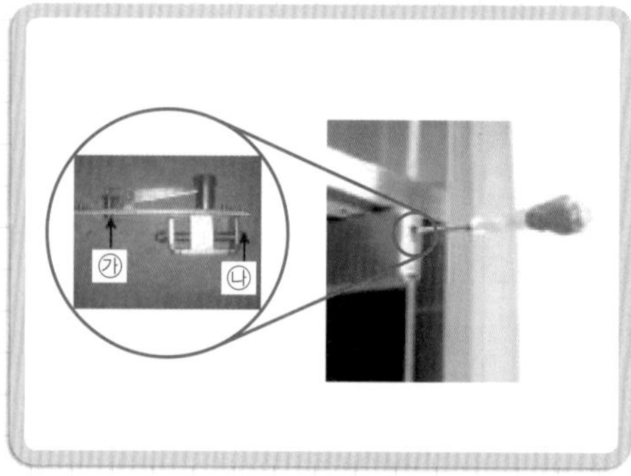


| 상부로트(조립) |

- 위의 상부로트 그림에서 ㉮ 부분의 나사는 드라이버로 돌리면 강화유리문과 문틀이 분리된다. 강화유리문을 떼어낼 일이 있을 때 이 나사를 이용한다.
- ㉯ 강화유리문을 사용하다 보면 문의 무게나 문의 윗부분에 설치된 상부로트의 나사가 풀려 문이 앞으로 쳐지게 되고 문이 바닥에 닿거나 문에 설치된 열쇠가 열쇠구멍과 맞지 않아 잠기고 열리지 않게 된다. 양쪽 문이 문틀에 닿아서 소리가 나고 잘 닫히지 않을 경우 그림과 같이 문을 열고 뒷부분에 뚫린 구멍에 드라이버를 넣어 좌측으로 돌리면 문이 당겨지고 우측으로 돌리면 문이 밀려나므로 적당한 위치 조절이 가능하다.

④ 좌·우 조정 : 강화유리문이 열렸다 닫힐 때 정확히 가운데 멈춰야 양쪽 문이 나란히 되는데, 엇갈려서 멈추면 문틈이 벌어지므로 미관상 보기에 좋지 않다. 이때 스패너로 볼트를 조절해서 중심을 맞추면 된다.

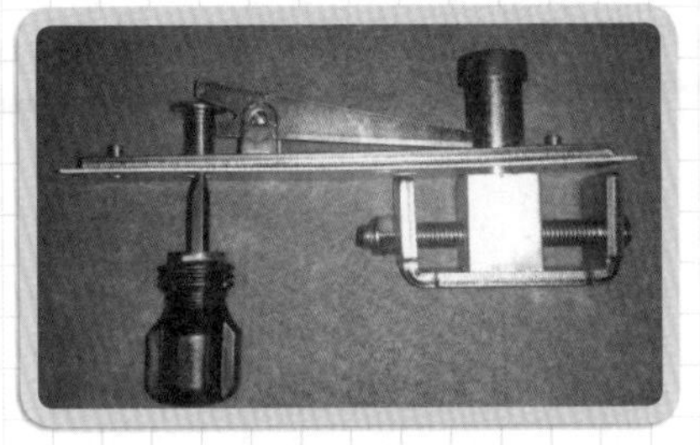

| 반시계방향으로 돌리면 문 분리 |

| 반시계방향으로 돌리면 당겨짐 |

⑤ 속도 조정 : 강화유리문이 닫히는 속도가 빠르거나 느릴 때 조절하는 속도조정밸브이다. 속도조절 나사는 1바퀴 이내에서 속도가 조절되므로 좌 · 우로 약간씩만 돌려서 조정한다(단, 강화유리문이 힘없이 좌우로 움직이고 아무 곳에서나 멈추면 플로어힌지 전체를 교환해야 한다).

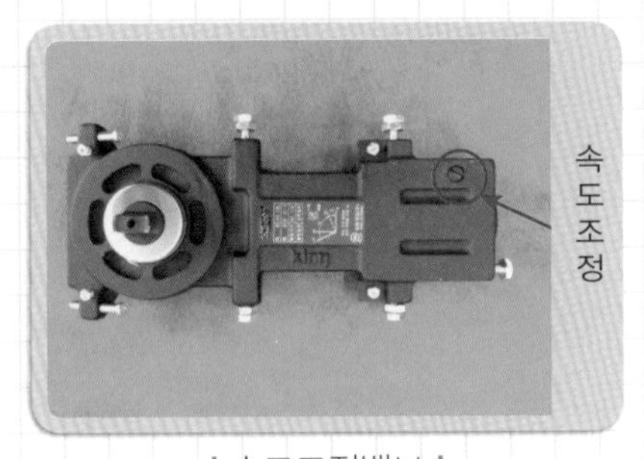


| 속도조정밸브 |

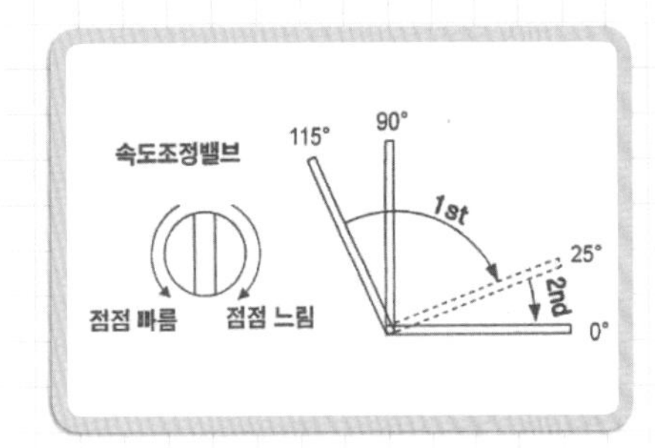


| 속도조정방법 |

⑥ 플로어힌지 교환 : 되도록 상판커버에 표시된 모델명과 같은 제품을 구입하여 교환하면 편리하다.

- 속도조정밸브는 완전 개 · 폐를 피할 것
- 강풍이 불 때는 다치지 않도록 주의할 것
- 장기 방치문은 주 1회 이상 문을 여닫을 것
- 문을 강제로 닫지 않을 것

# 10 도어클로저(도어체크) 설치하기

## 1 도어클로저

(1) 정의

문틀(문선)과 문짝에 설치하여 열려진 여닫이문이 자동으로 닫히거나 멈추게 하는 장치

(2) 제품의 선택

① 문 종류, 문 크기, 문 무게에 따라 철재문, 목재문, 섀시문 등 적당한 것을 확인하고 모델을 결정한다.

② 문이 안에서 밖으로 나갈 때 밀어서 여는 문인지 당겨서 여는 문인지에 따라 달라질 수 있으며 문틀과 문의 종류에 따라 선택 제품이 달라질 수 있다.

③ 문을 어느 정도 열었을 때 멈추게 하는 정지형과 바로 닫히게 하는 논스톱형이 있어 경우에 따라 제품모델의 선택이 달라진다.

④ 소방법에 의거하여 공공장소 등에서 많은 사람들의 자유로운 통행을 위해 항상 열어놓았던 문이 화재발생시 불길과 유독가스를 막기 위하여 자동으로 문이 닫히는 방화문인 곳도 있다.

## 2 목재문 및 가벼운 문의 설치

(1) 문을 열 때 안에서 밀어서 열면 안쪽에, 밖에서 밀어서 열면 바깥쪽에 설치한다.

(2) 섀시문에도 설치가 가능하다.

(3) 메인 암 4각의 위와 아래의 회전방향이 다르므로 필요에 따라 뒤집어 사용할 수 있다.

(4) 속도조정밸브를 한 바퀴 내에서 조정하고 많이 풀면 기름이 샐 수 있다.

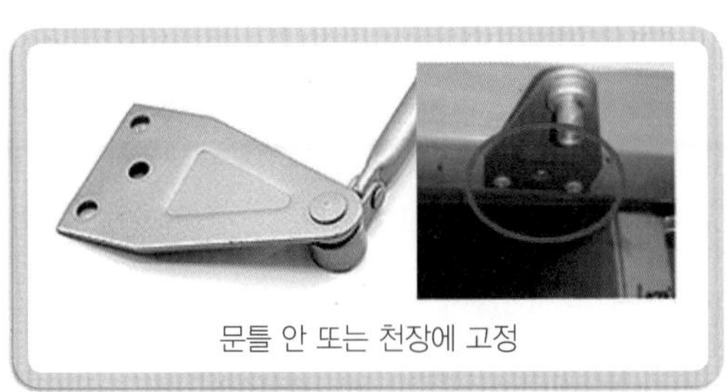


| 미는 쪽에 설치하는 평자형 브라켓 |

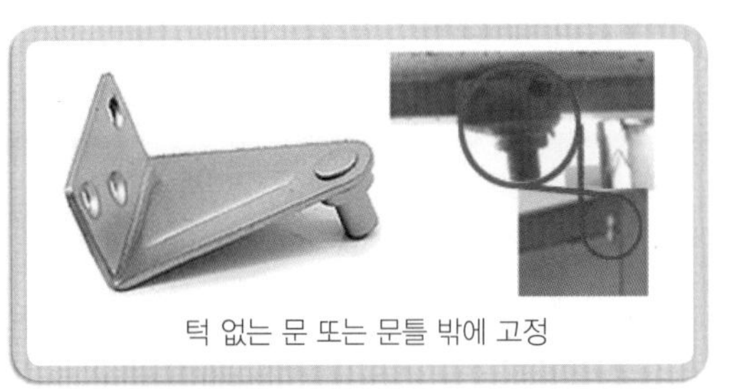


| 미는 쪽에 설치하는 'ㄱ' 브라켓 |

| 당기는 쪽에 설치하는 'ㄷ' 브라켓 |

| 방화용 도어클로저(정지형) |

준비공구 충전드릴, 철재용 비트 4[mm], 드라이버 비트 또는 드라이버(+, −)

| 충전드릴 |

| 철재용 비트 4[mm] |

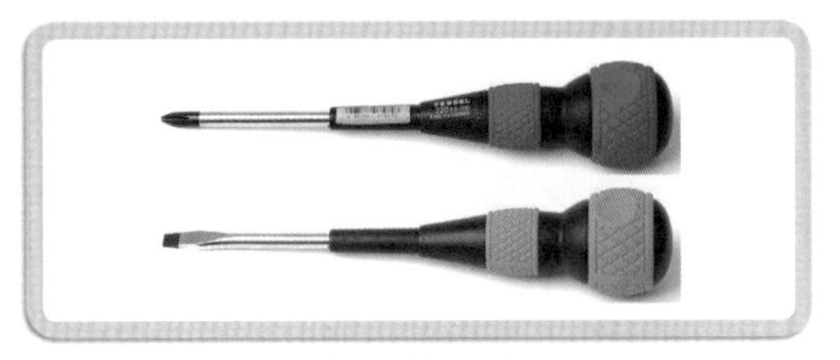

| 충전드릴 |

**제품구성** 도어체크세트(몸체, 메인 암대, 포 암대, 브라켓(평자), 긴 나사못 4개(몸체 고정), 짧은 나사 3개(브라켓 고정), 고정볼트 3개(몸체와 메인 암대, 메인 암대와 포 암대, 포 암대와 브라켓))

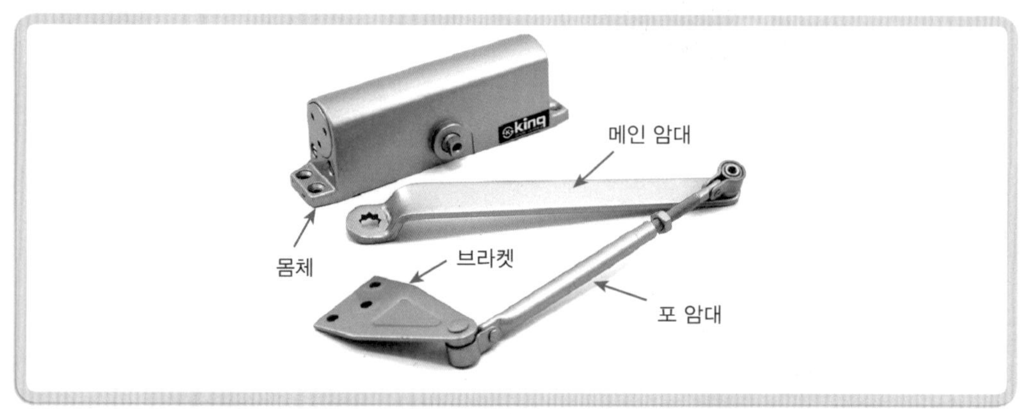


| 도어체크 |

❶ 도어클로저(K-620, K-1620, K-630, K1630)를 설치한다. 문을 열 때 안에서 밀어 열면 안쪽에 설치하고 밖에서 밀어서 열면 바깥쪽에 설치한다.

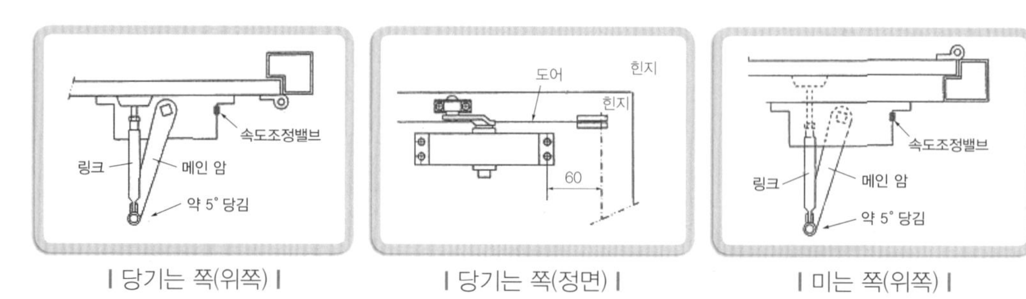


| 당기는 쪽(위쪽) | | 당기는 쪽(정면) | | 미는 쪽(위쪽) |

❷ 조정밸브가 경첩 쪽으로 가도록 몸체를 문에 장착한다. 이때 조정밸브를 한 바퀴 이내에서 조정한다(기름누출 위험).

❸ 메인 암을 문과 수평으로 끼우고 약 5°가 당겨지도록 링크 길이를 조절한다.

❹ 닫히는 속도를 조절한다. 밸브를 모두 잠금 후 1차 속도, 2차 속도 순으로 조절한다.

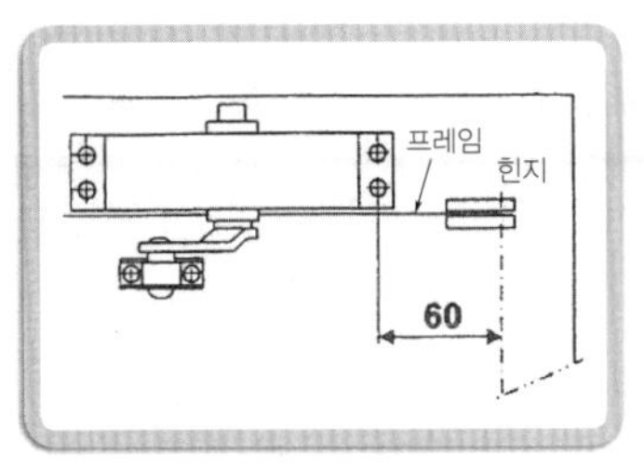

| 미는 쪽(정면) |

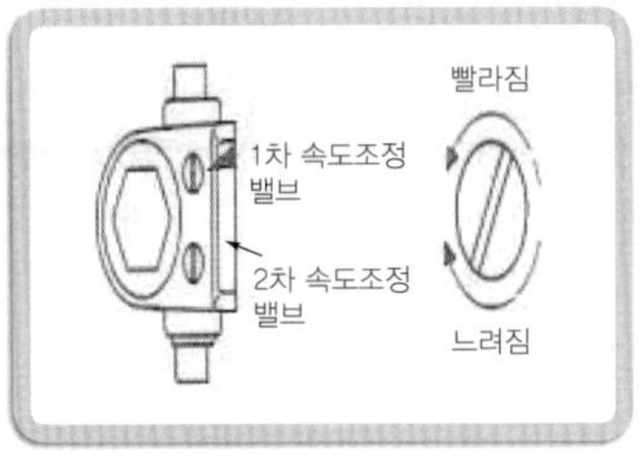

| 1, 2차 속도조정밸브 |

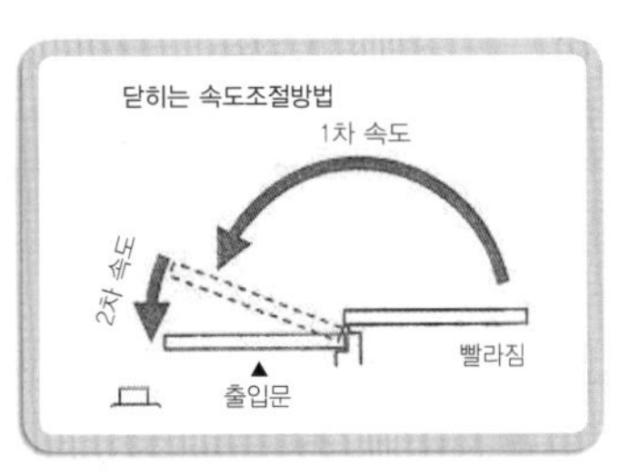

| 닫히는 속도 조절 |

- 강풍이 불 때는 문이 빠르게 닫히는 일이 없도록 주의한다(특히, 어린이는 보호자가 보호할 수 있도록 한다).
- 속도조정밸브를 함부로 열지 않는다(문이 빠르게 닫히므로 부상이나 재산에 피해가 발생할 수 있다).
- 기름이 유출되면 링크와 메인 암을 분리하여 사용을 중지한다.

# 11 유리자르기(2~12[mm])

## 1 유리칼의 종류

(1) **다이아몬드 유리칼(건식)** : 끝에 공업용 다이아몬드가 박힌 유리칼로 일반 유리칼이다. 유리를 자를 때 각도를 잘 맞추어야 한다.

(2) **오일(텅스텐 카바이드) 유리칼(습식)** : 텅스텐 카바이드 소재의 날을 사용하며 석유나 경유를 사용한다. 유리를 자를 때 생기는 마찰열에 의해 손상될 수 있고 열팽창 계수가 큰 유리를 가열했다가 찬 물에 담그면 깨지는 원리와 같다(오일마개를 왼쪽으로 회전하여 뚜껑을 미리 열어두어 오일이 흘러나오는 것을 확인 후 작업).

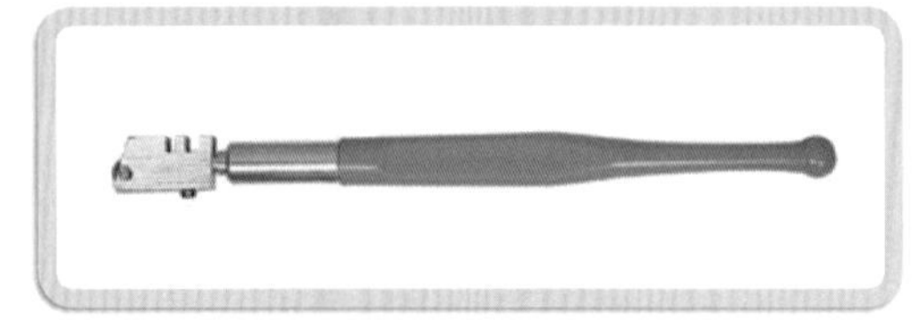

| 다이아몬드 유리칼(건식) |

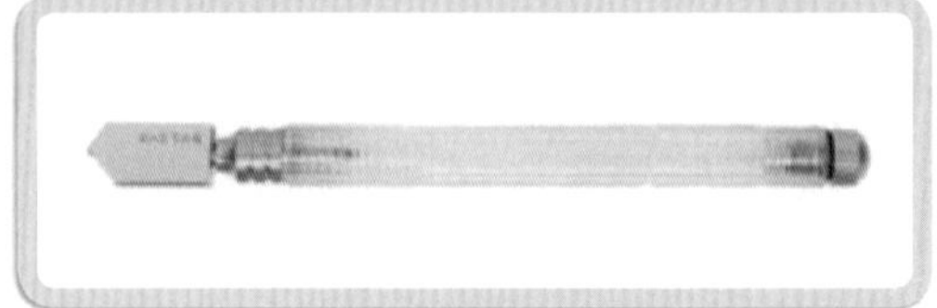

| 오일 유리칼(습식) |

유리칼 끝을 봤을 때 유리칼의 중심에서 약 2[mm] 당겨서 자를 대고 자르면 자르고자 한 재단 사이즈가 정확하게 나온다.

## 2 유리의 종류

(1) 많이 사용하는 일반유리의 두께는 2, 5, 8, 10, 12[mm]이다.

(2) 거울은 3.5[mm] 등이 있으며 두께가 두꺼울수록 고가이다.

(3) 간유리는 표면이 오돌토돌한 유리를 말한다.

(4) 에칭유리는 유리 표면을 가공하여 그림, 모양 등을 만든 유리를 말한다.

준비공구 다이아몬드 유리칼 또는 오일 유리칼, 스틸자(직자) 또는 줄자, 반코팅장갑, 테이블, 판유리

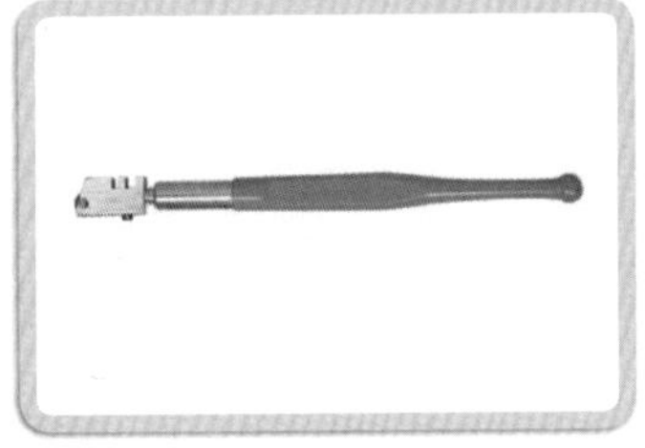

| 유리칼 |

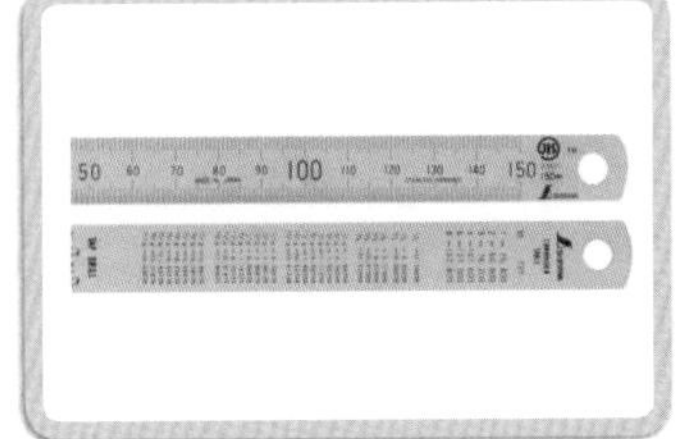

| 스틸자(직자) 15~100[cm] |

| 반코팅장갑 |

❶ 초보자라도 2~5[mm] 유리는 쉽게 자를 수 있다(아파트, 동네 분리수거함 등에는 폐유리가 많이 있으므로 초보자는 두께가 얇은 폐유리로 연습을 해보는 것도 좋다).

❷ 전문가는 줄자를 이용하고, 초보자는 스틸자(직자)를 사용하는 것이 편리하다. 유리칼은 종이에 연필로 선을 긋듯이 긋는다. 유리칼을 손목에 힘을 주어 눌러 사용하면 선이 빗나갈 수 있으니 유의해야 한다.

❸ 유리칼이 지나는 부분은 빗나가지 않게 한 줄로 그어야 한다.

❹ 유리칼로 선을 그은 후 양손으로 쪼개면 절단된다.

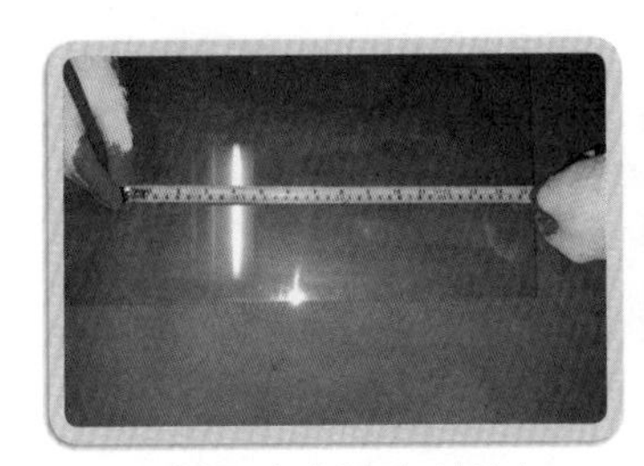

| 전문가의 줄자 사용 |

| 초보자의 직자 사용 |

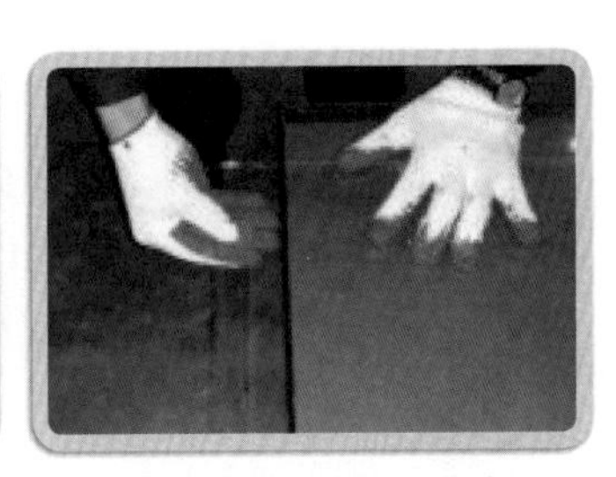

| 양손으로 유리 쪼개기 |

❺ 양손으로 절단이 잘 되지 않는 경우 유리칼 위쪽에 달린 원형 쇠볼로 유리의 반대쪽에서 가볍게 탁, 탁, 탁 쳐주면 재단한 대로 금이 간다.

❻ 아래의 사진은 판유리가 재단한 대로 절단된 상태이다.

❼ 유리를 '곡선'으로 자를 때는 원하는 모양으로 선을 그은 다음 선의 반대쪽에서 선 전체를 따라서 금이 갈 때까지 가볍게 탁, 탁, 탁 쳐주면 된다.

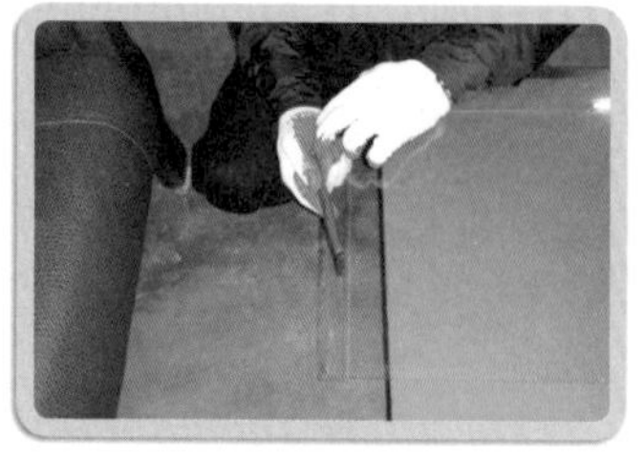

| 유리 반대쪽을 쳐준다. |

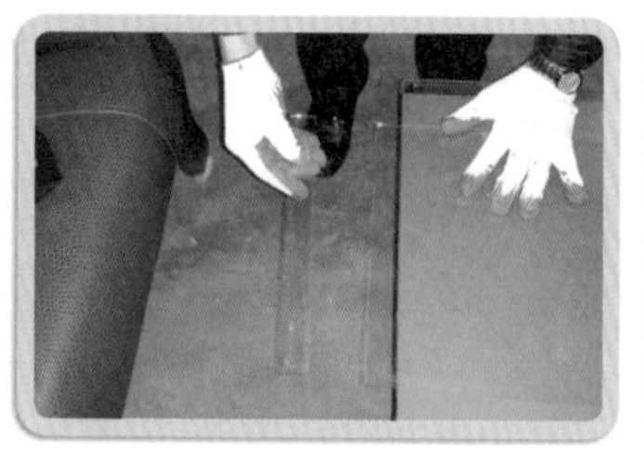

| 판유리 절단된 상태 |

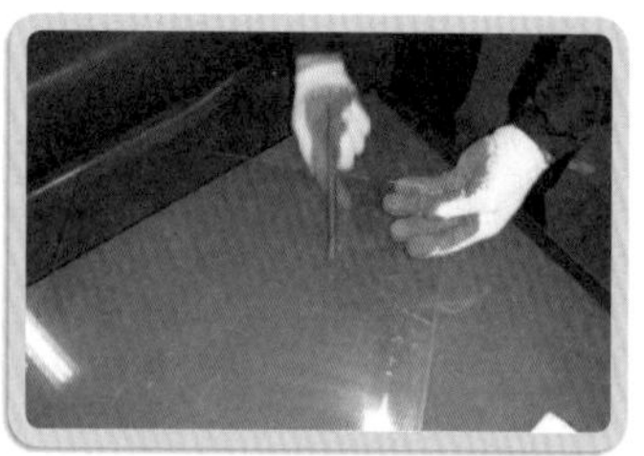

| 선 따라 반대쪽을 쳐준다. |

⑧ 유리칼로 그은 선 전체에 금이 간 유리는 쉽게 절단된다.

⑨ 창문에 끼운 상태로 유리를 잘라야 할 경우 원하는 모양으로 선을 그은 다음 선의 반대쪽에서 가볍게 탁, 탁, 탁 두드린다.

⑩ 잘 잘라지지 않을 경우 아래 그림과 같이 유리칼로 가운데 원을 그리고 원의 중심으로 여러 개의 선을 그은 다음 반드시 선을 그은 반대쪽에서 골고루 두드려 작은 조각으로 만들어 떼어낸다(어려운 작업이라서 유리 전체가 금이 가기도 하니 주의하여 절단한다).

| 선 전체 금이 간 유리 |

| 여러 개의 선 긋기 |

| 선 긋고 반대쪽을 두드린다 |

⑪ 작은 조각의 유리는 유리칼의 홈을 이용하거나 플라이 등 기구를 이용하여 떼어내고 절단된 단면은 날카로우니 손을 다치지 않도록 주의를 기울여야 한다.

⑫ 오일(텅스텐카바이트) 유리칼의 경우 오일 없이 무리하게 작업하면 유리칼이 수명이 단축되므로 주의한다.

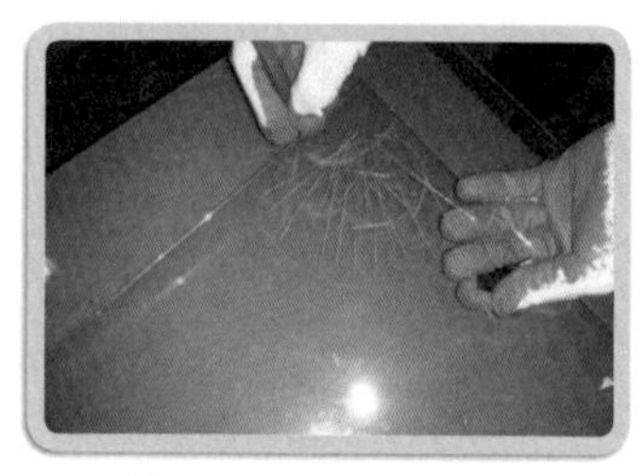

| 작은 유리조각을 떼어낸다 |

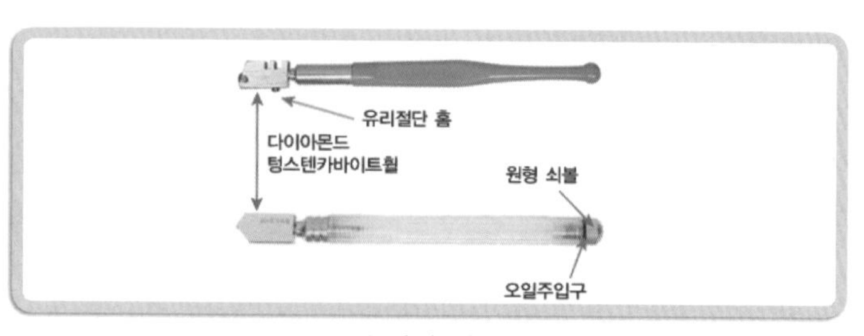


| 유리칼 명칭 |

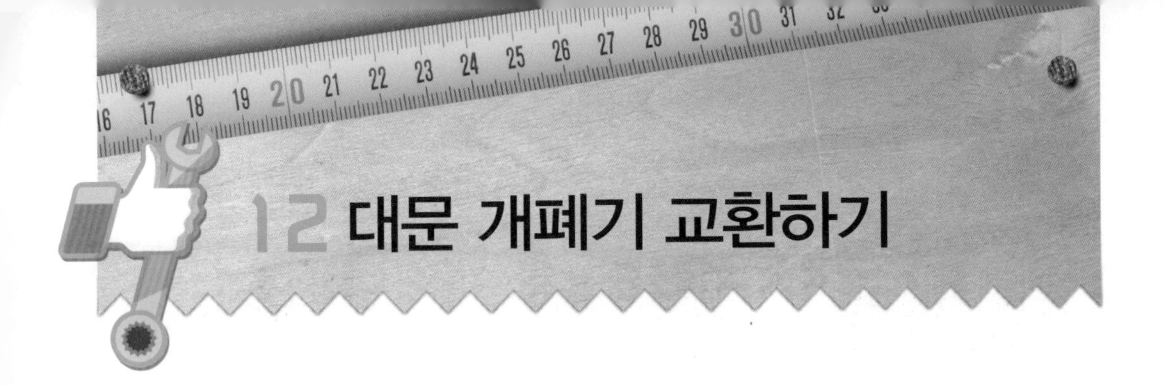

# 12 대문 개폐기 교환하기

대문 개폐기는 두 종류로 구분된다. 내부에서 외부로 나갈 때 바깥쪽으로 밀어서 여는 문은 '미는 문'용 개폐기를 선택하고, 내부에서 외부로 나갈 때 안쪽으로 당겨서 여는 문은 '당기는 문'용을 선택해야 한다.

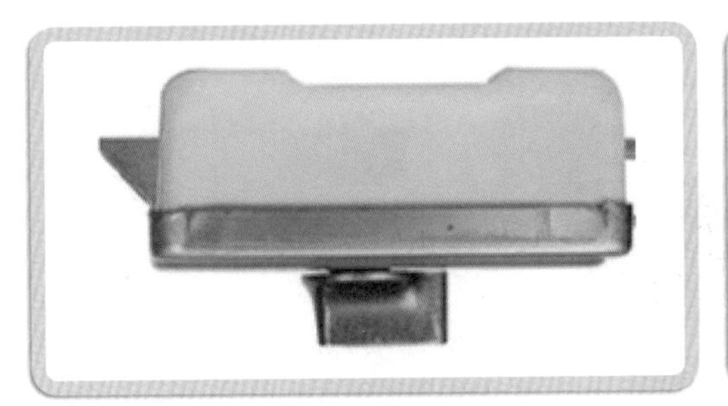

| 미는 문(경사면이 내부쪽) |

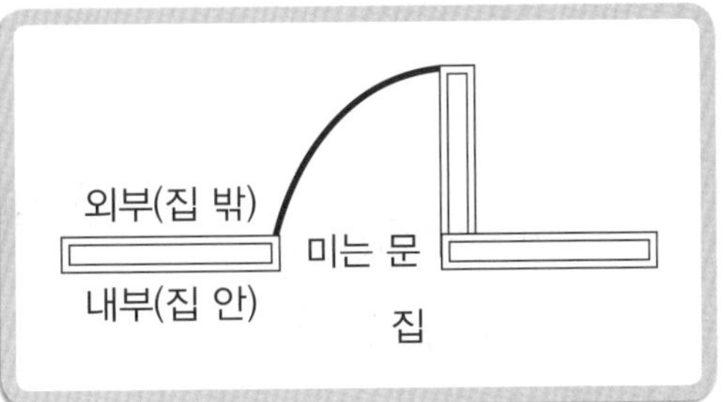


| 미는 문(문 외부 열림) |

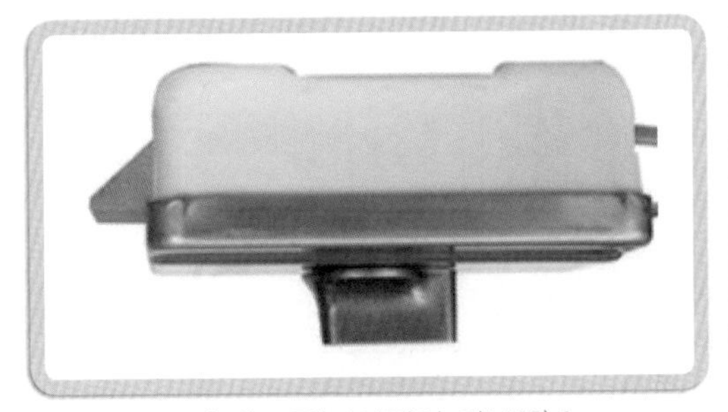

| 당기는 문(경사면이 외부쪽) |

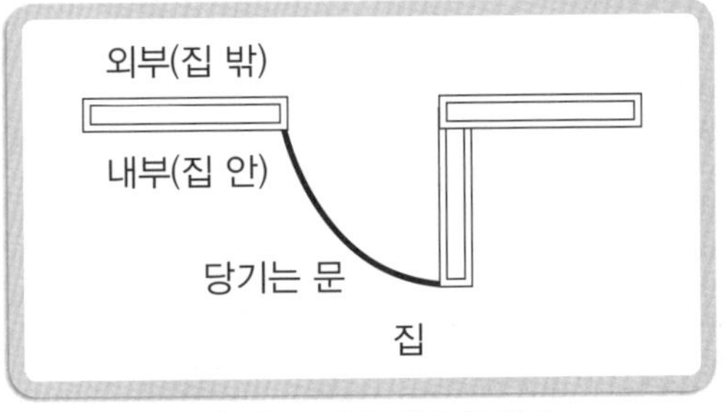


| 당기는 문(문 내부 열림) |

| 수동 |

| 미는 문, 당기는 문 |

| 양용 |

**준비공구** 드라이버(+, –) 또는 충전드릴 및 드라이버 비트, 롱로즈플라이어 또는 니퍼 및 펜치

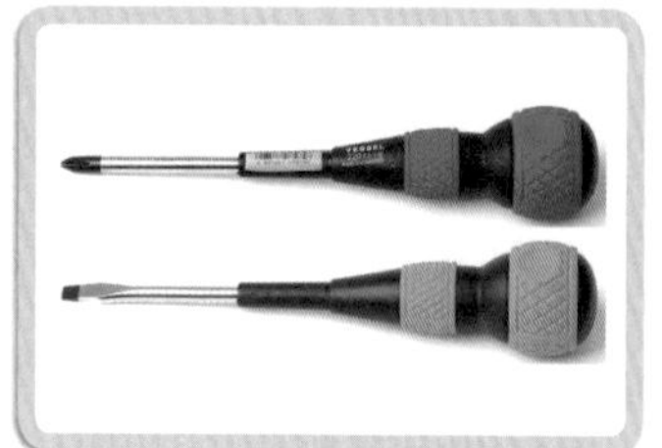

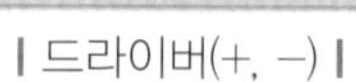

| 드라이버(+, –) |

| 충전드릴 |

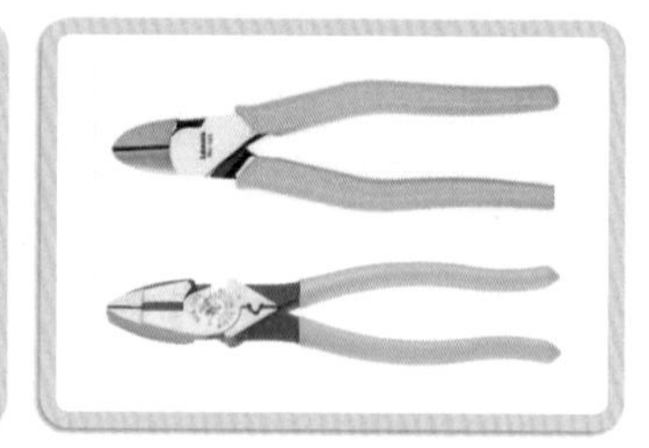

| 니퍼 및 펜치 |

**제품구성** 대문 개폐기(고정판, 링, 키, 키 뭉치, 나사, 나사못)

여기서 잠깐!

- 개폐기의 종류는 달라도 부착 및 사용방법은 비슷하기 때문에 분해할 경우 기존에 조립된 상태를 잘 확인해 두었다가 교환할 개폐기를 역순으로 재조립하면 쉽게 교환이 가능하다.
- 개폐기는 전원을 사용하므로 반드시 차단기를 끄고 교환한다.

❶ 대문에 부착된 개폐기의 직각면과 경사면의 옆쪽 나사 2개를 풀면 개폐기 캡(뚜껑)이 열린다.

❷ 대문 개폐기의 캡(뚜껑)을 열고 안쪽 나사 4개를 풀면 개폐기 몸체가 대문에서 분리된다.

❸ 철재문 또는 섀시문의 고정판은 안쪽에서 고정시킨다.

❹ 당기는 문과 미는 문의 개폐기 직각 또는 경사면을 구분하여 설치한다(미는 문은 경사면이 바깥쪽, 당기는 문은 경사면이 안쪽이 되도록 설치).

| 직각과 경사면 나사 2개 |

| 안쪽 나사 4개 풀어 문과 분리 |

| 당기는 문(내부) |

❺ 키 뭉치는 글자 또는 로고표시가 위쪽이 되도록 조립해야 하고 키 뭉치를 안쪽에서 고정판에 고정나사 조인 후 1.2~1.5[cm] 정도의 길이를 남기고 키심을 자른다. 키심을 너무 길게 자르는 경우 키 뭉치가 빡빡하게 열리거나 잠금장치가 안 되기 때문에 적당한 길이로 절단해야 잘 열리고 잠긴다(키심에 마디가 있어 자르고 싶은 만큼 자를 수 있다).

| 두꺼운 대문과 개폐기 |

| 얇은 대문과 개폐기 |

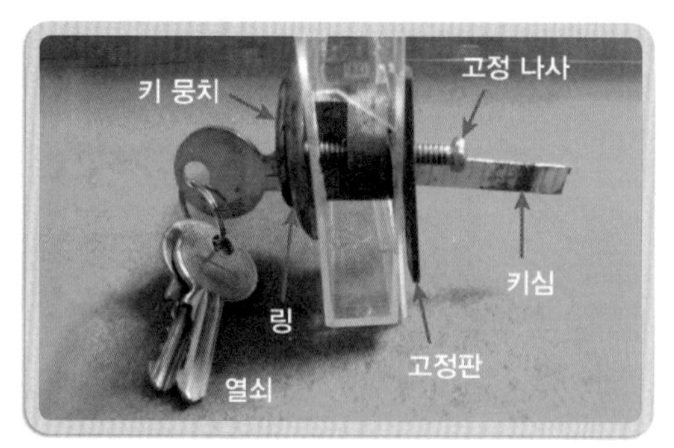


| 연결 부속품 구조 |

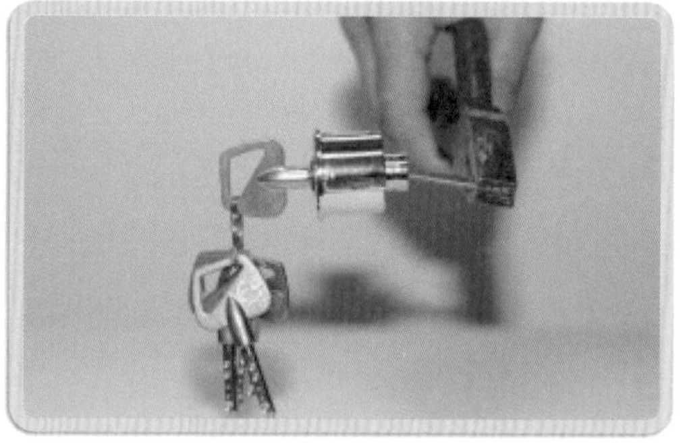

| 키심 길이 절단 |

얇은 대문을 조립할 경우에는 얇은 대문조립 여유만큼의 키심의 길이를 절단한다.

⑥ 조립할 때에는 반드시 키를 뺀 상태에서 해야 하고 개폐기를 키봉에 잘 맞추어 4개의 나사못으로 고정시킨다.

⑦ 대문 개폐기의 캡(뚜껑)을 덮고 직각면과 경사면의 옆쪽 나사를 2개 고정시킨 후 전선은 색상과 관계없이 각각 1선씩 연결하면 설치가 끝난다.

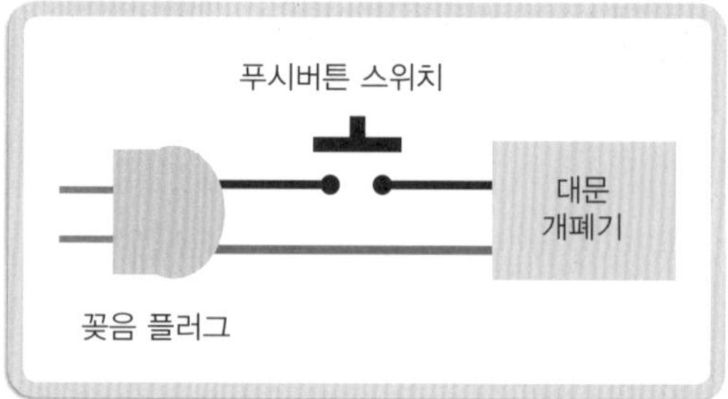


| 개폐기 결선도 |

좀 더 알아보기

## 1 비디오폰 구성 및 대문 개폐기 결선 방법

### (1) 시스템 구성도

① 모니터(모기)는 거실에 설치한다.

② 현관 카메라(자기)는 현관 또는 대문에 설치한다.

③ 대문 개폐기는 현관 또는 대문에 설치한다.

④ 경비실 마스터는 각 동을 관리 또는 전동을 관리하는 곳에 설치한다.

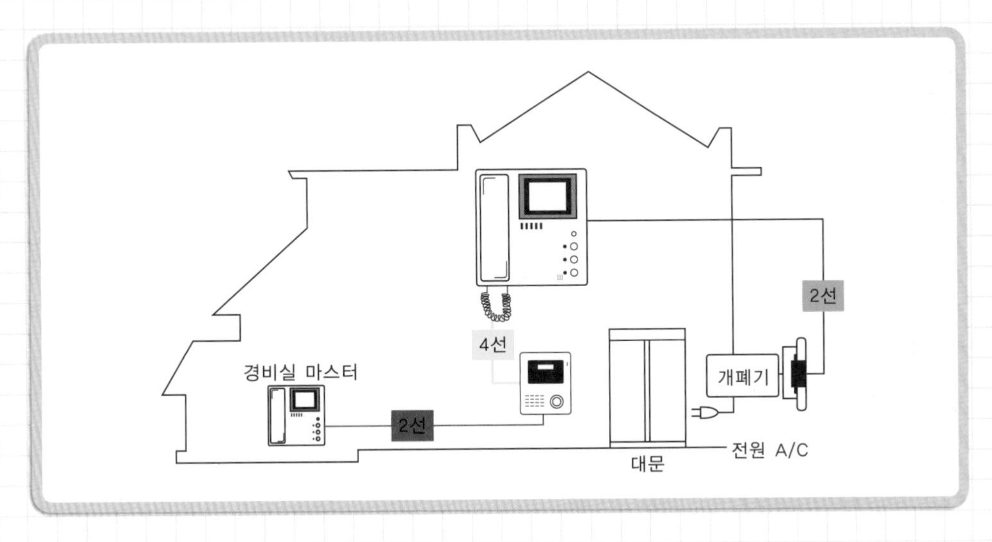


### (2) 비디오폰 및 대문 개폐기 결선 방법

① 일반주택 등 결선(경비실 마스터 제외)

- 비디오 구성품 : 전원, 대문 개폐기, 모니터(모기), 현관카메라(자기), 인터폰 전선(TIV, UTP 케이블), 전원전선(220[V] 전원용)
- 전원전선은 로맥스(EVF)전선 등을 사용하면 된다.

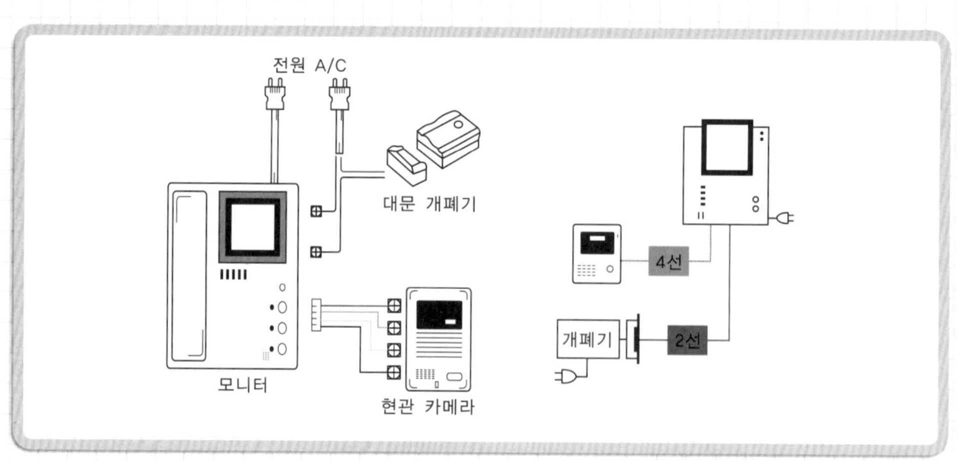


| 일반주택 비디오폰 시스템 결선도 |　　　| 비디오폰 시스템 구성도 |

② 공동주택(아파트, 연립주택, 다세대주택, 기숙사) 결선

비디오 구성품은 전원, 대문 개폐기, 모니터(모기), 현관카메라(자기), 인터폰 전선(TIV, UTP 케이블), 경비실 마스터, 전원(220[V] 전원용)이다.

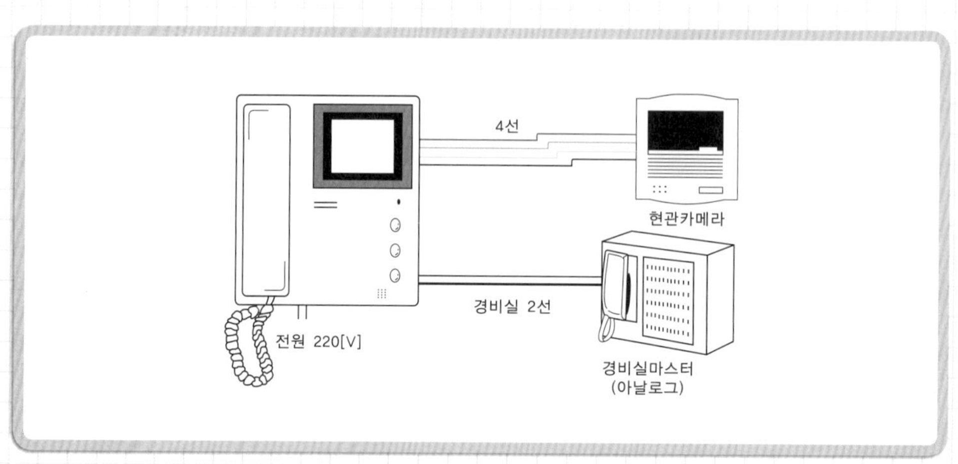


| 공동주택 비디오폰 시스템 결선도 |

## 2 1세대 및 다세대 도어폰 결선 방법

### (1) 단독주택의 1세대 도어폰 등 결선

① 도어폰 구성품 : 전원, 현관 또는 대문 초인종(자기), 실내 또는 실외 수화기(모기), 대문 개폐기, 브라켓 및 나사, 인터폰 전선, 전원전선(로맥스, 장원형)

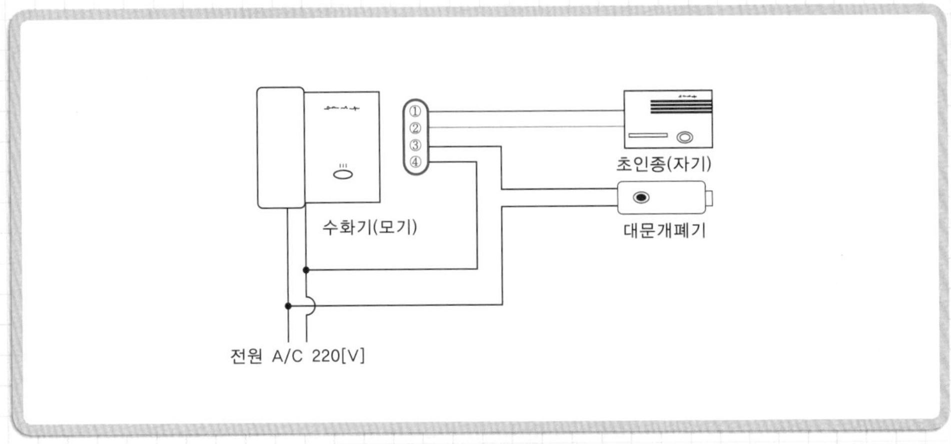


| 단독주택 1세대 도어폰 결선도 |

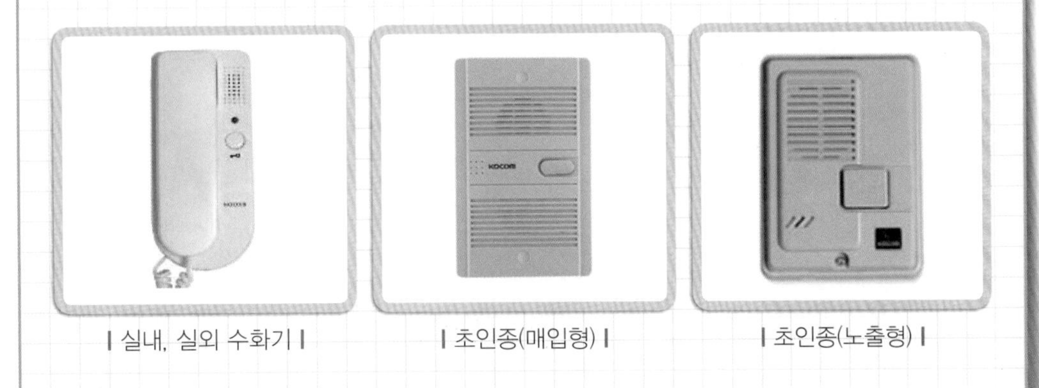

| 실내, 실외 수화기 | | 초인종(매입형) | | 초인종(노출형) |

② 단독주택의 1세대 3층 사용할 경우 결선

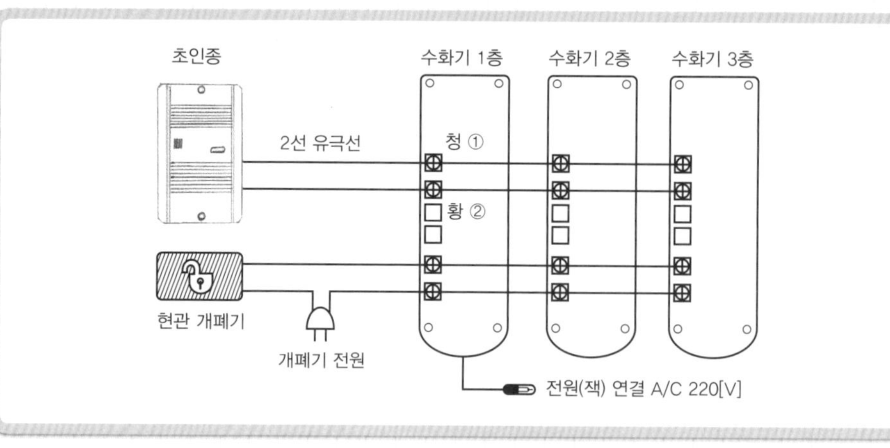


| 단독주택 1세대 3층 도어폰 결선도 |

③ 전선 종류

- 옥내 전화선(TIV)
- 옥외 전화선(TOV)
- 전화 케이블(CPEV)
- 인터폰선
- 스피커선
- 마이크선
- 로맥스 전선(EVF)
- 장원형 전선(VCTFK)

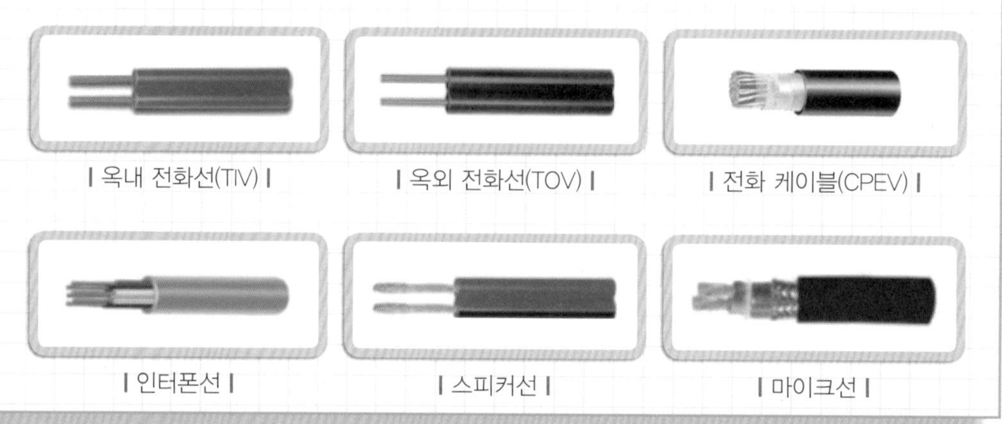

| 옥내 전화선(TIV) | | 옥외 전화선(TOV) | | 전화 케이블(CPEV) |

| 인터폰선 | | 스피커선 | | 마이크선 |

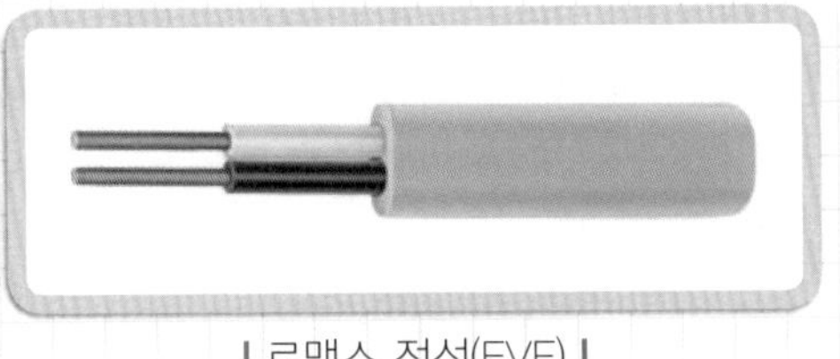

| 로맥스 전선(EVF) |

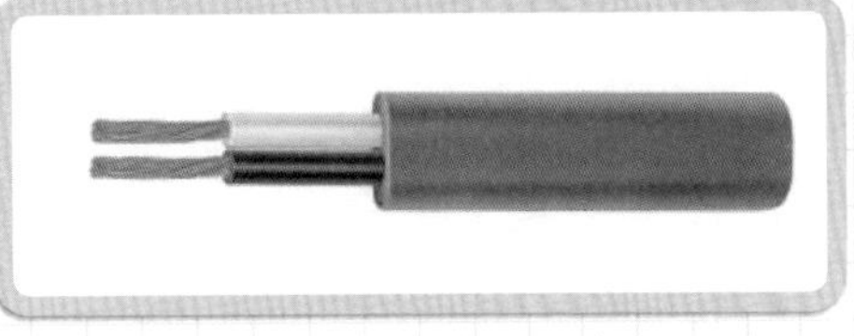

| 장원형 전선(VCTFK) |

(2) **다가구 및 다세대 도어폰 등 결선**

① 2세대~6세대용 도어폰 구성품은 전원, 초인종(자기), 실내 또는 실외 수화기(모기), 대문 개폐기, 브라켓 및 나사, 인터폰 전선, 전원 전선

② 2세대 도어폰 결선도

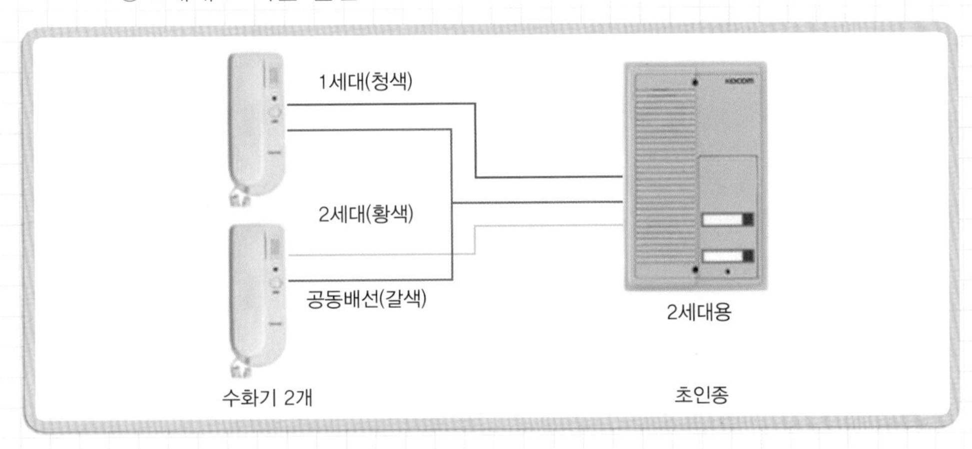


③ 3세대 도어폰 결선도

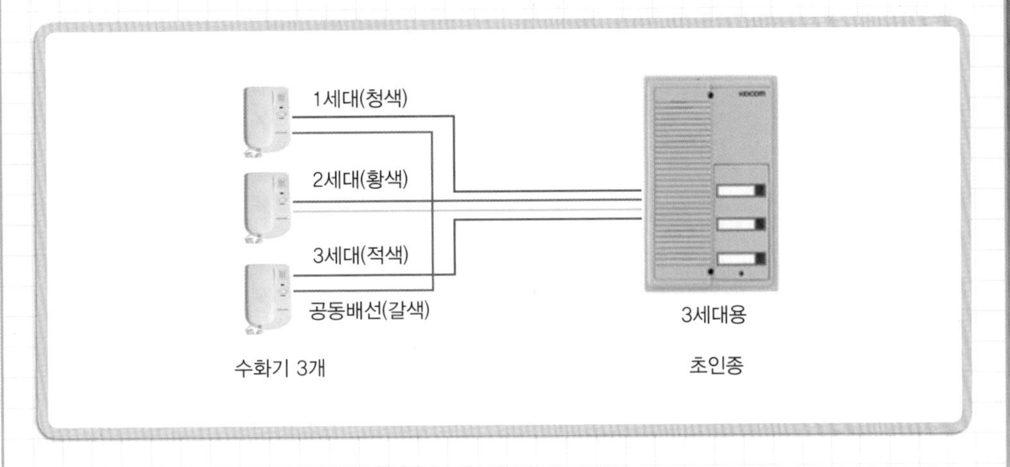

④ 6세대 도어폰 결선도

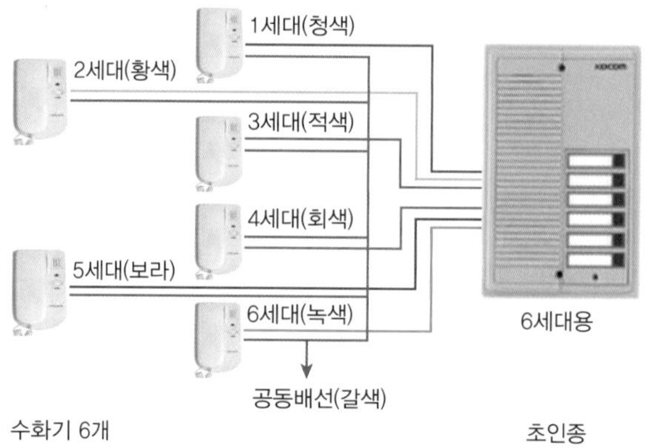

1세대(청색)
2세대(황색)
3세대(적색)
4세대(회색)
5세대(보라)
6세대(녹색)
공동배선(갈색)
수화기 6개
6세대용
초인종

# 13 벨 시험 세트 만들기

**준비공구** 드라이버(+, −) 또는 충전드릴 및 드라이버 비트, 니퍼 및 펜치

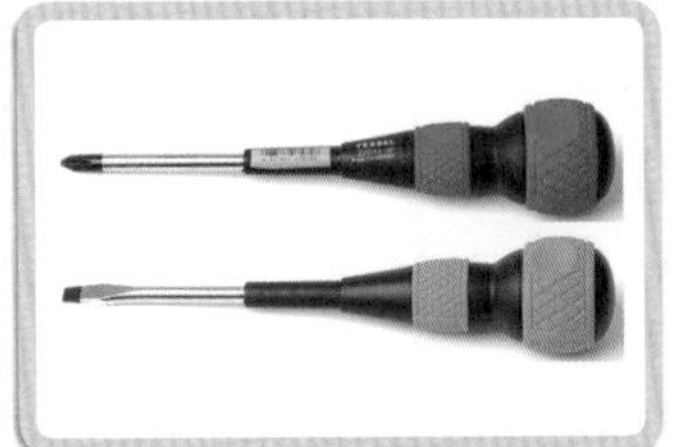

| 드라이버(+, −) |

| 충전드릴 |

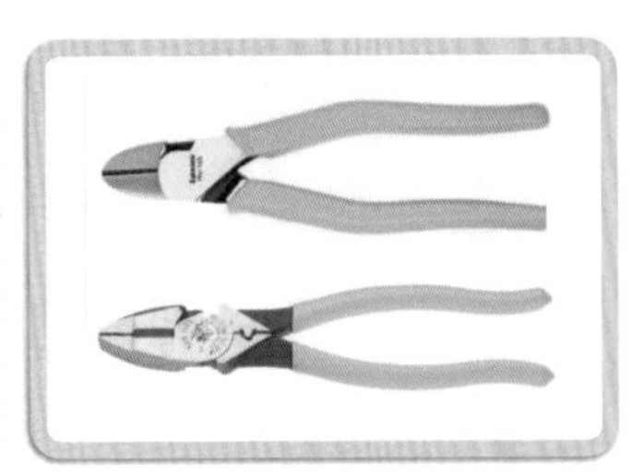

| 니퍼 및 펜치 |

**제품구성** 전지홀더, 벨(버저), 단자, 판(플라스틱 판 및 케이스, 베니어판), 리드선(연선) 검정, 적색 등

❶ 판 위에 각 부품을 연필 등으로 아래 부품 배치도와 같이 모양을 뜬다.

❷ 부품 배치도대로 제품을 배치하고 연결한다.

❸ 벨이 잘 울리는지 확인한다.

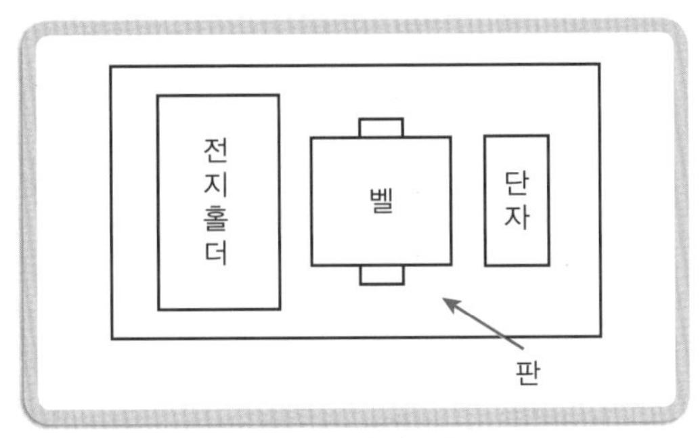


| 부품 배치도 |

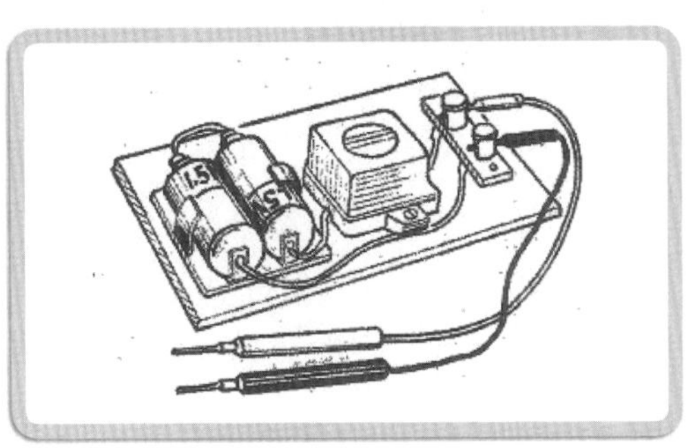

| 벨 시험 세트 |

## 좀 더 알아보기

### 직통식(상호식) 인터폰 결선 및 사용방법

#### 1 직통식(상호식) 인터폰(2대만 연결하여 사용) 결선방법

(1) 인터폰 구성 : 2대 1세트

(2) 직통식 인터폰 결선방법

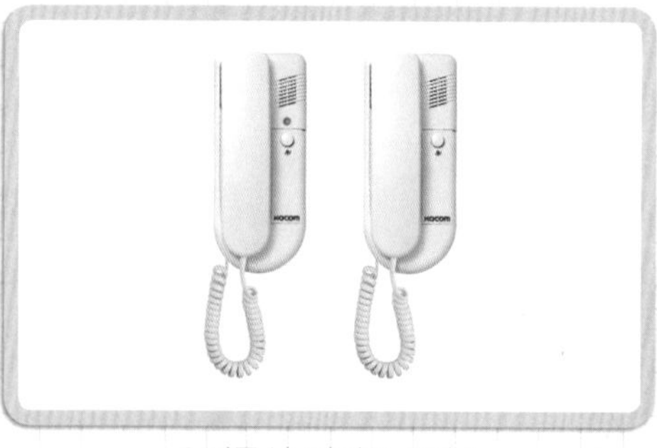

| 직통식 인터폰 2대 |

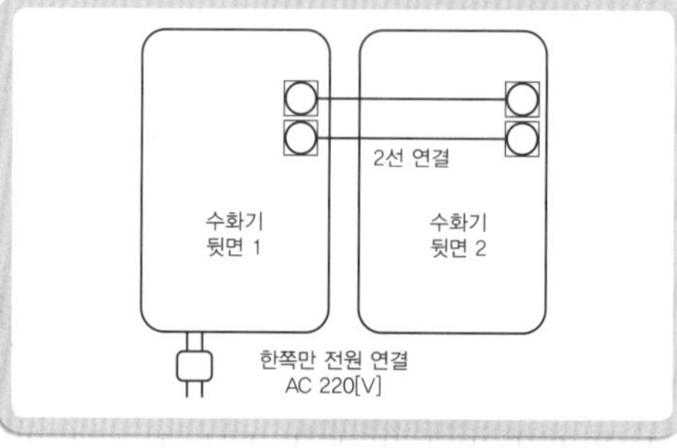


| 직통식 인터폰 결선도 |

#### 2 3대 또는 12대 인터폰 결선방법

(1) 인터폰 구성 : 인터폰 3대, 정류기 1대(직류전원장치)

(2) 각 부의 명칭

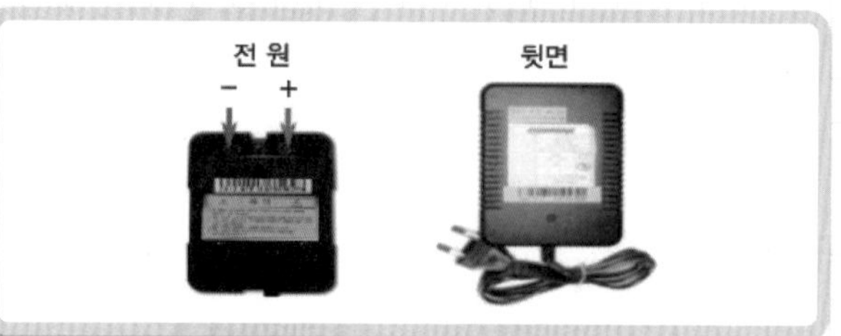


| 직류전원장치 |

| 직통식 인터폰 앞면 |

(3) 4선식 공통배선으로 설치가 간편하다.

(4) 3대에서 6대까지 연결하여 사용한 제품으로 회의도 가능하다.

(5) 각 인터폰에서 전체 방송이 가능하며, 방송 청취 선택스위치가 있어 켜짐(ON)과 꺼짐(OFF)이 가능하다.

(6) 인터폰 3대(인터폰 1번부터 3번까지) 결선방법

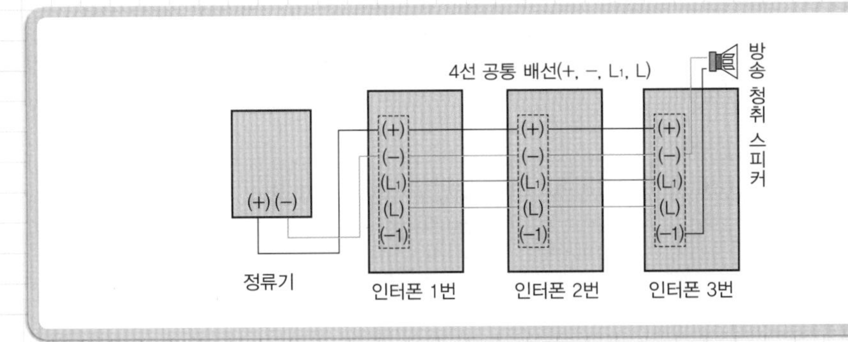


(7) 인터폰 12대(인터폰 1번부터 12번까지) 결선방법

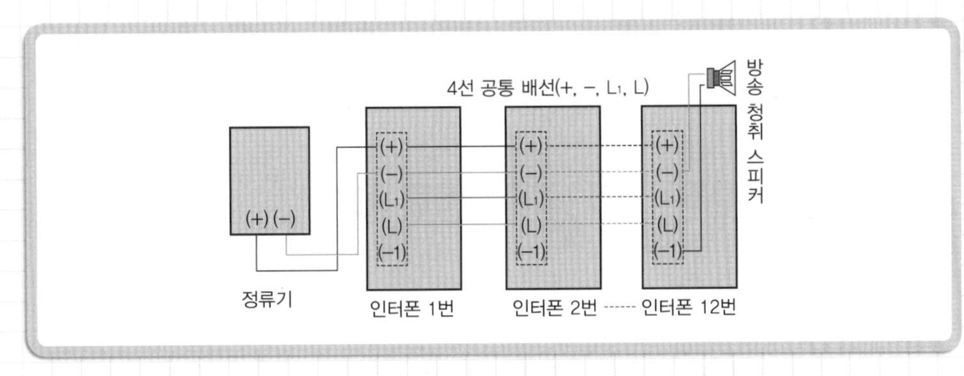

**4선 공통배선(+, −, L1, L) K사의 예**

- 증설 스피커는 장소가 넓은 곳, 소음이 있는 공장 등 필요에 따라 설치한다.
- 판매자나 제조사에 의뢰하면 1대부터 20대까지 연결 가능한 인터폰을 구입 · 설치가 가능하다(단, 10선식 공통배선이 필요하다).

## 3 제품 사용법

(1) 송수화기를 들고 해당 호출버튼을 눌러 상대방의 기기를 호출한다.

(2) 전체 방송을 하고자 할 때에는 송수화기를 들고 '방송버튼'을 누른 상태에서 송수화기를 통해 방송을 하면 된다.

(3) **번호사용방법** : 인터폰 뒷면의 하단에 6단 또는 7단의 '딥 스위치(dip switch)'를 좌측에서 우측으로 볼 때 1~4번째까지는 번호 조정스위치이며, 5번째는 신호음량 조절스위치이고, 6번째 스위치는 방송청취 선택스위치이다. 1, 2, 4, 8의 스위치를 조작하여 인터폰에 서로 다른 번호를 부여하여 사용한다.

(4) **번호조정 스위치의 번호 선택 방법(1~4번째 스위치)**

① 번호선택은 1, 2, 4, 8 중 ON( ▀ )되는 숫자를 합한 것이 인터폰의 번호가 된다.

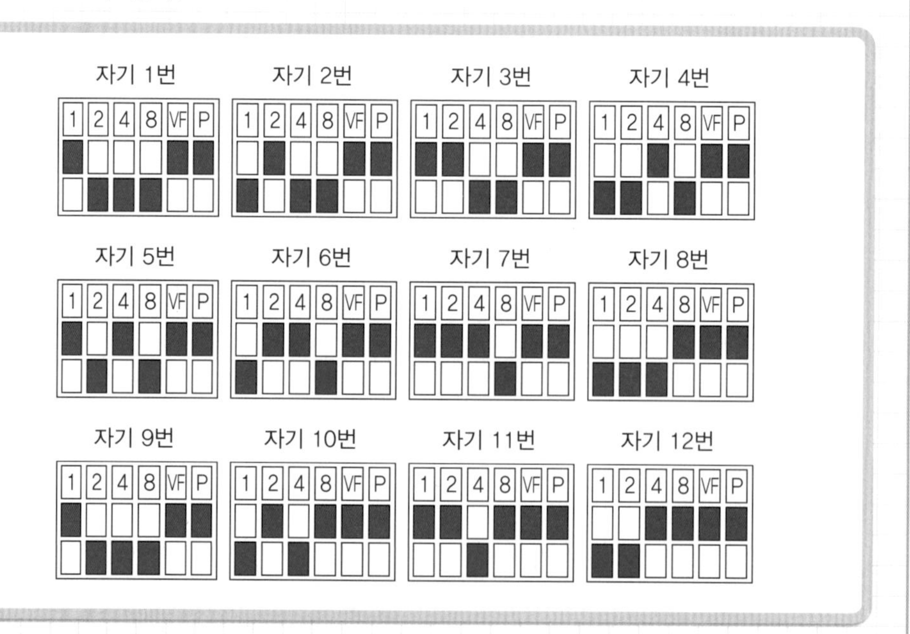


② 조정방법

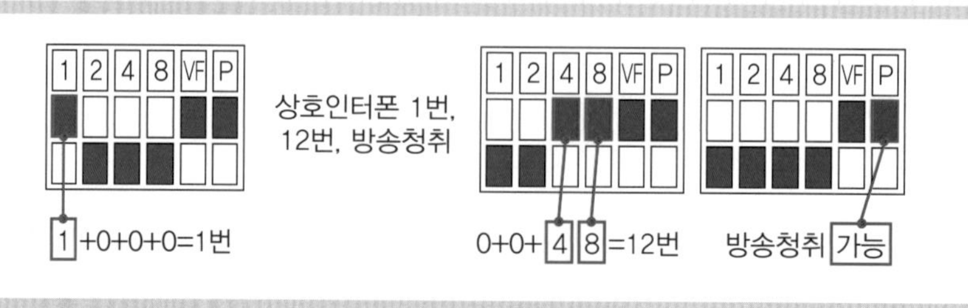

(5) **신호음량 조절 스위치(5번째 'VR'스위치)**

① : 신호음량이 큰 상태(HIGH)

② : 신호음량이 작은 상태(LOW)

(6) **방송청취 선택 스위치(6번째 'P'스위치)**

① : 방송청취 가능한 상태(ON)

② : 방송청취 불가능 상태(OFF)

딥 스위치 조정은 제조사에 따라 위로 올리면(ON)이 되는 것이 있고, 내리면(ON)이 되는 것이 있다. 설명서를 보고 2진수에 의해서 조정해야 한다.

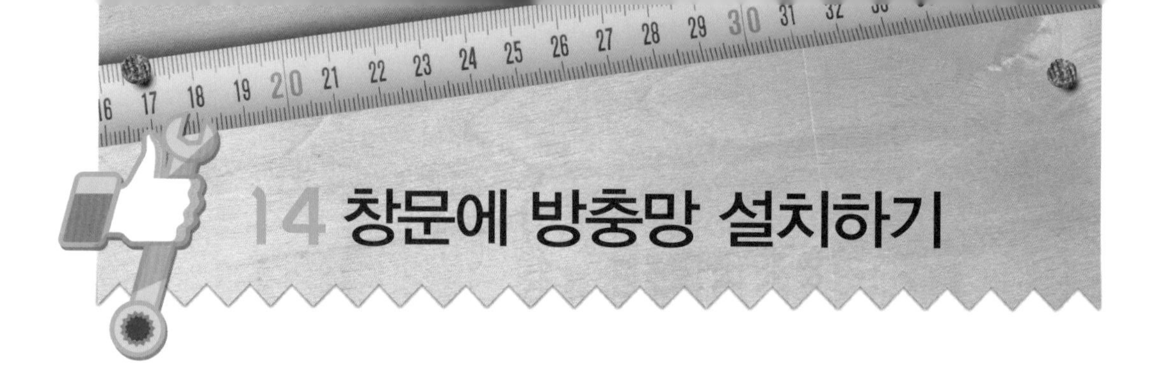

# 14 창문에 방충망 설치하기

## 1 방충망의 종류

(1) 일반 방충망은 구멍크기 1.4×1.2[mm] 정도이다.

(2) 초파리 방충망은 구멍크기 0.85×0.85[mm] 정도이다.

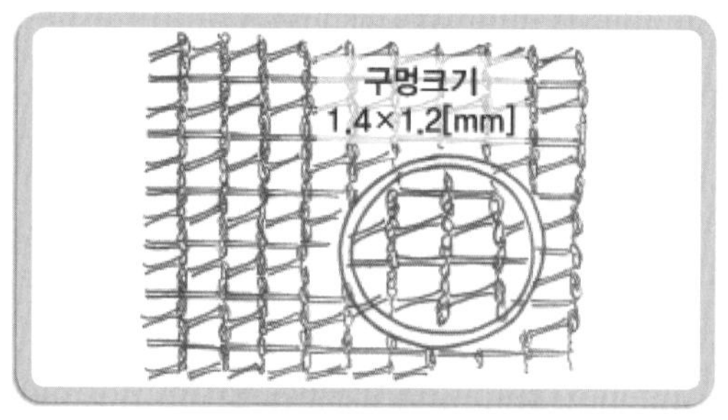


| 일반 방충망 |

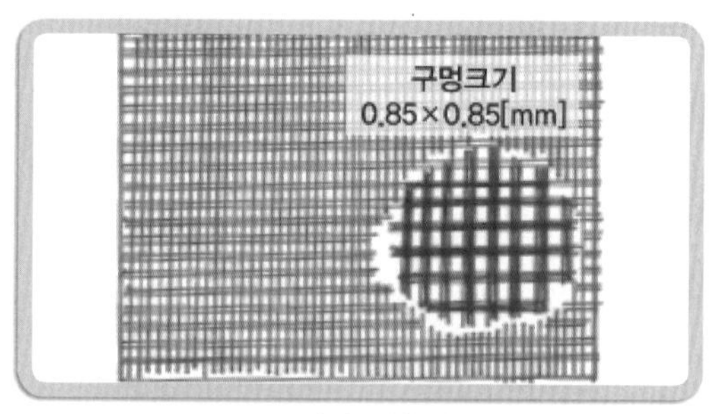


| 초파리 방충망 |

## 2 C 쫄대

(1) 일반 방충망을 고정시키는 제품으로 창틀에 부착하는 고정 쫄대(베이스 쫄대)와 방충망을 고정하는 누름 쫄대로 구성된다.

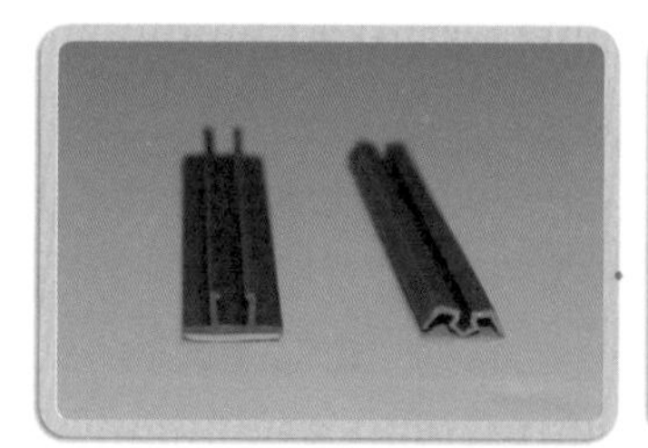

| 베이스 및 누름 쫄대 |

| 일반 쫄대 |

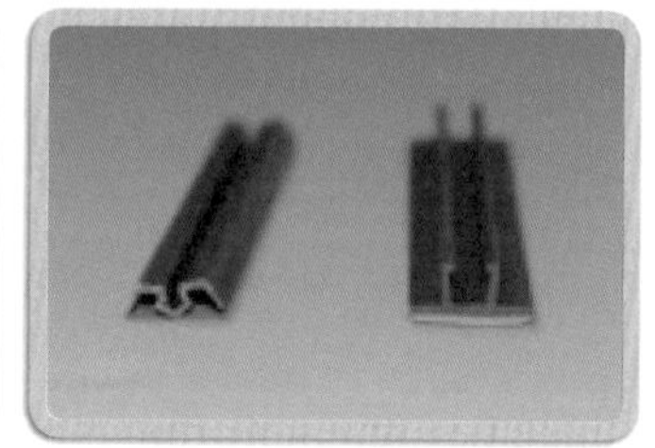

| 광폭 쫄대(초파리용) |

(2) 광폭 쫄대는 폭이 넓어 창틀에 안정감 있게 부착할 수 있고 일반 쫄대에 비해서 망을 더 단단히 잡아줄 수 있다.

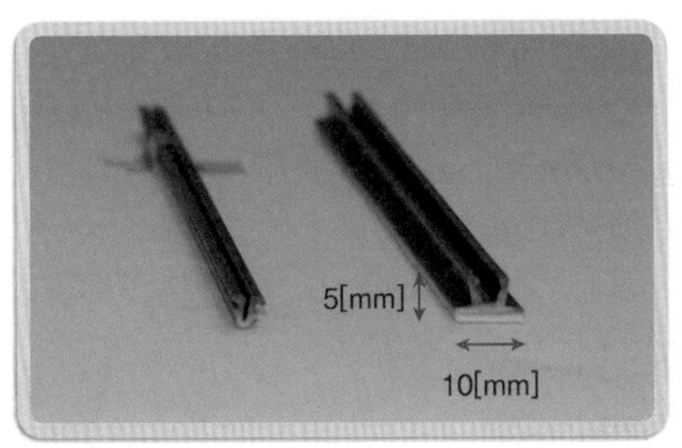

| 일반 쫄대(폭 10[mm]×높이 5[mm]×길이 1.5[m]) |

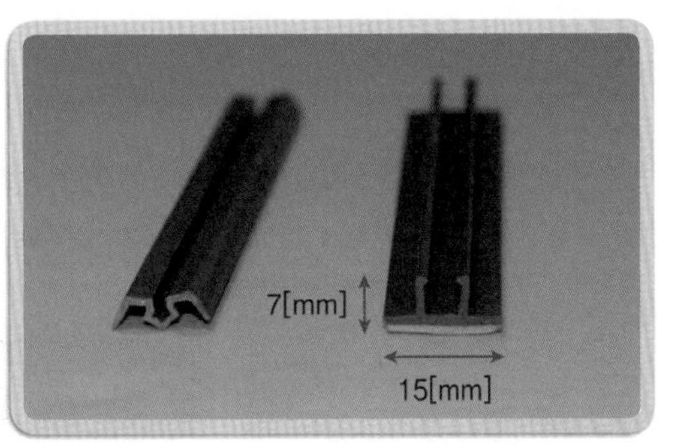


| 광폭 쫄대(폭 15[mm]×높이 7[mm]×길이 1.5[m]) |

(3) 방충망 사이즈는 창문당 가로×세로 10[cm]씩 여유를 주고 구입한다. 창문이 실제 사이즈가 140×80[cm]이면, 방충망 사이즈는 150×90[cm]를 구입해야 한다.

(4) C 쫄대 부착원리

베이스 쫄대를 문틀에 부착 후 방충망을 덮고 누름 쫄대로 고정한다.

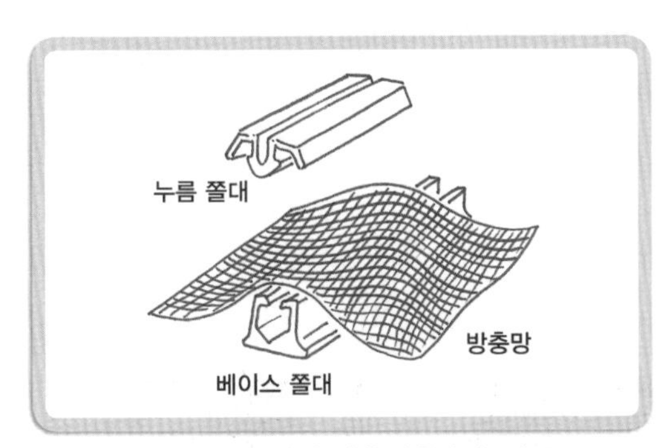


| 베이스 쫄대에 방충망을 놓는다. |

| 방충망을 놓은 위에 누름 쫄대로 고정한다. |

준비공구 가위 또는 칼, 투명실리콘 및 실리콘 건

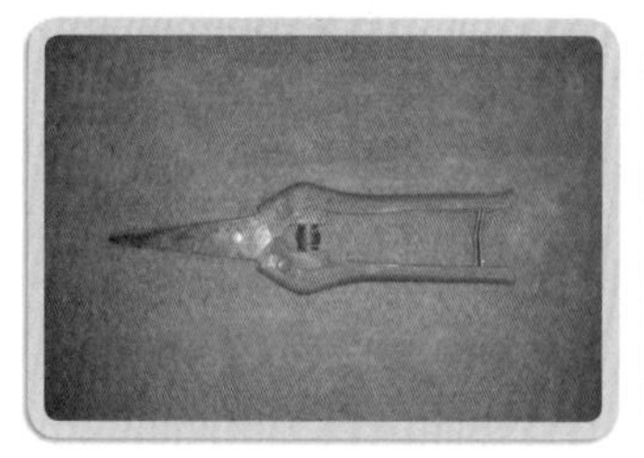

| 가위 |

| 투명실리콘 |

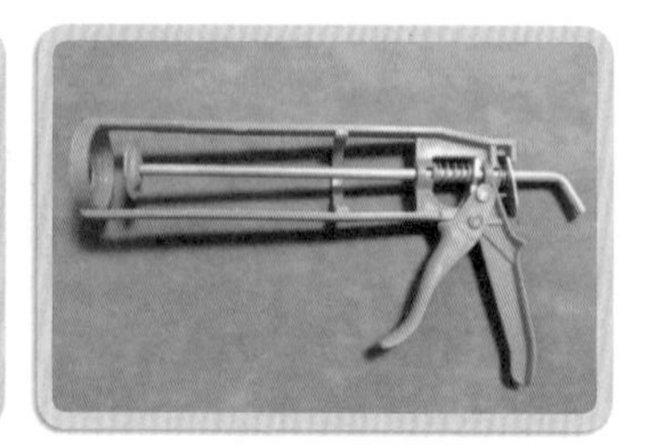

| 실리콘 건 |

제품구성 목재 창문인 경우 방충망, 쫄대, 못

## 방충망 붙이는 요령

❶ 방충망을 붙이기 위해 창문틀을 꼼꼼히 살펴본다.
❷ 창문틀에 쫄대를 붙이기 위해서 창문틀에 있는 먼지, 기름 등을 깨끗이 닦아낸다(이물질이 있으면 방충망이 쉽게 떨어진다).
❸ 창문틀에 ❶번 베이스 쫄대(양면테이프 부착)를 아래 오른쪽 사진처럼 붙여나간다(창문틀 상 · 하, 좌 · 우 4면 부착).

| 창문틀 |

| 먼지 등 청소 |

| 베이스 쫄대 붙이기 |

❹ 아래 왼쪽 사진은 창문틀 주변 상·하, 좌·우 4면에 베이스 쫄대가 부착된 모습이다.
❺ 가운데 사진은 베이스 쫄대가 부착된 왼쪽(좌)과 위쪽(상)을 확대한 모습이다.
❻ 오른쪽 사진은 베이스 쫄대가 부착된 아래쪽(하)과 오른쪽(우) 및 위쪽(상)을 확대한 모습이다.

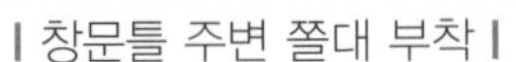
| 창문틀 주변 쫄대 부착 |

| 베이스 쫄대 좌 · 상 부착 |

| 베이스 쫄대 하 · 우 부착 |

⑦ 방충망을 가볍게 아래쪽으로 당기면서 창문틀 하부에 누름 쫄대로 고정시켜 놓는다. 처음 설치할 때 너무 세게 당겨놓으면 쫄대의 양면테이프가 떨어질 수 있으므로 평평한 느낌이 올 정도로 가볍게 당긴다.

⑧ 창문틀 좌측면 및 우측면에도 방충망을 가볍게 당겨서 누름 쫄대를 끼워 망을 고정시킨다.

⑨ 창문틀 밖으로 남은 방충망을 가위 등을 사용하여 적당한 크기로 잘라낸다.

| 상 · 하 방충망 고정 |

| 좌 · 우측 방충망 고정 |

| 남은 부분 잘라냄 |

⑩ 설치가 완성된 모습

| 창문틀 4면에 방충망 부착 완료 |

⑪ 새시 창문틀이 큰 경우 방충망 설치가 완료된 경우에는 베이스 쫄대 상 · 하, 좌 · 우 4곳에 투명실리콘을 발라 놓으면 단단하게 고정시킬 수 있고, 나무 창틀이 큰 경우 방충망 설치가 완료된 경우에는 베이스 쫄대 상 · 하, 좌 · 우 4곳에 못을 박아 단단하게 고정시킨다.

여름철에는 방충망을 설치하고, 겨울철에는 방한, 방풍비닐을 사용하여 난방효과를 극대화한다.

# 15 섀시 창의 방충망 교환하기

## 1 방충망의 종류 및 특징

(1) 알루미늄 방충망

① 특징 : 일반적인 방충망으로 도시지역에서 사용하기 적합하다.

② 색상 : 진청 또는 백색 등이 있다.

(2) 하이메시(알루미늄) 방충망

① 특징 : 알루미늄 방충망보다 더 촘촘하고 하루살이나 날파리 등의 칩입을 막아 주기 때문에 농촌지역 또는 해안지역에서 사용이 적합하다.

② 색상 : 백색 등이 있다.

(3) 스테인리스 방충망의 특징

강한 내구성(가장 단단한 방충망)이 필요한 장소에 사용이 적합하고 쉽게 부식되지 않아 수명이 길다. 하이메시 방충망처럼 촘촘하다.

## 2 밀 대

(1) 방충망 창틀 홈에 고무개스킷(고무패킹)을 끼워 넣을 수 있는 공간을 만들어 주는 기구이다.

(2) 방충망은 창틀 홈의 공간을 만들어 준 부분에 고무개스킷을 넣고 끼워주는 기구이다.

(3) 방충망은 창틀 홈 모서리 등 롤러로 누를 수 없는 공간에 고무개스킷을 끼우는 역할을 한다.

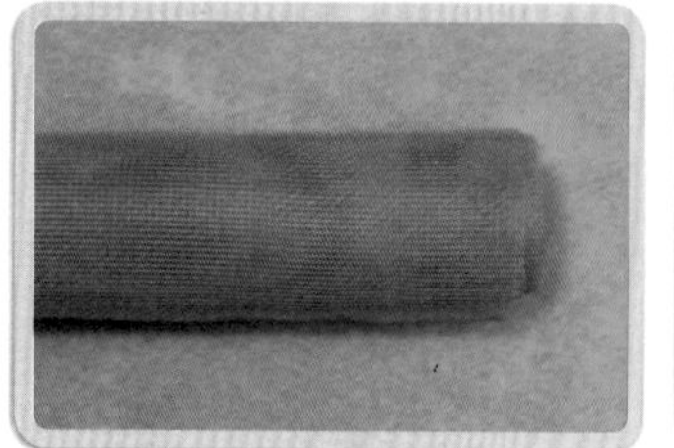
| 방충망 |

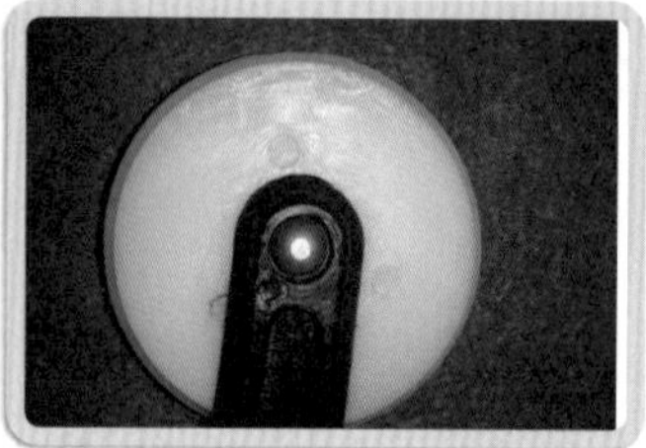
| 고무개스킷 넣기(2중턱) |

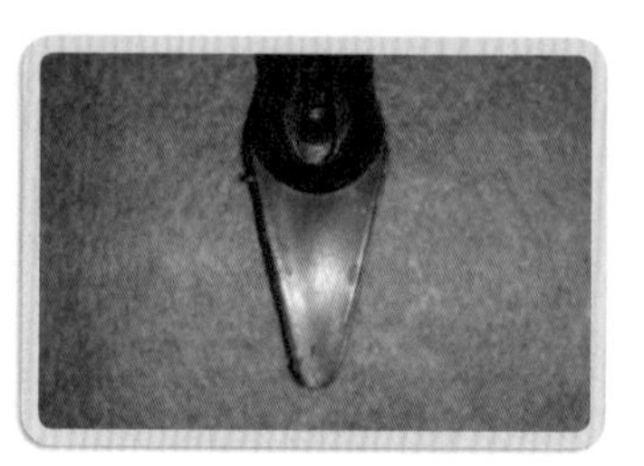
| 모서리 넣기 |

**준비공구** 밀대, 가위 또는 칼, 줄자, 반코팅장갑

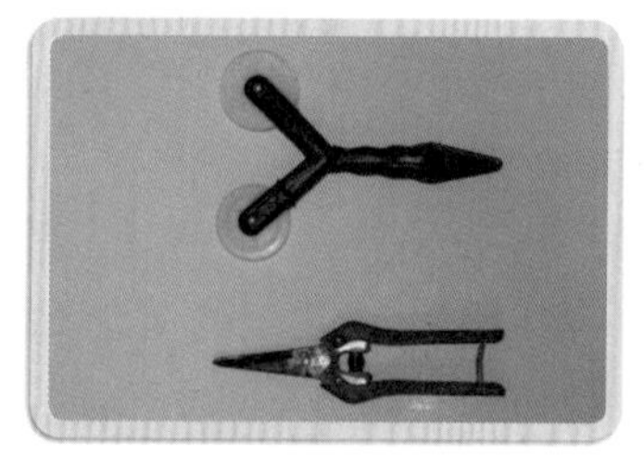
| 밀대(롤러)+가위 |

| 줄자 |

| 반코팅장갑 |

**제품구성** 방충망, 고무개스킷, 방충망 손잡이, 틈새막이 고무(35×1,000[mm], 틈새막이 방풍털/모헤어(12×5,000[mm])

| 방충망 손잡이 |

| 틈새막이 고무 |

| 틈새막이 방풍털 |

❶ 방충망 새시 테두리에 박힌 고무개스킷(고무패킹)을 빼내고 손상된 방충망을 제거한다.

❷ 새 방충망을 섀시의 창틀 홈보다 사방 약 4~5[cm] 여유분을 두어 잘라낸다. 방충망을 자를 때는 못쓰게 된 일반 가위 또는 다목적 가위 등을 사용하면 된다(방충망은 가는 철사에 코팅을 한 제품으로 다목적 가위와 같은 강철 재질의 가위는 방충망을 자를 수 있으나 일반 가위는 날이 무디어져 쓸 수 없게 된다).

- 방충망은 주름이 잡힐 정도로 접혀지면 안 된다. 접혀진 부분은 깨끗이 펴지지도 않을 뿐 아니라 그 부분만 코팅막이 벗겨져 빠르게 부식되기 때문이다.
- 섀시문, 방충망 창문 등이 잘 닫히지 않을 경우 틈새막이 방풍털을 가위로 적당히 자르면 문이 잘 닫힌다.

❸ 방충망 밀대는 한쪽 날은 동그랗고 한쪽은 이중 턱이 있는 구조이다. 새 방충망을 섀시 틀에 고정시킬 때에는 동그란 쪽을 이용하여 홈에 단계적으로 적당한 힘을 가하면서 망을 밀어 넣는다. 단, 갑자기 힘을 가하여 밀어 넣게되면 망이 접혀지는 부분이 쉽게 손상된다.

| 고무패킹, 방충망 제거 |

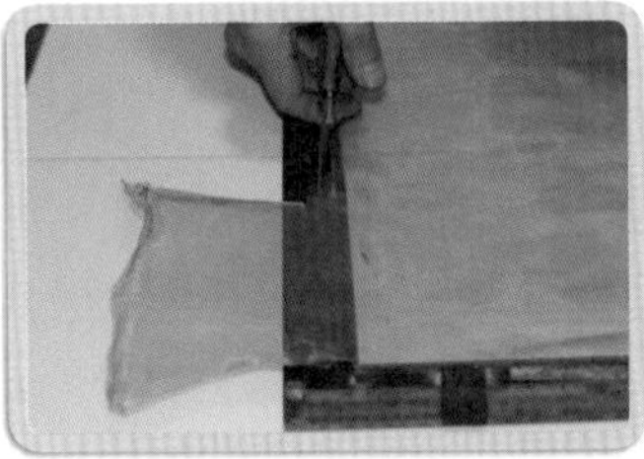
| 새 방충망 여유 두고 절단 |

| 원형 날로 밀어 넣는다. |

❹ 모서리(코너) 부분은 밀대의 뒷부분을 이용하여 콕콕 눌러서 끼우고 밖으로 빠져나오는 부분이 없도록 마무리한다.

밀대(롤러)는 고무개스킷(고무패킹 = O형 개스킷 = 쫄대)을 넣는 것과 망을 끼울 때 사용하는 것, 밀대 뒤쪽으로 모서리(코너)의 각진 고무개스킷으로 콕콕 눌러서 사용하는 것이 있으니 참고하여 사용한다.

❺ 밀대의 이중 턱이 있는 부분을 이용하여 고무패킹을 밀어 넣어 방충망을 고정시킨다. 이때 밀대의 턱이 높은 쪽을 밖으로 해서 사용하면 된다.

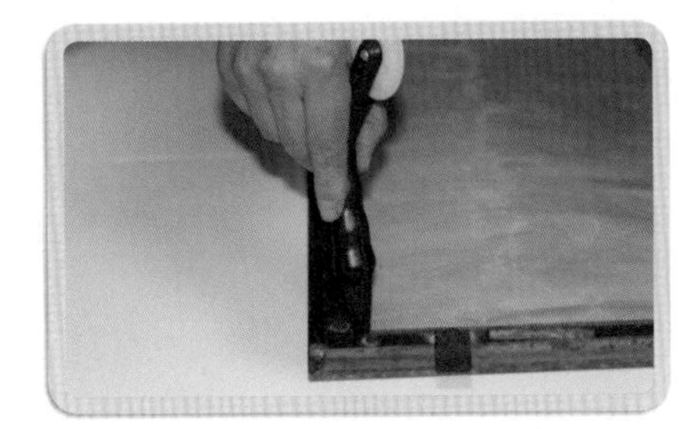
| 밀대 뒷부분으로 마무리 |

| 이중 턱으로 고무패킹 넣는다. |

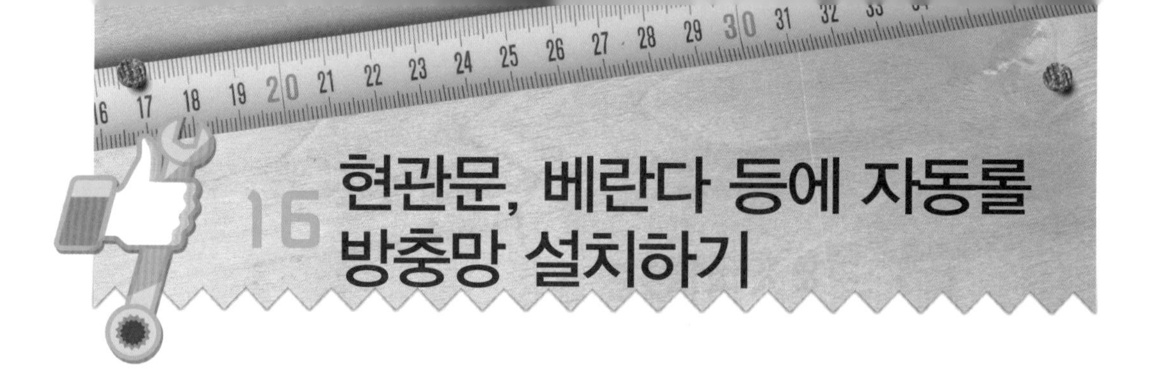

# 16 현관문, 베란다 등에 자동롤 방충망 설치하기

## 1 현관문 등 자동롤 방충망의 종류

(1) **일반형** : 자동롤 방충망을 닫았을 때 망이 노출되어 있고 먼지 등이 끼므로 망의 수명이 짧은 편이다.

(2) **매립형** : 자동롤 방충망을 닫았을 때 망이 보이지 않고 겨울철에도 항상 망이 감춰져 있어 수명이 긴 매립형 방충망이다.

(3) **고급형[매립 및 하단분리(접이식)]** : 자동롤 방충망을 닫았을 때 망이 보이지 않고 겨울철에도 항상 망이 감춰져 있어 수명이 길다. 하단분리형이므로 하단 바가 분리되어 유모차 및 손수레를 이용할 경우 출입하기가 용이하고 겨울철에는 하단 바를 들어 올려 고정하여 보관하기 편리하다.

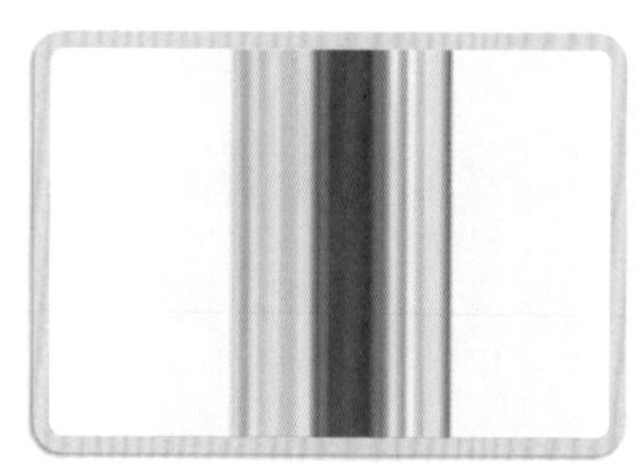

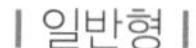

| 일반형 |

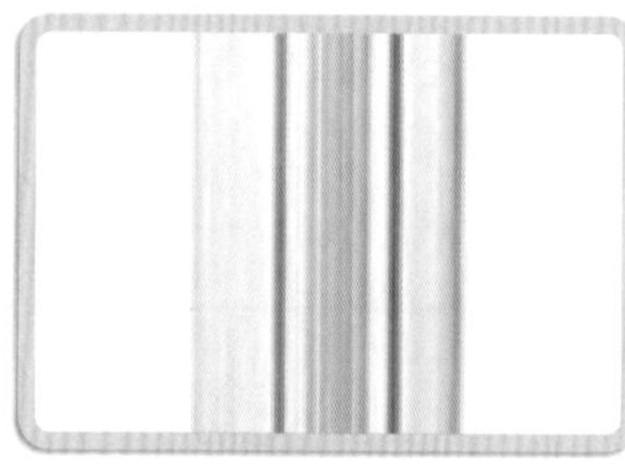

| 매립형 |

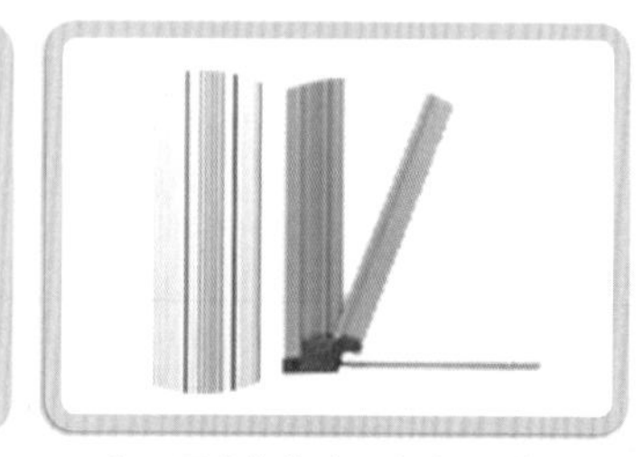

| 고급형(매립+하단분리) |

## 2 현관문 등 자동롤 방충망 사이즈 재는 법

자동롤 방충망 사이즈는 일반사이즈 실측(도어클로저 없는 쪽 자동롤 방충망 설치)과 도어클로저가 있는 실측(자동롤 방충망 설치)이 있다.

(1) **가로 실측** : 문손잡이가 있는 문틀 안쪽 3분의 2 지점에서 맞은편 문틀 끝까지 치수를 재면 된다(또는 가로 실측 가로 내측+4[cm]).

(2) **세로 실측** : 문틀 바닥 끝에서 상단 문틀 3분의 2 지점까지 치수를 재면 된다(또는 세로 실측 세로 내측+4[cm]).

(3) **도어클로저를 사용하고 있는 경우 사이즈 재는 방법** : 도어클로저 커버의 높이 170[mm], 175[mm], 200[mm](제조사마다 차이)를 빼고 재는 방법이다.

도어클로저가 문 안쪽에 설치되어 있는 경우 도어클로저 커버를 설치하고 외벽이 두꺼워 현관문을 열고 닫을 때 도어클로저 끝이 닿지 않으면 생략해도 된다.

(4) 문틀 사이즈가 일정하지 않는 경우 작은 쪽 사이즈를 기준치수로 하고 틈사이를 문풍지, 스트로폼 또는 실리콘으로 마감을 한다.

예 좌측 문 높이는 2,010[mm]인데 우측 문 높이는 2,015[mm]일 경우 2,010[mm]를 기준 치수로 한다.

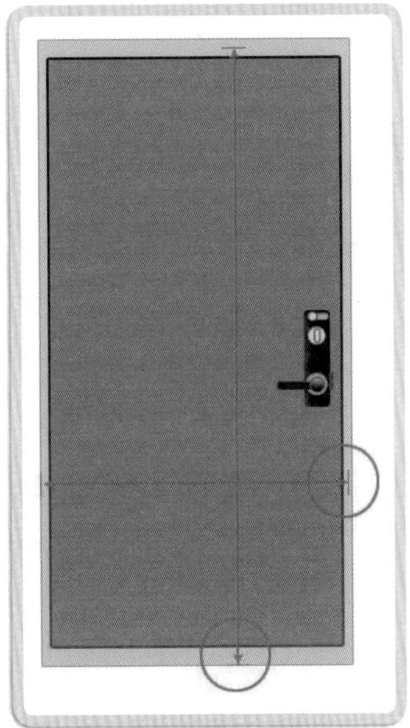

| 일반사이즈 실측 |

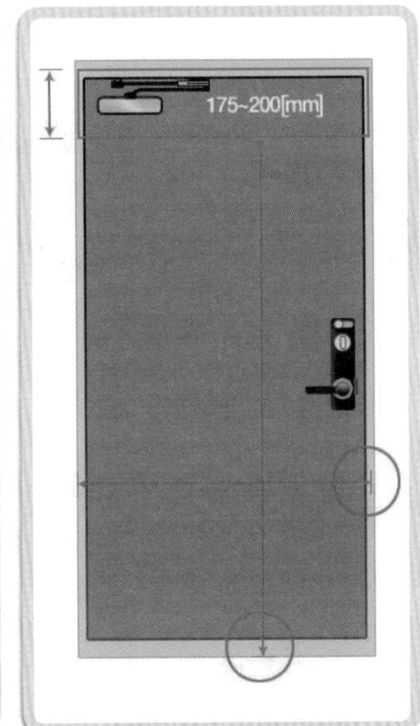


| 도어클로저 커버 실측 |

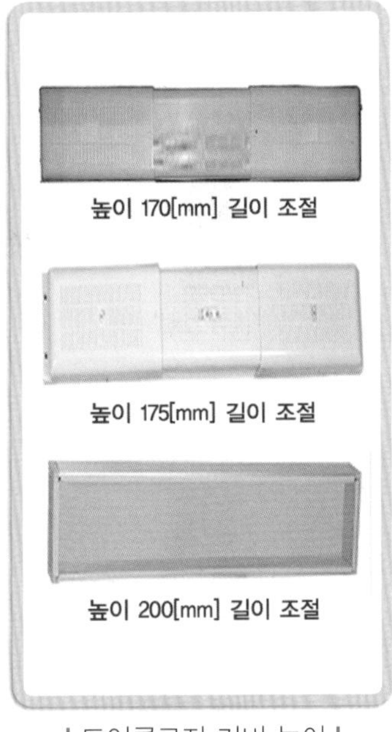


| 도어클로저 커버 높이 |

여기서 잠깐!

바에 묶여 있는 밴딩 끈(스프링 고정핀 또는 안전고리)은 모든 조립이 완성된 후 절단한다. 조립 전 밴딩 끈을 절단할 경우 돌돌 말려있던 망이 풀리면서 재조립이 어렵게 된다. 만약 조립 전에 밴딩 끈을 제거했다면 약 25~30바퀴 시계 반대방향으로 감아서 쥐고 상단 바 홈에 넣으면 된다(감속기가 있는 제품은 약 15~17바퀴 돌린다).

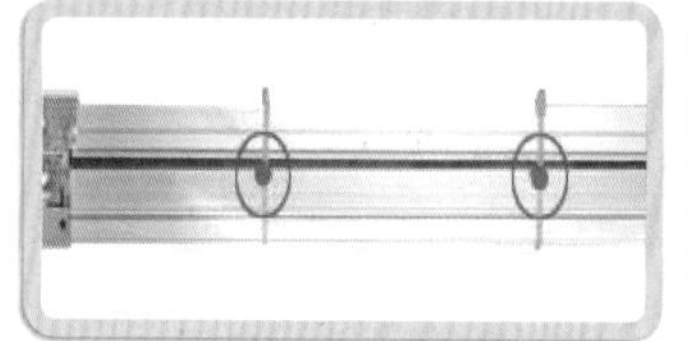
| 밴딩 끈 |

| 스프링 고정핀 |

| 안전고리 |

**준비공구** 드라이버(+, –) 또는 충전드릴, 드라이버 비트, 디스크그라인더 또는 쇠톱, 펜치, 양면테이프(혼자 시공할 경우 임시고정시 필요)

| 충전드릴 |

| 디스크그라인더 |

| 쇠톱 |

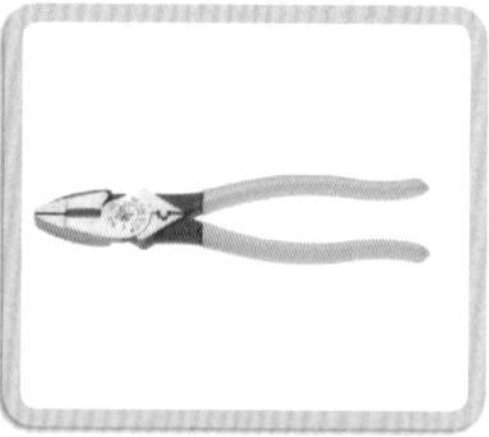
| 펜치 |

**제품구성** 좌측 바(본체), 우측 바(스위치 기둥바), 상단 바, 하단 바, 상단좌측 연결대, 상단우측 연결대, 하단좌측 연결대, 하단우측 연결대, 손잡이, 스위치, 잠금장치(실내설치), 나사못(대, 중, 소), 스티커 등

| 손잡이 |

| 내부 잠금장치 |

| 외부 잠금장치(2종류) |

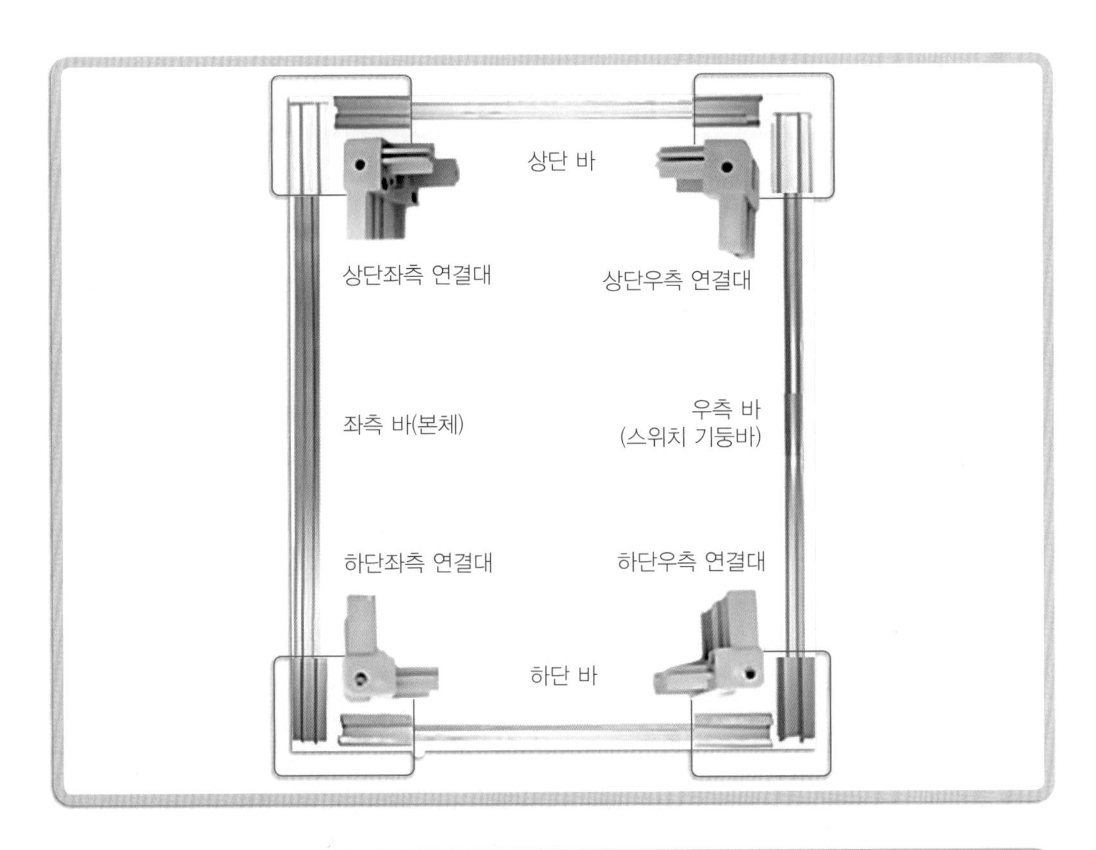


## 자동롤 방충망 조립 과정

❶ 상단 바를 좌측 바(본체)에 끼워 나사못(중)으로 고정한다.
❷ 상단 바를 우측 바에 끼워 나사못(중)으로 고정한다.
❸ 하단 바를 좌측 바(본체)에 끼워 나사못(중)으로 고정한다. 아래 왼쪽 사진과 같은 방법으로 나사를 고정한다.

| 상단 바와 좌측 바 조립 |

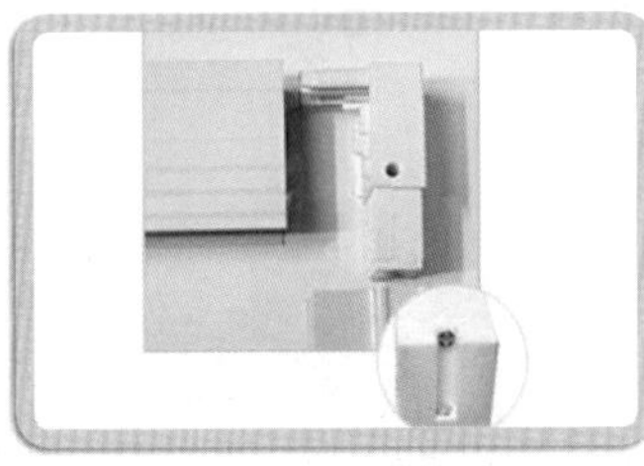
| 상단 바와 우측 바 조립 |

| 하단 바와 좌측 바 조립 |

❹ 하단 바를 우측 바에 끼워 나사못(중)으로 고정한다. ❶과 같은 방법으로 나사를 고정한다.

⑤ 손잡이 조립은 손잡이 홈이 2개 파인 곳을 좌측 바 틈에 비스듬히 넣고 꾹 눌러준다(좌측 바 중심에서 약 10[cm] 위로 설치).
⑥ 4면 모서리에 보면 나사구멍이 있다. 나사못(대)을 이용하여 현관 문틀에 고정시켜 준 다음 좌측 바에 있는 밴딩 끈(스프링 고정핀 또는 안전고리)을 절단한다.

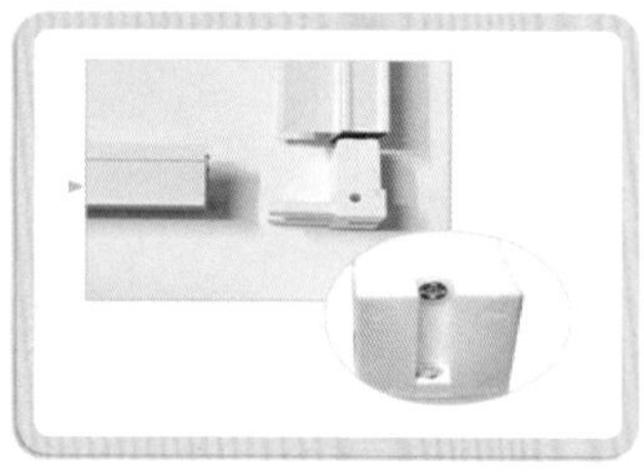
| 하단 바와 우측 바 조립 |

| 좌측 바 중심 약10[cm] 위 설치 |

| 4면 모서리 현관문틀 고정 |

⑦ 스위치 및 잠금장치는 적당한 중간 위치에 스위치를 고정시키고 고정한 스위치를 밑으로 2[mm]의 간격을 두고 잠금장치(실내에 설치)를 고정한다.
⑧ 중간 부분의 나사를 푼 다음 상 · 하 조절하여 나사를 고정시킨다.
⑨ ⑧과 같이 우측 바를 조절 후 스위치와 일직선이 되도록 결합시킨다.

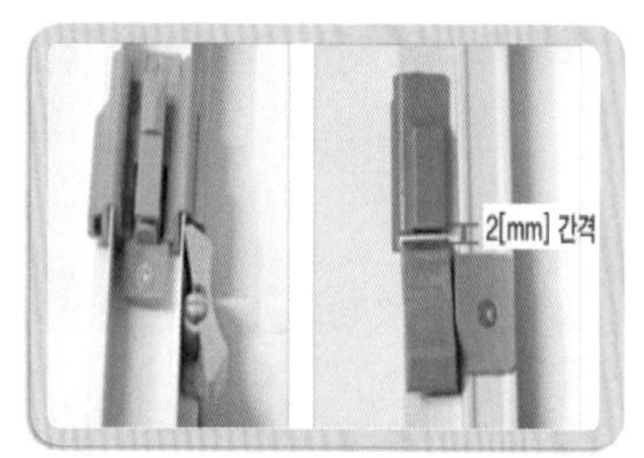

| 스위치 및 잠금장치 2[mm] 간격으로 고정 |

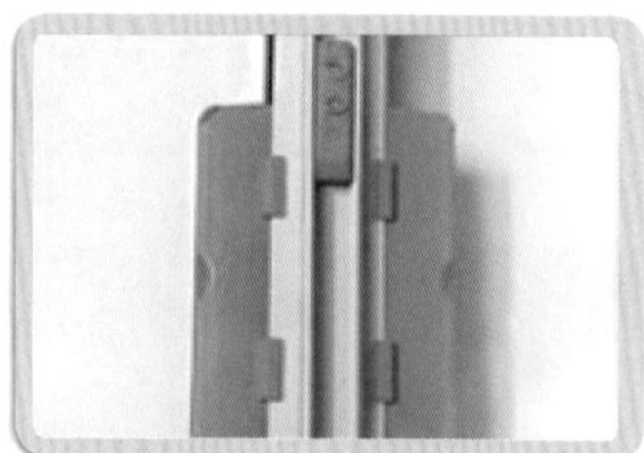
| 상 · 하 조절하여 나사 고정 |

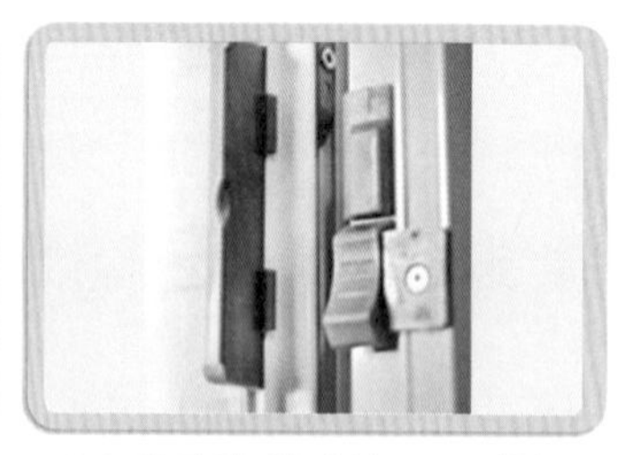
| 스위치와 일직선으로 결합 |

⑩ 현관문 자동롤 방충망이 설치된 상태

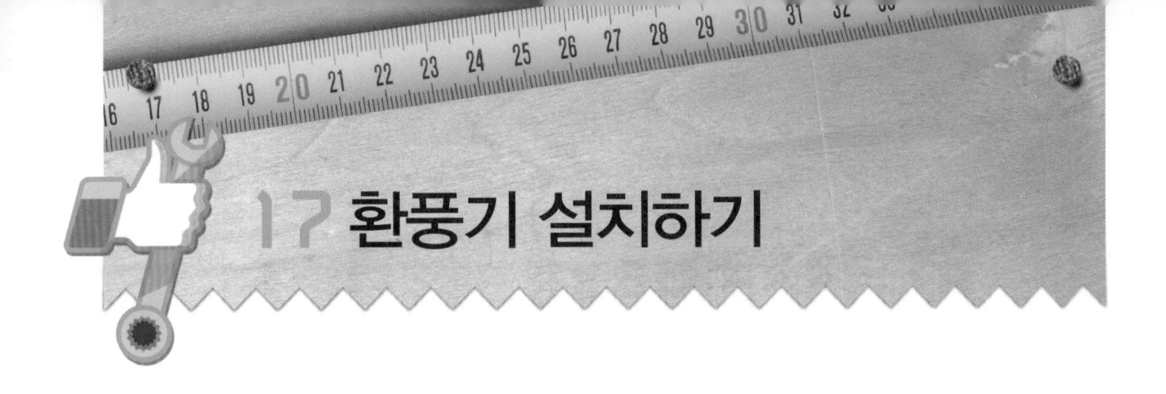

## 1 환풍기 설치 방법

벽 구멍 뚫기 → 나무틀 넣기 → 본체 넣고 고정(나사못 4개 고정) → 날개 및 스피너 조립 → 프런트 커버 조립 → 그릴 조립 → 전원플러그 연결 → 환풍기 스위치 켜기(ON) → 환풍기 작동 → 완료

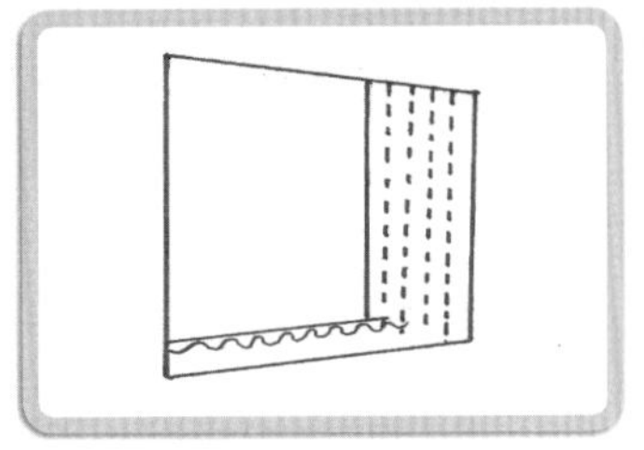
| 벽 구멍 뚫기 |

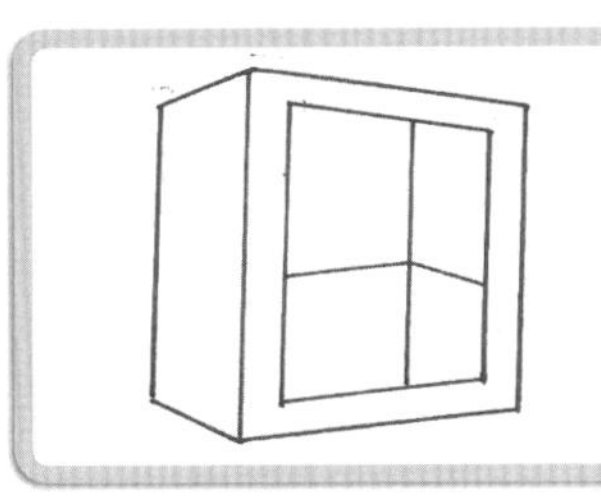
| 나무틀 넣기 |

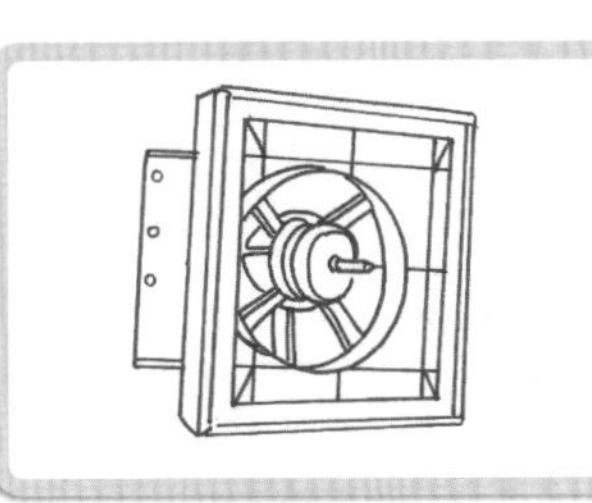
| 본체 고정 |

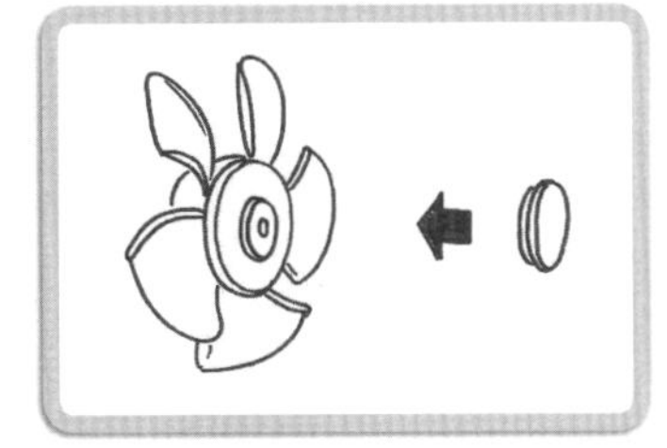
| 날개 및 스피너 |

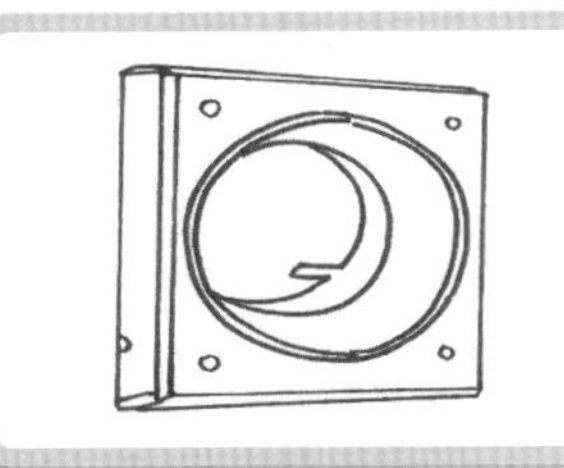
| 프런트 커버 조립 |

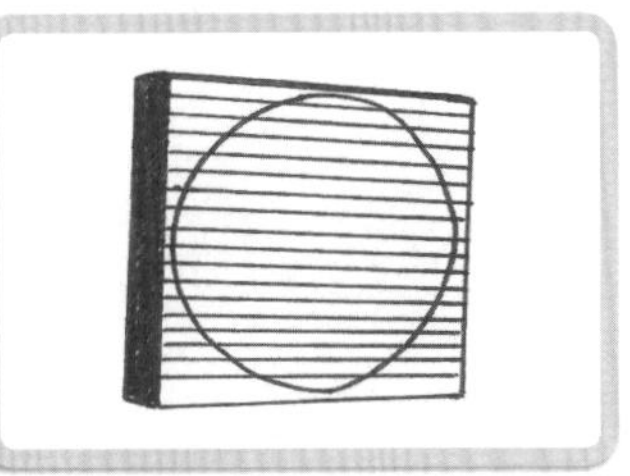
| 그릴 조립 |

## 2 청소방법

(1) 전원 플러그를 뽑는다.

(2) 그릴 및 프런트 커버는 손잡이 턱을 당기면서 떼어낸다.

(3) 스피너를 좌로 돌려서 분리한 후 날개를 떼어낸다.
(4) 더러운 곳은 약 40[℃]의 약간 따뜻한 물에 약간의 중성세제를 푼 후 담갔다가 솔, 헝겊 등으로 깨끗하게 닦아준다.
(5) 닦은 후에는 마른 헝겊으로 잘 닦아준다.
(6) 청소 후 역순으로 조립한다.

## 3 댐퍼(역풍방지기)의 사용 용도

(1) 댐퍼(역풍방지기)는 배기구를 공동으로 쓰는 경우 냄새, 벌레 등의 침입을 방지한다(아파트, 오피스텔, 연립주택, 다세대 등).
(2) 욕실(화장실) 및 주방은 역풍방지기가 있다.

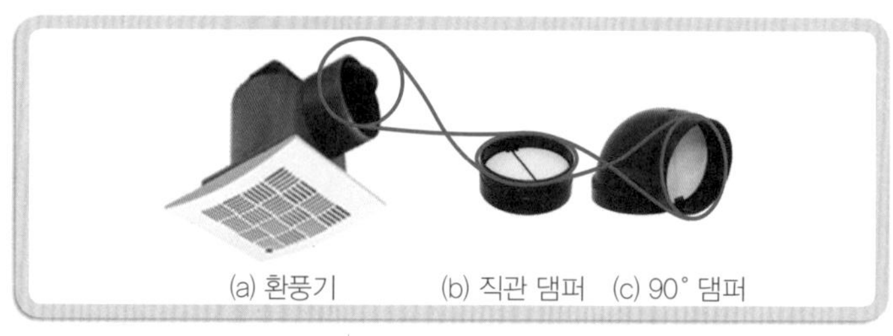

| 욕실 환풍기와 댐퍼 |

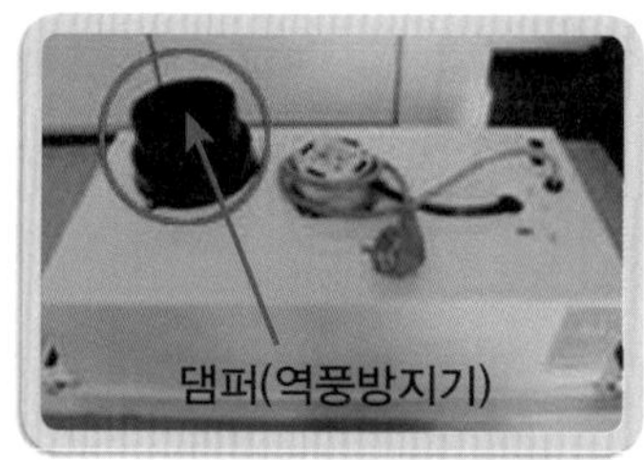

| 주방 후드 댐퍼 |

### 플러스 tip 세대의 화장실 조명등, 환기팬 설치 및 냄새의 원인

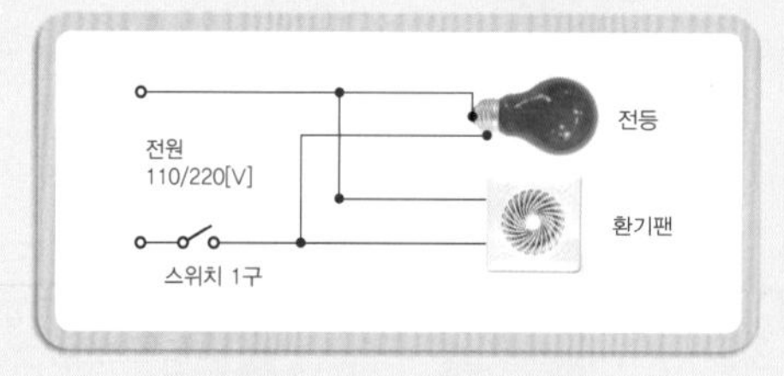

| 오래된 아파트 세면장 결선도 |

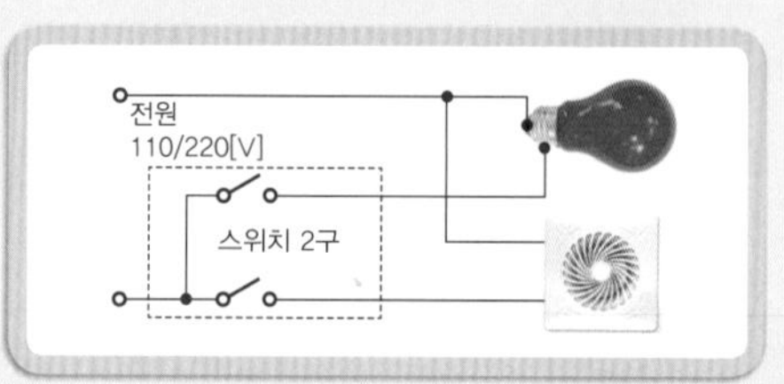

| 최근 아파트 세면장 결선도 |

- 세면장 천장의 환기팬이 고장난 경우이다. 배선 분리 후 천장에 배선이 방치되어 있어 위험하므로 배선을 분리한 후 고무 및 절연테이프 처리할 수 있도록 한다.
- 환기팬이 연결되어 있어도 환기팬과 배출관 사이에 역풍방지기가 없는 경우 아래층에서 냄새가 들어올 수 있다.
- 화장실에 환기팬과 역풍방지기가 정상인데 아래층에서 담배냄새 등이 올라오는 경우에는 옥상층의 무동력 흡출기(벤틸레이터)가 회전해도 냄새가 나오면 무동력 흡출기 안의 철망에 먼지, 습기, 찌든 기름 등으로 인한 경우이므로 철 브러시로 청소하면 화장실에서 냄새가 나지 않는다.

**준비공구** 드라이버(+, −) 또는 충전드릴 및 드라이버 비트, 펜치, 망치, 나무톱, 못 또는 나사못, 자(줄자 또는 직자), 나무각목 25[mm]×25[mm]×1.5[m]

| 충전드릴 |

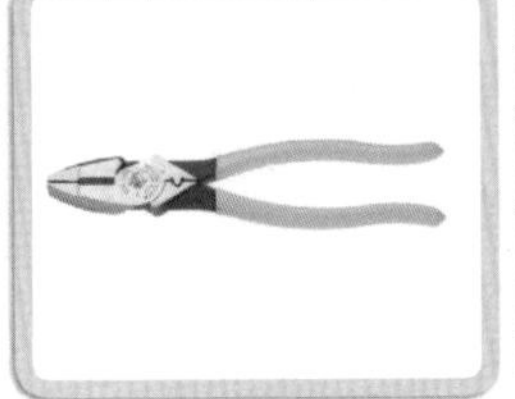

| 펜치 |

| 망치(빠루망치) |

| 스틸자(직자)15~100[cm] |

**제품구성** 환풍기 세트(본체, 날개 및 스피너, 프런트 커버, 그릴, 나사못 4개)

❶ 환풍기 날개의 크기 15, 20, 25, 30[cm]의 크기에 따라서 나무틀을 만들어준다.

| 날개의 크기 | 설치 구멍(규격) 크기[cm] | 비 고 |
|---|---|---|
| 15[cm]일 때 | 17×17[cm] 이상 | 배기전용 |
| 20[cm] 일 때 | 25×25[cm] 이상 | 배기전용 |
| 25[cm] 일 때 | 30×30[cm] 이상 | 배기전용(흡 · 배양용) |
| 30[cm] 일 때 | 35×35[cm] 이상 | 배기전용 |

❷ 나무틀의 나무판 두께는 25[mm] 이상인 것을 사용한다.
❸ 만들어진 나무틀에 맞추어 벽에 구멍을 내고 나무틀을 고정한다.
❹ 프런트(그릴 포함) 커버를 본체에서 떼어낸다.
❺ 프런트(그릴 포함) 커버를 아랫부분 등에 턱을 잡아당기며 떼어낸다.
❻ 본체를 나무틀에 끼워 넣고 설치 나사로 나무틀에 고정하여 준다.
❼ 환풍기의 사용 전압이 맞게 되어 있는지 확인한다.
❽ 본체의 프런트 커버를 붙일 때에는 프런트 커버 뒷면에 있는 턱이 전용코드를 누르지 않도록 주의한다.

❾ 설치 높이는 바닥에서 배기가 잘되는 곳(약 2~3[m] 내)에 설치한다.

❿ 역풍이 많은 곳에 설치시 역풍방지용 외부 칸막이를 반드시 설치한다(바람이 불어오는 반대편에 설치하는 것이 좋다).

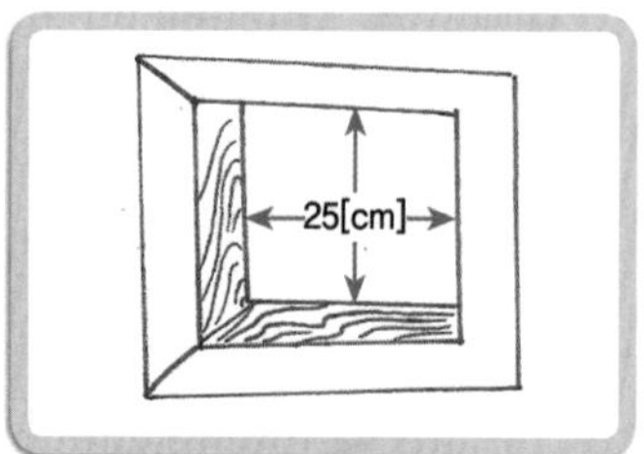


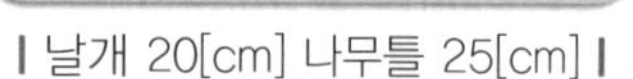
| 날개 20[cm] 나무틀 25[cm] |

| 개방형 환풍기 |

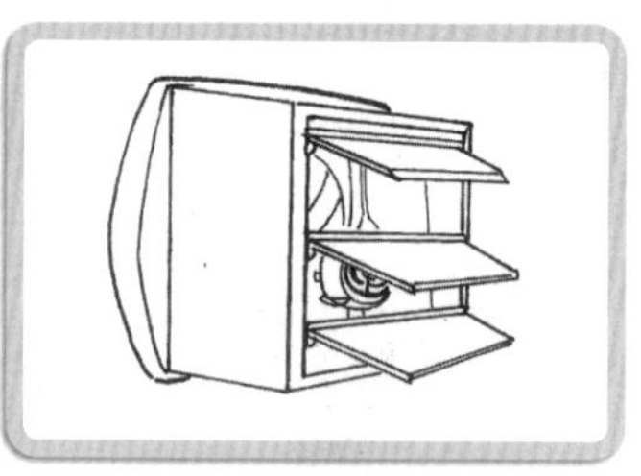
| 자동개폐형 환풍기 |

환풍기는 전원 220[V] 정격감도전류 30[mA] 이하의 누전차단기가 연결된 콘센트에만 사용해야 한다(정격감도전류 15[mA]를 사용하면 더욱 안전하다.)

## 좀 더 알아보기

### 에어컨 실외기 설치하기

**1 상업지역 및 주거지역에 한하여 도로변에 위치하여 보행자에게 영향을 주는 경우 실외기 설치 방법**

(1) 신규 설치시설은 2012년 8월 31일 개정 공포일부터 적용한다.

(2) 기존 설치시설은 2005년 4월 30일까지 설치기준에 적합하도록 조치하여야 하고 미조치시 위법상태가 된다.

**2 위반 건축물 이행강제금 부과**

(1) 건축법시행령 제115조의2(이행 강제금의 부과 및 징수), [별표 15]의 제13호의 규정에 따라 이행강제금 부과(당해건축물 시가표준액의 지방자치단체 조례 참조(100분의 10)에 해당하는 금액부과)

(2) 부과대상

① 에어컨 실외기 소유자

② 건축물의 건축주

③ 현장 대리인

(3) 도로 무단 점용시 도로법 등에 의거 과태료 부과(각 시청 주택과 또는 구청)

**3 설치기준**

(1) 배출구 실외기의 상부 또는 측면에 설치되거나 실외기 없는 신규제품으로 교체

(2) 지면으로부터 2[m] 상부 혹은 직접 도로면에 면하지 않는 건축물 벽면으로 설치장소 변경

실외기가 도로면에 면하여 설치되거나 직접 접하지 않는 경우에는 도로 경계선과 최소이격거리가 필요하다.

- 2[m] 이상은 3 마력 이하 또는 에어컨 표시 냉방면적 23평
- 4[m] 이상은 3 마력 초과 또는 에어컨 표시 냉방면적 23평

(3) 에어컨 실외기의 설치방향만을 바꾸어 배출구를 벽면에 향하도록 하거나 도로면에 직각으로 설치하는 방법은 미관 및 에너지 효율에 문제가 있으므로 단속대상에 해당된다.

(4) 도로경계선을 넘지 않는 범위에서 현 설치위치의 배출구면에 커버를 덧대어 배기방향을 조정·보수하는 방안 실시

## 4 배출구 커버 최소제원

(1) 배기방향을 실외기의 상부 또는 측방향으로 조정

(2) 재질은 내열재료로서 흰색이나 실외기와 동일 색상이되 모서리는 원만히 하여 안전하게 부착할 것

(3) 형태는 전체적으로 실외기면과 평행을 유지하되 상부는 실외기 윗면에서 직선돌출하거나 후면으로 예각을 주어 보행자의 신체 상부에 직접 열기가 닿지 않도록 할 것

(4) 커버의 간격, 상부돌출길이 및 각도 등 구체적인 수치는 실외기별 용량 특성에 따라 제조업체 등의 기준 준수

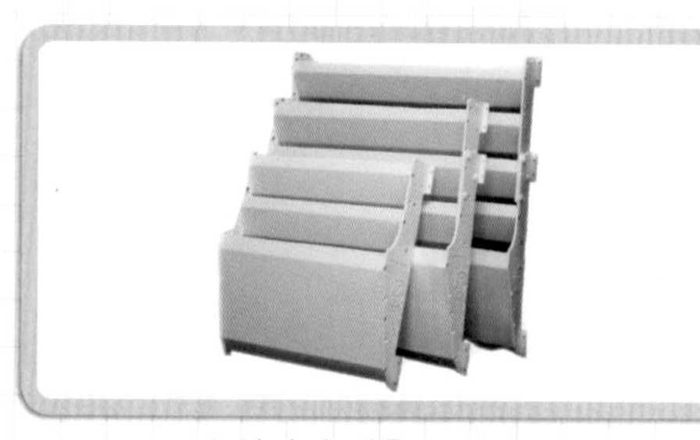

| 실외기 배출구 커버 |

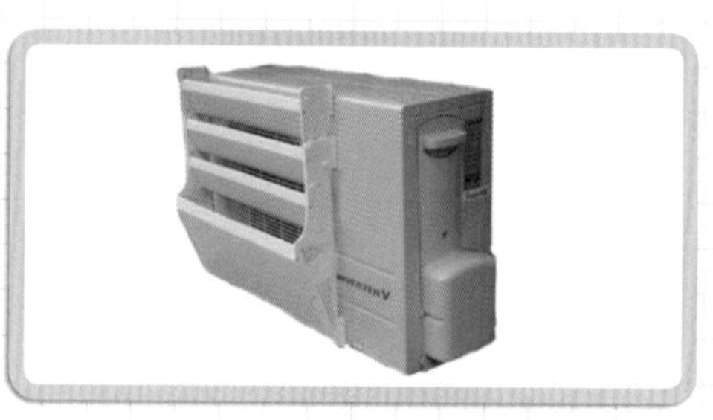

| 실외기 배출구 커버 설치 예 |

## 5 에어컨 및 실외기, 안전설치대

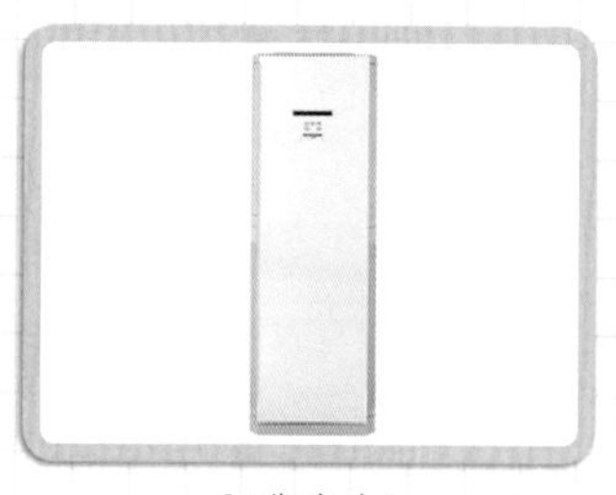

| 에어컨 |

| 실외기 |

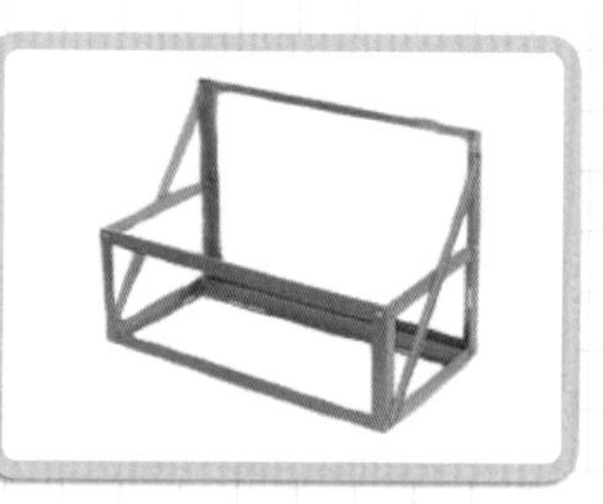

| 안전설치대 |

# 18 앙카시공하기

## 1 사용목적

장식용 선반, 책장 커튼레일, 거울, 액자, 벽시계 등을 고정시킬 때 사용한다.

## 2 앙카의 종류

① 석고앙카(자천공앙카)
② 동공앙카
③ 특수앙카

| 석고앙카 |

| 동공앙카 |

| 특수앙카 |

## 3 인장강도

① 석고보드 9.5[mm]는 19[kg]
② 석고보드 12.5[mm]는 26[kg]
③ 베니어합판 5[mm]는 39[kg]

## 4 석고앙카

석고보드, 베니어합판 등과 같이 일반못이나 나사못으로 고정 및 부착이 어려운 물품들을 구조물에 확실하게 부착시킬 수 있는 새로운 타입의 앙카이다.

## 5 플라스틱 동공앙카

나사못이나 못을 박아도 자꾸 빠지는 석고보드, 베니어합판, 천장텍스, UBR 등 속이 비어 있는 벽이나 천장에 사용하고 부착시 약 20[kg] 정도의 무게를 지탱할 수 있다.

### • 석고앙카(자천공앙카)

**준비공구** 드라이버(+, −)

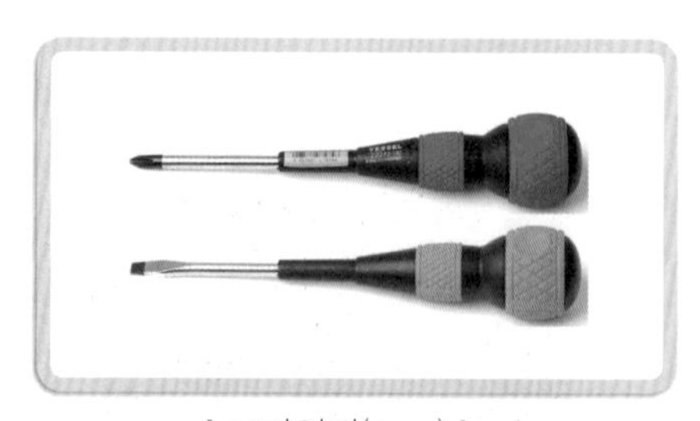

| 드라이버(+, −) |

**제품구성** 석고앙카, 나사못, 2단 옷걸이

❶ 석고보드에 드릴이 필요 없이 드라이버 하나로 간단히 설치가 가능하나 베니어합판 등 단단한 물체에 부착시에는 먼저 적당한 크기로 구멍을 뚫은 다음 부착한다.
- 기본형 나사길이 20[mm], 앙카길이 26[mm]
- 관통형 나사길이 35[mm], 앙카길이 28[mm]

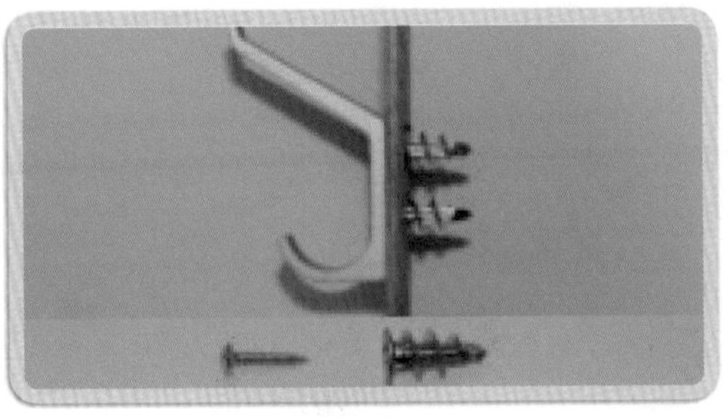

| 기본형 |

| 관통형(표시부분 관통) |

❷ 손으로 힘을 가하면서 석고앙카 몸체를 드라이버로 돌리면 석고보드나 베니어합판을 석고앙카가 뚫고 들어간다.

❸ 콘크리트천장 · 벽은 석고보드 또는 베니어합판 사이에 어느 정도 공간이 있는 경우 사용할 수 있고 공간이 없는 경우에는 사용이 불가능할 수 있다.

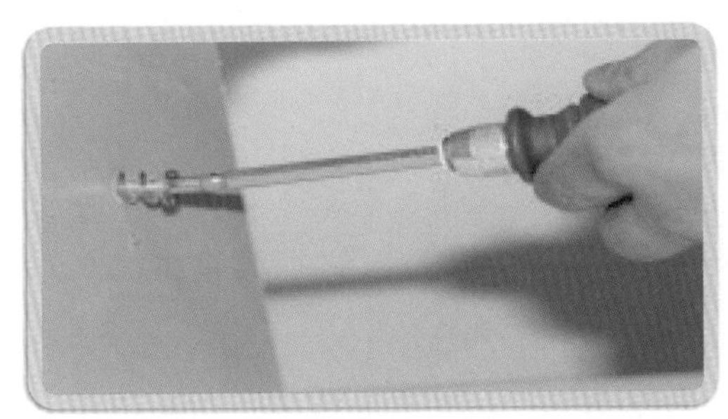

| 석고보드 등에 약간 힘을 가하면서 돌림 |

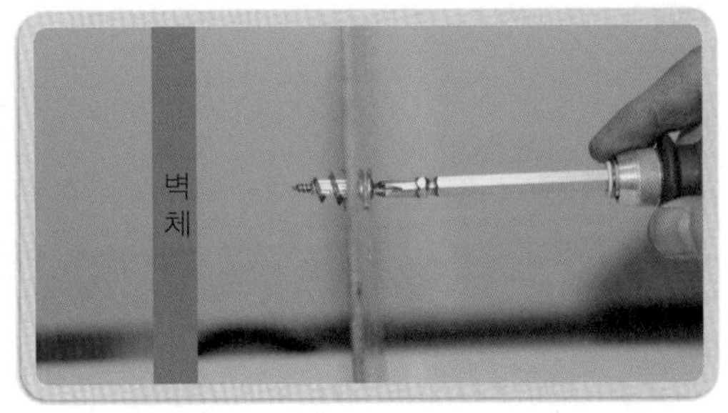


| 벽과 합판 사이에 공간이 있는 경우 가능 |

❹ 2단 옷걸이 구멍 수만큼 석고앙카 몸체를 끼우고 나사못으로 2단 옷걸이를 고정시키면 완성된다.

❺ 관통형은 나사못이 들어가면서 석고앙카 끝이 떨어져 나가고 나사못이 약간 길어도 불편함 없이 사용할 수 있다(제조사에 따라 석고앙카 끝이 떨어지지 않는 것도 있다).

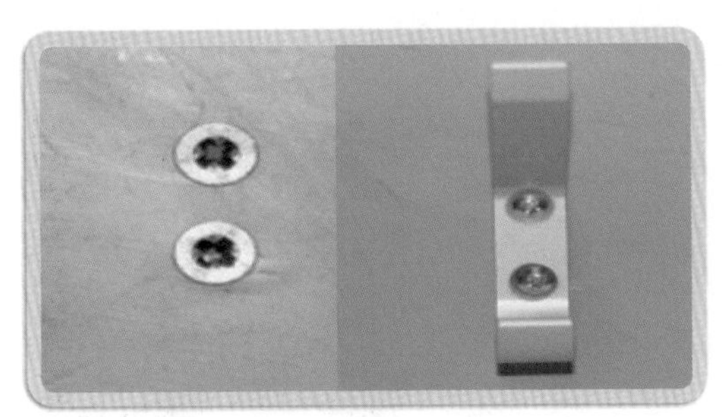

| 석고앙카 2단 옷걸이 나사못 고정 |

| 앙카 끝이 떨어지면 나사못 고정 |

## • 플라스틱 동공앙카

준비공구 드라이버(+, −) 또는 충전드릴 및 목재 또는 철재용 드릴비트

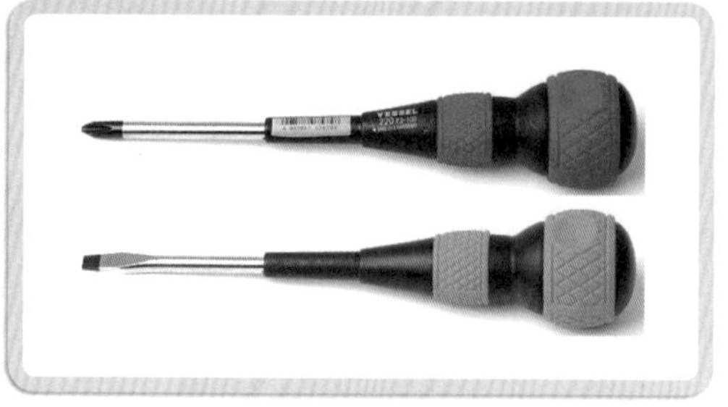

| 드라이버(+, −) |

| 충전드릴 |

제품구성 동공앙카, 나사못, 2단 옷걸이, 반코팅장갑

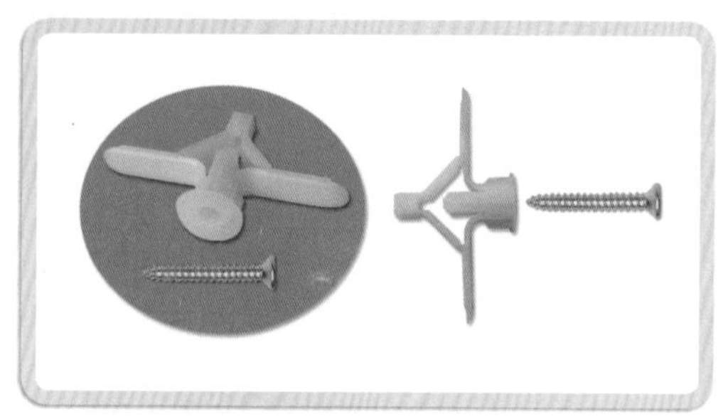

| 동공앙카 및 나사못 |

| 반코팅장갑 |

❶ 목재 또는 철재용 드릴비트로 약 10[mm] 크기의 베니어합판 또는 MDF 등에 구멍을 뚫는다.

❷ 동공앙카를 접어서 베니어합판 또는 MDF 등의 구멍 안에 밀어 넣는다.

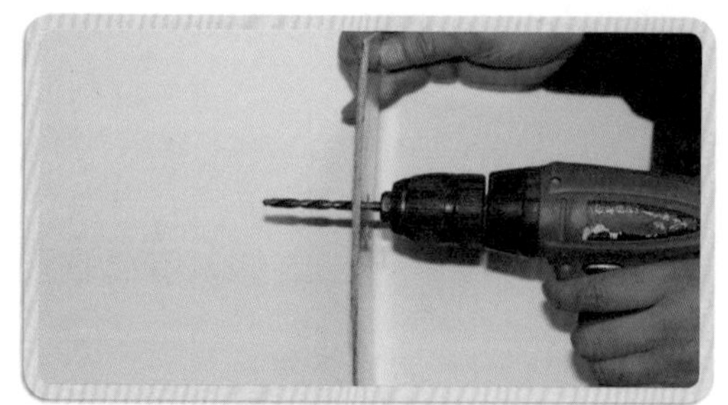

| 드릴비트 천공 |

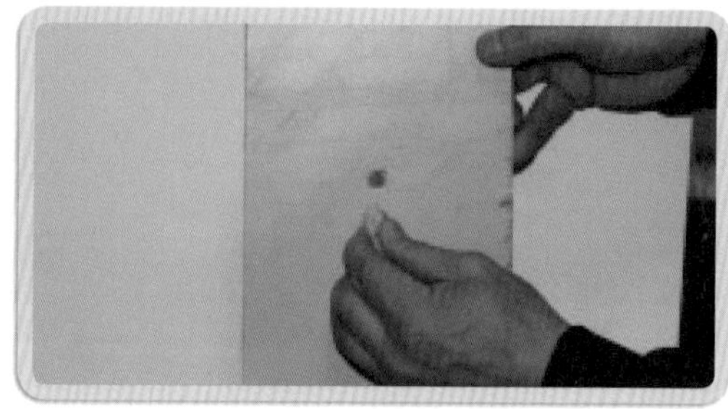

| 동공앙카 접어서 구멍 |

❸ 아래 왼쪽 사진은 베니어합판 또는 MDF 등에 동공앙카를 끼운 모습이다.
❹ 오른쪽 사진은 얇은 베니어합판에 동공앙카가 완전히 들어간 모습이다.

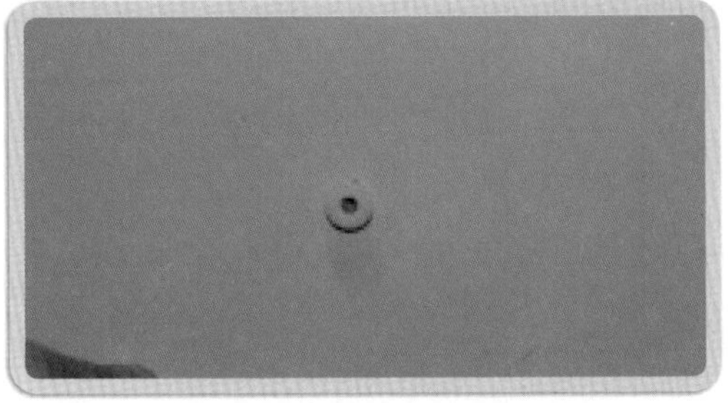

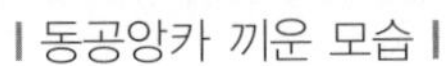
| 동공앙카 끼운 모습 |

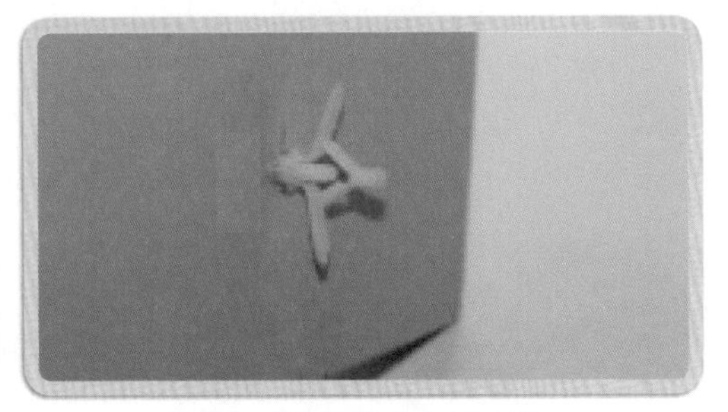

| 얇은 베이어합판 등에 사용 |

❺ 부착하고자 하는 베니어합판 또는 MDF 등을 나사못으로 고정시킨다. 부착한 대상 물품이 두꺼우면 나사못도 어느 정도 길어야 단단하게 고정된다.
❻ 동공앙카 및 나사못으로 2단 옷걸이를 완전히 고정시킨다.

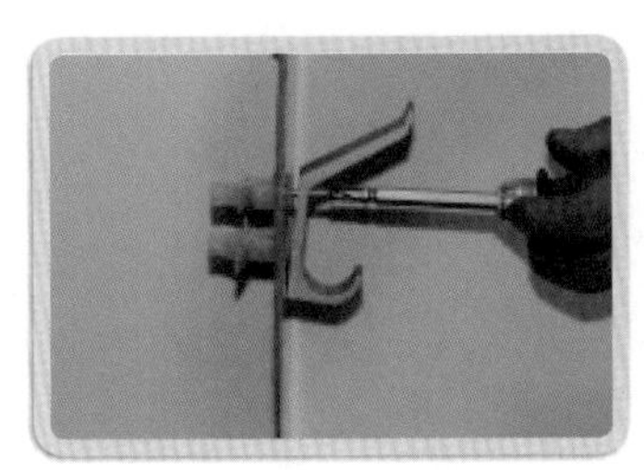

| 2단 옷걸이 나사못 고정 |

| 동공앙카 고정모습 |

| 동공앙카 뒷면 |

# 19 세트앙카볼트 시공하기

## 1 세트앙카볼트의 드릴비트 직경 선택법

(1) 세트앙카볼트 외경 10[mm]이면 드릴비트 직경 10[mm]를 사용한다.
(2) 세트앙카볼트 외경 12[mm]이면 드릴비트 직경 12[mm]를 사용한다.
(3) 세트앙카볼트 외경 14[mm]이면 드릴비트 직경 14[mm]를 사용한다.
(4) 세트앙카볼트 외경 17[mm]이면 드릴비트 직경 17[mm]를 사용한다.
(5) 세트앙카볼트 외경 22[mm]이면 드릴비트 직경 22[mm]를 사용한다.
(6) 세트앙카볼트 외경 25[mm]이면 드릴비트 직경 25[mm]를 사용한다.

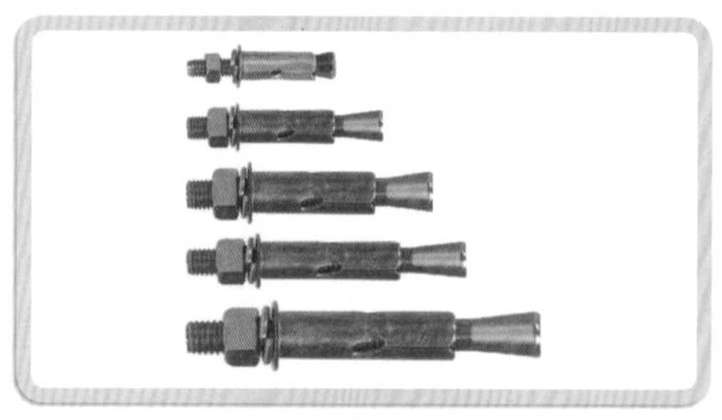

| 세트앙카볼트 |

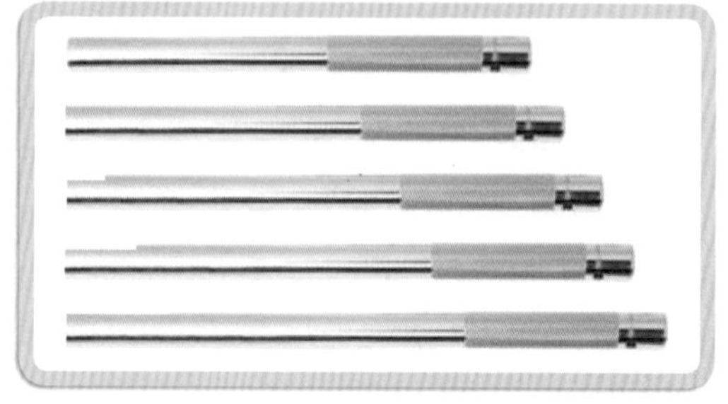

| 앙카펀치 |

콘크리트 천공시 세트앙카볼트의 외경과 같은 크기의 콘크리트용 드릴비트 직경을 사용한다.

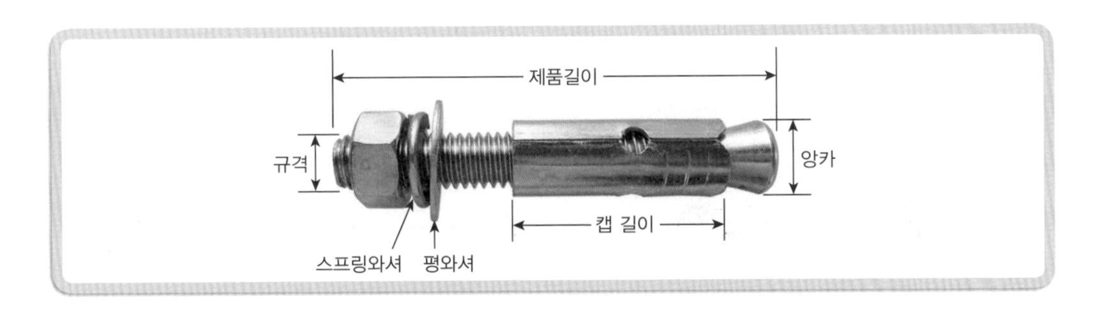


## 2 스트롱앙카

스트롱앙카는 칼블록과 같은 구조로 먼저 내벽 또는 외벽에 알맞은 크기의 구멍을 뚫고 너트식 앙카를 망치로 때려 고정시킨 후 굵기와 길이가 맞는 볼트를 선택하여 결합시키는 방법이다.

| 볼트 |

| 스트롱앙카 |

### 세트앙카볼트

**준비공구** 일반 전동드릴 또는 로터리 해머드릴, 콘크리트용 드릴비트, 망치

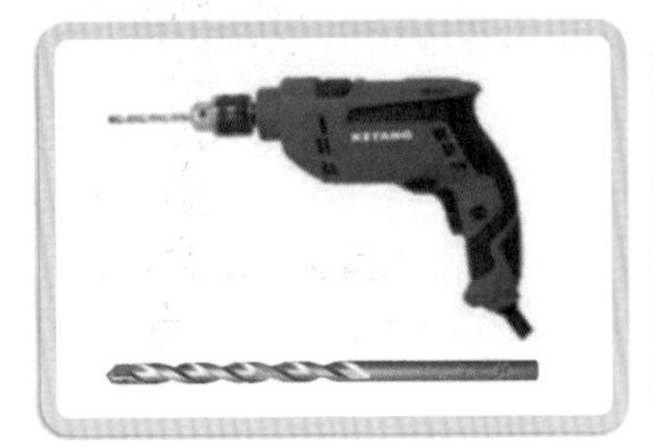

| 일반 전동드릴 및 드릴비트 |

| 로터리 해머드릴 및 드릴비트 |

| 망치(빠루망치) |

**제품구성** 세트앙카볼트, 앙카펀치

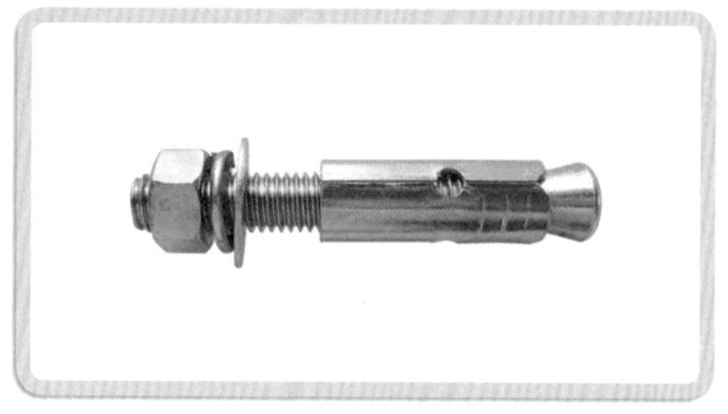

| 세트앙카볼트 |

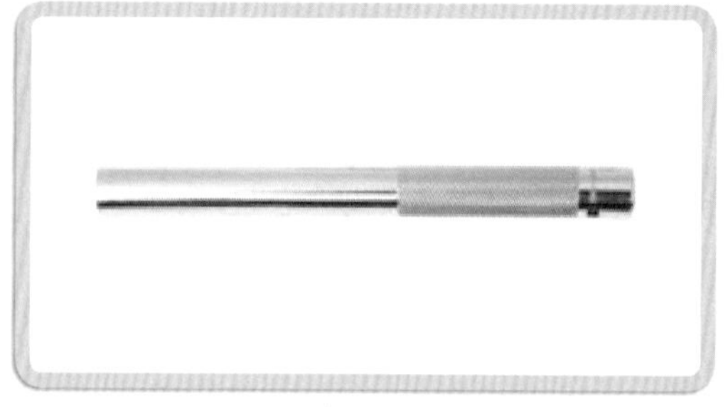

| 앙카펀치 |

❶ 세트앙카에 맞는 콘크리트용 드릴비트를 선택한 다음 앙카 캡 길이보다 약 3[mm] 더 길게 구멍을 뚫는다.

❷ 일반 드릴용 드릴비트는 10[mm]까지 사용이 가능하다.

❸ 로터리 해머드릴용 드릴비트는 10[mm] 이상인 경우 사용하는 것이 좋다.

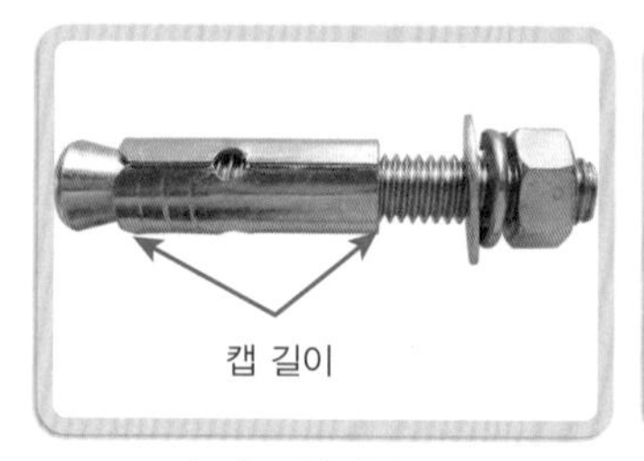


| 세트앙카볼트 |

| 벽 속의 세트앙카볼트 |

| 부품 끼우고 공구로 조임 |

❹ 세트앙카를 구멍에 넣은 다음 캡 길이가 벽과 수평보다 3[mm] 더 들어갈 때까지 앙카펀치와 망치로 넣는다.

❺ 앙카펀치는 앙카 캡을 망치로 때려 넣을 때 사용한다.

| 앙카볼트에 앙카펀치를 댄 모습 |

| 캡을 넣을 때 사용 |

## 스트롱앙카볼트, 칼블록 시공

**준비공구** 일반 전동드릴 또는 로터리 해머드릴, 콘크리트용 드릴비트, 앙카펀치, 스패너 세트, 망치, 드라이버(+, –)

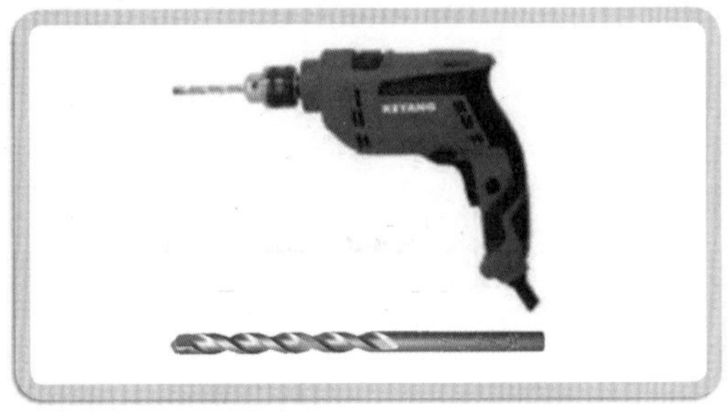


| 일반 전동드릴 및 드릴비트 |

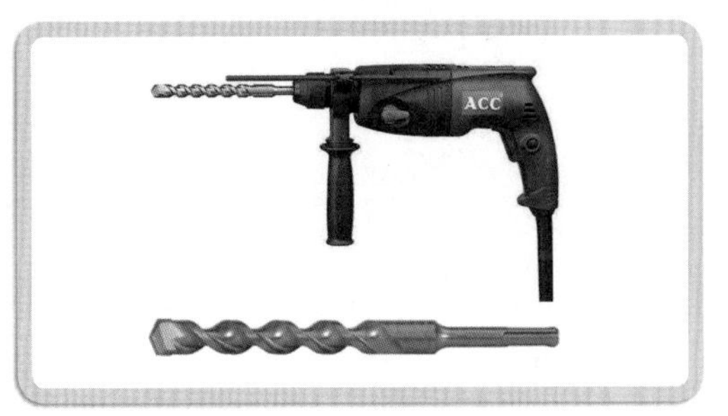


| 로터리 해머드릴 및 드릴비트 |

| 망치(빠루망치) |

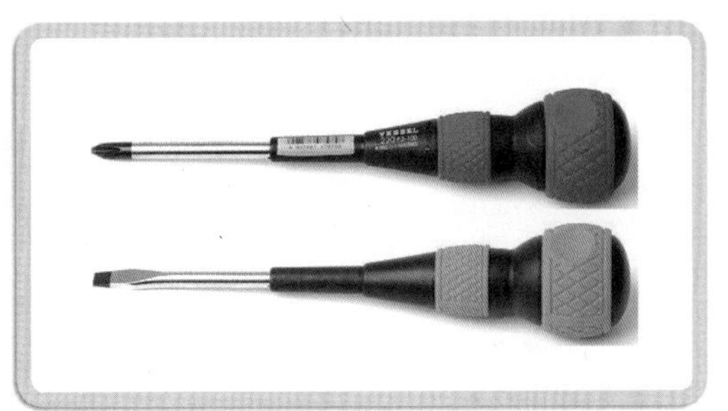

| 드라이버(+, –) |

**제품구성** 스트롱앙카볼트, 칼블록 및 나사못

❶ 콘크리트용 드릴비트를 사용하고자 하는 칼블록의 두께에 맞게 고른 다음 키타입척에 끼우고 키로 단단히 조인다(키레스척(자동)은 끼우기만 하면 된다).

❷ 깊이조절 게이지를 사용하거나 게이지가 없을 경우 드릴비트에 절연테이프 등으로 표시를 한 후 스트롱앙카 또는 칼블록의 길이만큼 구멍을 뚫는다.

❸ 스트롱앙카볼트를 구멍에 넣고 앙카펀치를 이용하여 잘 고정시키거나 칼블록을 넣고 고정시킨다.

❹ 부착물을 스패너, 소켓렌치 등을 이용하여 너트를 조이거나 또는 칼블록을 넣고 나사못을 드라이버를 이용해 시계방향으로 돌려서 고정시킨다.

chapter 02

# 화장실 · 부엌 관리

## 1 수원

### (1) 용수

① 상수(식용수) : 음료수, 조리용 등에 사용한다.

② 잡용수 : 살수용, 대 · 소변기 세척용, 냉방용 등에 사용한다.

### (2) 수질

① 물의 경도는 $1[m^3]$의 물속에 탄산칼슘 1[g]을 함유한 것이다.

② 탄산칼슘의 함유량에 따른 분류

| 극 연수 | 탄산칼슘 함유량 0~10[PPM] | 증류수, 멸균수로서 연관, 놋쇠관, 황동관을 침식시킨다. |
|---|---|---|
| 연 수 | 탄산칼슘 함유량 90[PPM] 이하 | 세탁 및 보일러 용수에 적당하다(일반 상수도물). |
| 적 수 | 탄산칼슘 함유량 90~110[PPM] | 강물 등이 여기에 속한다. |
| 경 수 | 탄산칼슘 함유량 110[PPM] 이상 | 세탁 및 보일러 용수 제지공업에 부적합하고 지하수 물이다. |

**플러스 tip 먹는 물의 수질기준**

- 경도 : 300[ppm] 이하
- 색도 : 5도 이하
- 탁도 : 1[NTU] 이하
- 증발잔유물 : 500[mg/L] 이하

## 2 급수의 압력

(1) 주택, 호텔, 병원의 급수 최고압력은 $3\sim4[kg/cm^3]$

(2) 일반건물의 급수 최고압력은 $4\sim5[kg/cm^3]$

## 3 수도직결

소규모 건물에 많이 사용한다.

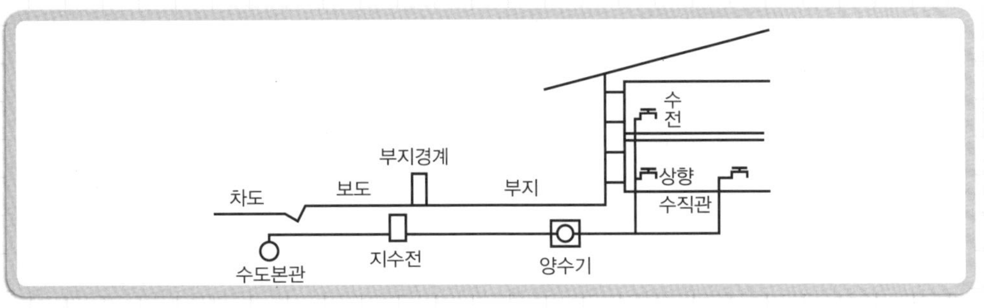


| 수도직결 흐름도 |

## 4 수도요금 감면받는 방법(가정용 급수 사용 수용가에 한함)

### (1) 상수도요금 전자고지(E-mail) 감면

① 대상은 상수도요금 자동이체 수용가로 상수도요금 고지서를 이메일로 수령(단, 자동이체 2회 이상 미납할 경우 자동해지)한다.

② 일정액(월 상수도요금 1[%] 또는 일정액)을 감면받을 수 있다.

### (2) 자가 검침 수용가 감면

① 수도사용가가 직접 수도사용량을 검침(원격검침 제외)하여 전화 등 통보(전화통보는 정해진 날짜)한다.

② 감면금액은 월 사용금액의 일정액 등 지자체에 따라 다르다.

### (3) 국민기초생활수급자 상수도요금 감면

①「국민기초생활 보장법」에 의한 국민기초생활수급자(일반, 조건부) 수도수용가의 생활안정을 위한 요금 감면이다.

② 감면금액은 월 사용요금의 50[%]이다.

③ 신청방법은 수급자 증명원을 상하수도사업소에 제출하면 된다.

월 중 수급지정자의 전출이나 보호, 해지 등 변동사항이 있을 경우 상하수도사업소에 신고해야 한다.

## 5 세면기 자동폽업과 수동폽업

### (1) 자동폽업

① 설치 및 사용이 쉽다.

② 자동폽업은 버튼을 누르듯 살짝 눌러주면 튀어 올라와 배수가 되고 닫을 때도 살짝만 눌러주면 된다(오염된 물에 손이 닿아야만 배수가 가능하다는 단점이 있다).

③ 재질은 스테인리스, 황동, 아연이 있다.

### (2) 수동폽업

① 설치는 자동폽업보다 조금 어렵다.

② 수동폽업은 배수 레버를 위로 잡아당기면 배수구가 닫히고 아래로 누르면 배수가 열리는 방식이다(오염된 물에 손이 닿지 않고 배수가 가능하다는 장점이 있다).

③ 재질은 스테인리스, 황동, 아연이 있다.

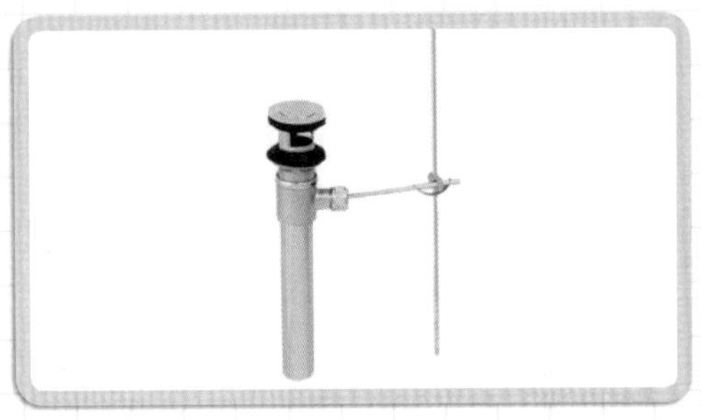

| 수동폽업 |

## 6 트랩의 목적

(1) 위생기구에서 배수된 잡배수의 악취, 유독가스, 벌레 등이 실내로 들어오지 못하도록 막아준다.

(2) 트랩의 유효 봉수길이는 일반적으로 50[mm] 이상 100[mm] 이하로 정해져 있다.

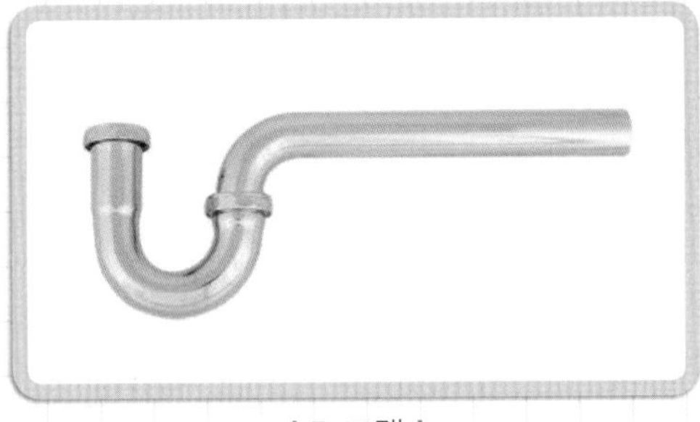

| P 트랩 |

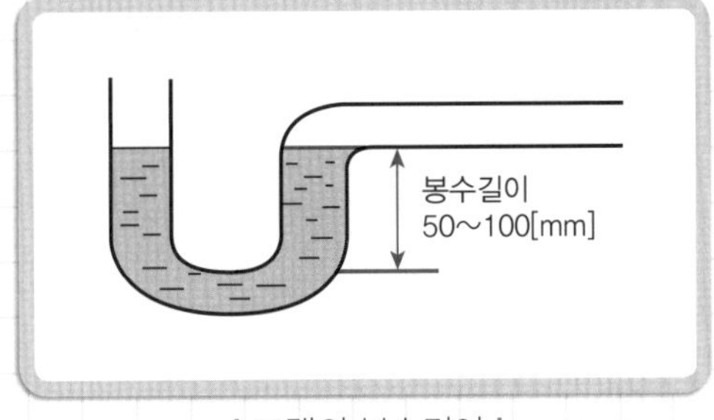


| 트랩의 봉수길이 |

## 7 트랩의 종류

### (1) S 트랩

① 세면기, 대변기, 소변기에 부착하여 바닥 밑의 배수 횡주(수평)관에 접속할 때 사용된다.

② 사이펀 작용을 일으키기 쉬워 봉수가 쉽게 파괴된다.

### (2) P 트랩

위생기구에서 가장 많이 쓰이는 형식으로 벽체 내외 배수입관에 접속하여 사용된다.

### (3) U 트랩

① 일명 가옥트랩 또는 메인 트랩이라고도 하며, 배수 횡주관 도중에 설치하여 공공하수관에서 하수가스의 역류방지용으로 사용하는 트랩이다.

② 수평배수관 도중에 설치한 경우 유속을 저해하는 결점이 있다.

| S 트랩 | | P 트랩 | | U 트랩 |

### (4) 드럼 트랩

주방싱크의 배수용 트랩으로 다량의 물을 고이게 하므로 봉수가 잘 파괴되지 않고 청소가 가능하다.

### (5) 벨 트랩

① 벨 트랩은 바닥 배수용으로 욕실바닥 등에 사용하고 있다.

② 규격은 50, 65, 75, 100[mm] 종류가 있고, 크기도 15×15[cm]이다.

③ 재질은 스테인리스이다.

### (6) 저집기

배수 중 여러 가지 유해물질, 불순물 등을 분리하고 동시에 트랩기능을 하는 기구이다.

① 그리스 트랩 : 주방 등에서 나오는 기름을 제거 · 분리시키는 기구이다.

② 샌드 트랩 : 배수 중 진흙, 모래가 혼합되어 있는 곳에 설치한다.

③ 헤어 트랩 : 이용원, 미장원 등 배수관에 모발 등이 침투하는 것을 방지한다.

④ 석고(플라스터) 트랩 : 치과의 기공실, 정형외과의 깁스실 등의 석고를 배수하는 장소에 사용한다.

⑤ 가솔린 트랩 : 가솔린을 수면 위로 뜨게 하여 휘발성분은 휘발시킨다. 주차장, 차고 등 바닥에 설치한다.

| 드럼 트랩 |

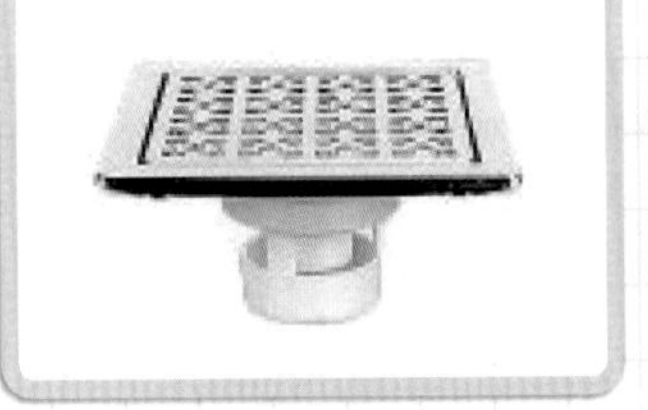

| 벨 트랩(유가로 사용) |

| 저집기(그리스 트랩) |

## 8 배수의 종류

(1) **잡배수** : 건물 내 오수 이외의 배수로 세면기, 싱크, 욕조 등에서 나오는 배수이다.

(2) **오수배수** : 수세식 화장실 등의 대 · 소변기로부터 오물을 포함하고 있는 배수이다.

(3) **우수배수** : 지붕에서 빗물을 배수하는 계통의 배수이다.

(4) **특수배수** : 유독 · 유해한 물질 및 수은 방사능 등을 포함하는 배수이다.

## 9 배수처리방식의 분류

(1) **합류처리** : 오수와 잡배수를 합쳐서 처리하는 방식

① 오수, 잡배수, 우수를 합쳐서 처리하는 방식

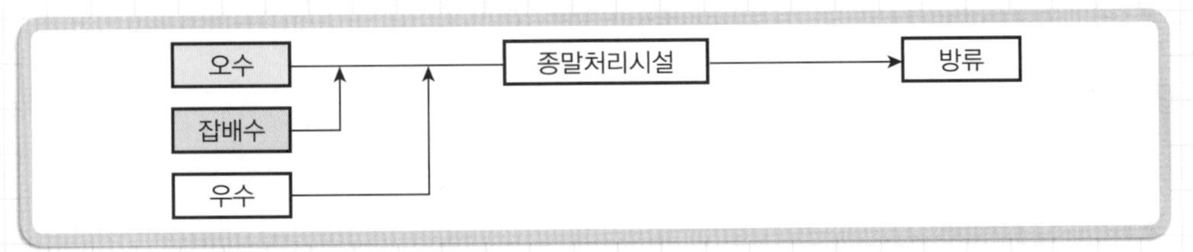


② 오수와 잡배수를 합쳐서 처리하고 우수를 방류 처리하는 방식

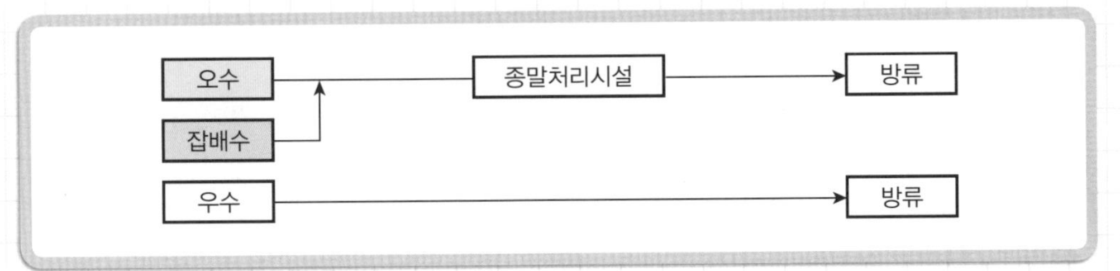

②의 방식이 각 지자체에서 BTL방식으로 많이 처리하는 방식이다.

③ 오수와 잡배수를 합쳐서 처리하고 우수와 같이 방류 처리하는 방식

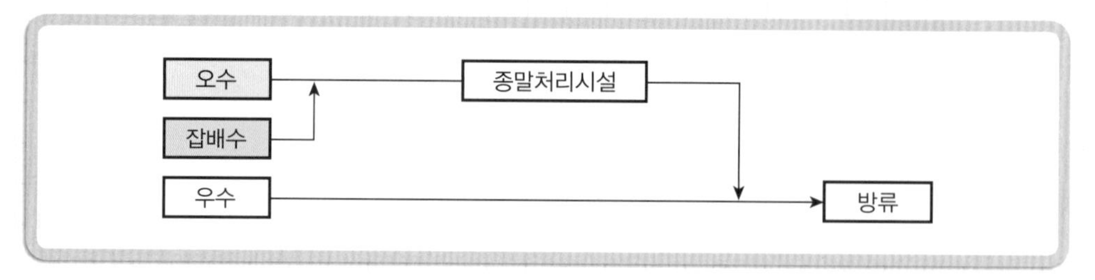


(2) **분류처리** : 오수와 잡배수를 분류해서 처리하는 방식

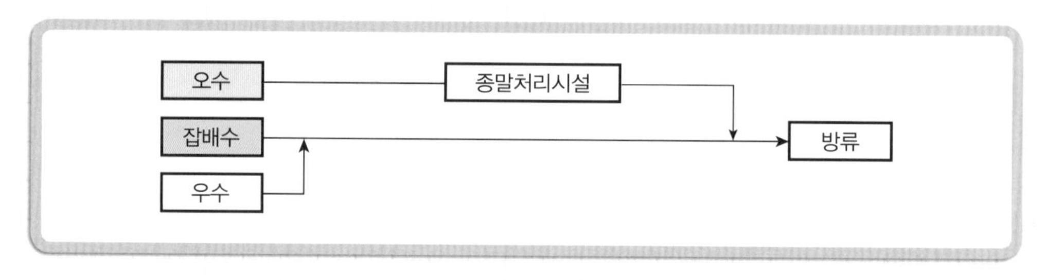


## 10 엑셀(XL) 부속 및 배관자재 명칭과 용도

(1) 규격부품 및 배관자재 선정

| 규격부품(내경)[mm] | 배관재(외경)[mm] |
|---|---|
| 15 | 20 |
| 20 | 26 |
| 25 | 33 |
| 32 | 42 |
| 40 | 47 |

① 일반 가정용 배관 및 수도꼭지 내경은 대부분 15[mm]로 외경은 약 20[mm]가 된다(수도 계량기는 13[mm]이다).

② 규격 배관 부속품을 선택할 경우 : 규격15[mm] 또는 규격15[A]는 내경으로 표시한다.

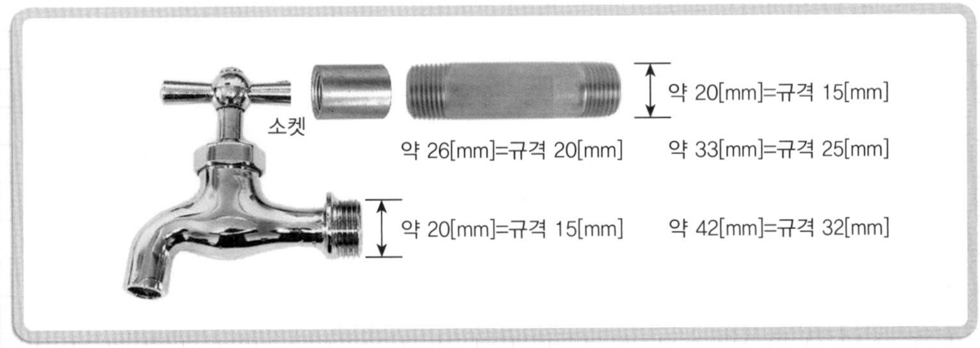


| 규격 배관 부속품 |

### (2) 엑셀(XL) 배관 및 부품에 필요한 공구

① 몽키스패너(10~12인치) 또는 파이프렌치(12~14인치)

② 엑셀(XL) 커터

③ 쇠톱 등

| 몽키스패너 |

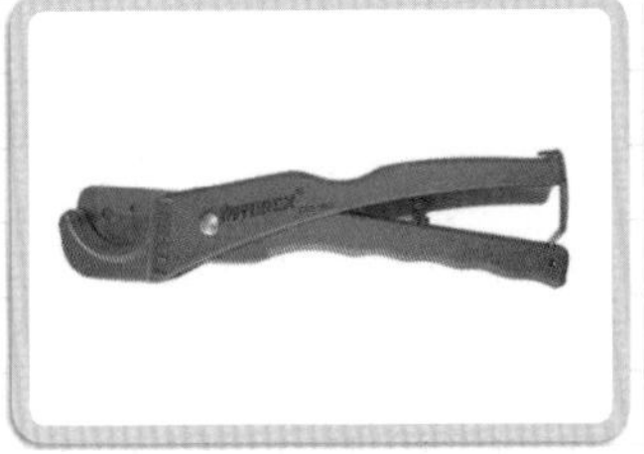

| 엑셀(XL) 커터 |

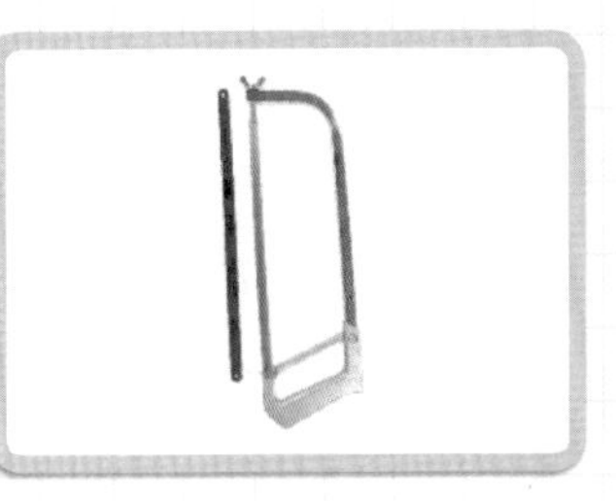

| 쇠톱 |

### (3) 부품 결합

① 쇠와 쇠가 연결되는 나사산은 테프론테이프를 약 10~20회 정도 감고 체결한다.

② 부속을 단단하게 조일 때에는 2개의 공구를 가지고 체결한다.

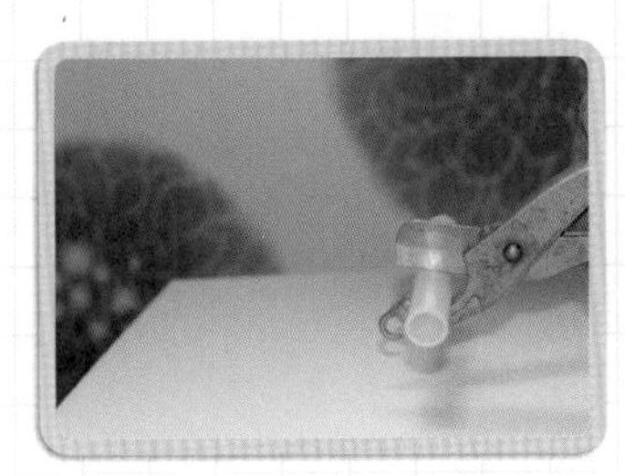

| XL 자르는 과정 |

| 부속품 |

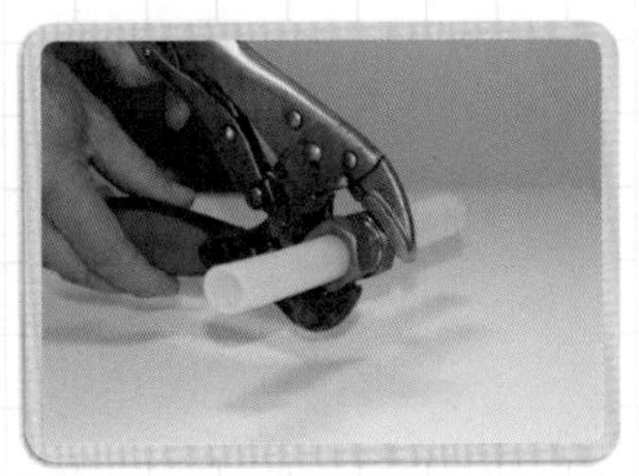

| 공구 2개 사용 |

(4) 엑셀(XL) 부속의 명칭과 용도

① 양 엘보 : 엑셀관의 방향을 바꿀 때 직각으로 꺾이는 부분에 사용한다.

② 삼티 : 엑셀관의 1개를 추가배관이 필요할 때 사용한다.

③ 커플링(유니온) : 엑셀관과 엑셀관 상호 연결 또는 조인트에 사용한다(커플링=유니온=조인트).

④ 니플 : 서비스 엘보 및 암나사가 있는 철 부속과 연결시 사용한다.

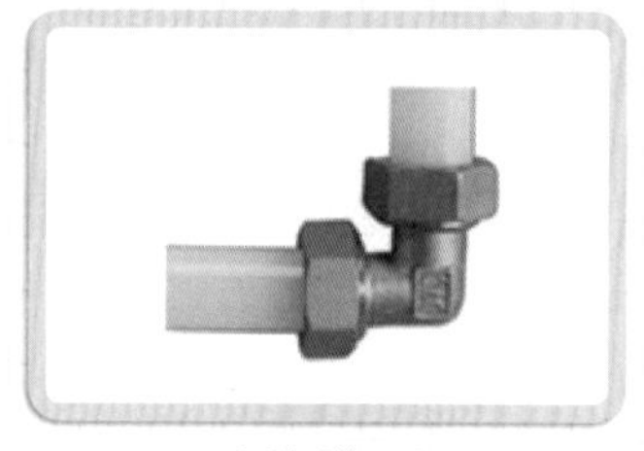
| 양 엘보 |

| 삼티 |

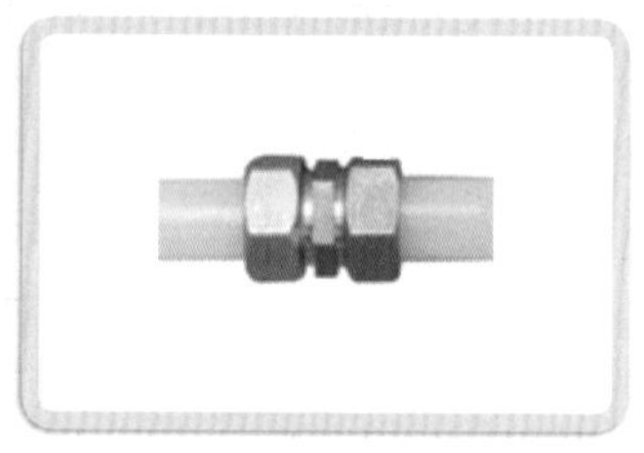
| 커플링(유니온) |

⑤ 엘보 소켓 : 수전 엘보 및 수도꼭지를 부착하고 수나사가 있는 철 부속과 연결하여 사용한다.

⑥ 밸브 소켓 : 발소 암나사가 있는 철 부속과 호스를 연결시 사용한다.

⑦ 수전 소켓 : 반대 발소 수나사가 있는 철 부속과 호스를 연결시 사용한다.

⑧ 티 소켓 : 수전 티 수도꼭지 부착이나 수나사가 있는 철 부속과 연결시 사용한다.

| 엘보 소켓 |

| 밸브 소켓 |

| 수전 소켓 |

| 티 소켓 |

⑨ 헤드밸브 : 암나사가 있는 철 부속과 호스 중간에 사용하는 밸브로 주로 보일러 배관에 사용한다.

⑩ 커플링 : 호스와 호스 중간에 연결하는 밸브이다.

⑪ 새들 : 호스나 전선관 등을 고정시킬 때 사용한다.

⑫ 고정 엘보 소켓 : 벽에 고정시킬 수 있도록 제작된 수전 엘보이다.

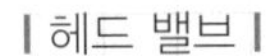

| 헤드 밸브 |

| 커플링 |

| 새들 |

| 고정 엘보 소켓 |

(5) **부속품과 엑셀(XL)관 연결방법**

① 너트, 링 분리 후 엑셀 너트, 링을 끼운다.

② 엑셀 파이프를 부속 끝까지 밀어준다.

③ 소켓과 엑셀(XL)관을 준비한다.

④ 관에 너트 · 링을 끼운다.

⑤ 공구를 사용하여 너트를 조립한다.

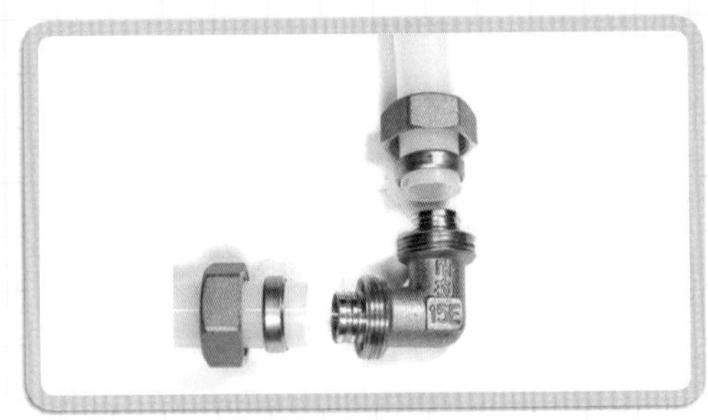

| 너트, 링 분리 후 엑셀 너트, 링 끼움 |

| 엑셀파이프를 부속 끝까지 밀어줌 |

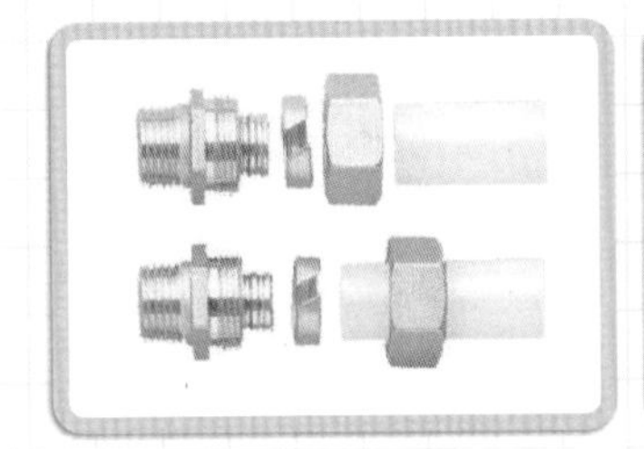

| 소켓과 엑셀(XL)관 준비 |

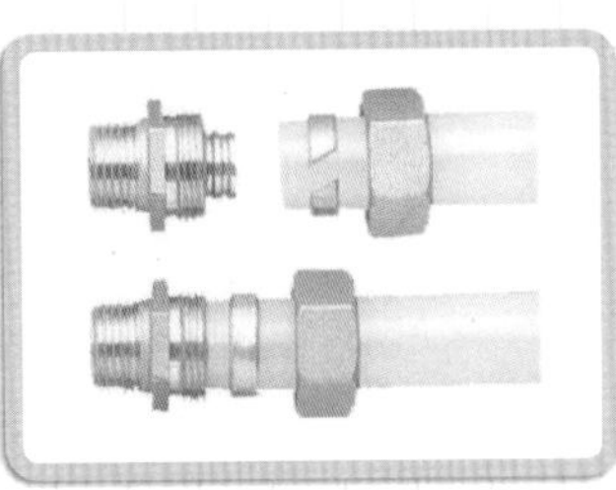

| 관에 너트 · 링 끼움 |

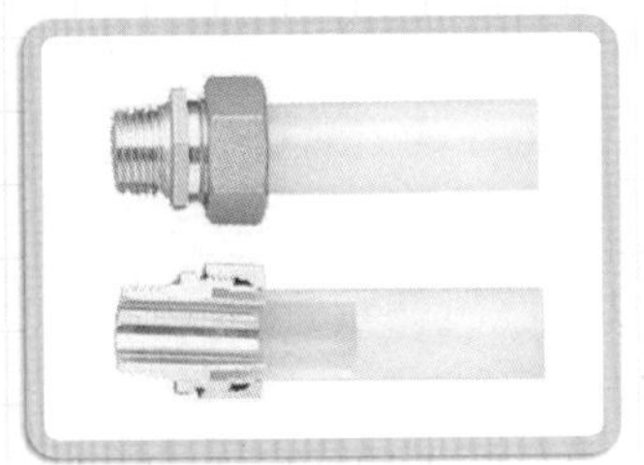

| 너트 조립 |

## 11 온수분배기

분기헤드의 구조는 같지만 입 · 출수관의 규격이 20[A]는 가스보일러, 25[A]는 기름보일러 분배기로 사용된다.

### (1) 온수분배기의 구조

① 분배기는 공급관과 환수관으로 구분된다.

② 가스보일러는 공급관과 환수관 20[A]를 사용하고 있다.

③ 기름보일러는 공급관과 환수관 25[A]를 사용하고 있다.

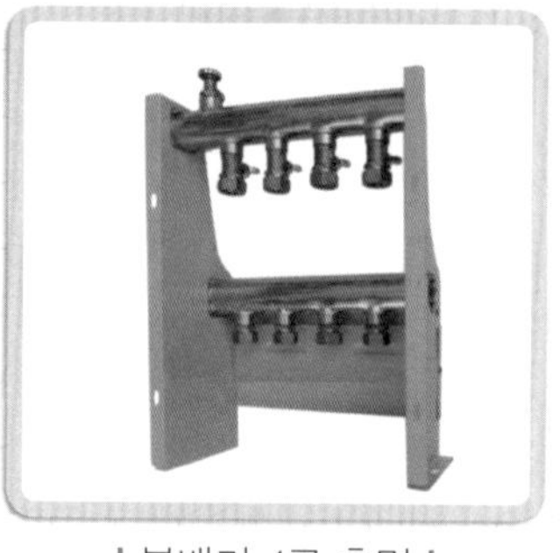

| 분배기 4구 후면 |

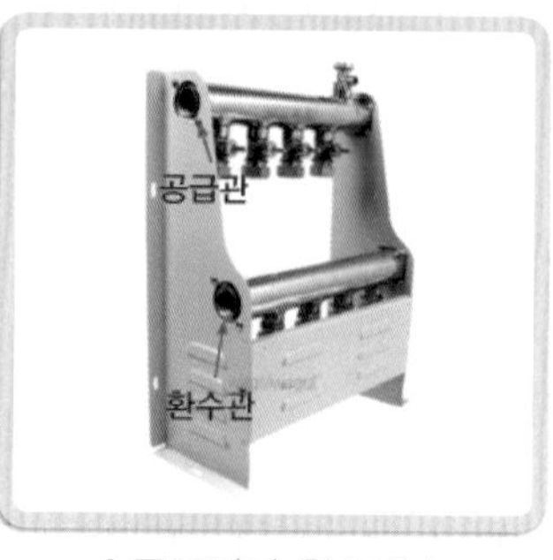


| 공급관과 환수관 |

| 레버 · 나비 헤드 밸브 |

가스보일러일 경우 지역에 따라 상부에 공급관(따뜻한 물 공급)과 환수관(식은 물 환수)이 있는 제품을 사용하기도 한다.

④ 퇴수(공기빼기) 밸브는 최초 배관에 온수가 공급되면서 공기가 들어가게 되는데 이때 공기를 빼주거나 압을 조절해 준다.

### (2) 온수분배기의 재질 및 크기

① 재질 : 스테인리스, 동, 철

② 분기헤드 4구는 높이 40[cm], 폭 14[cm], 가로 28[cm]이다(제조사에 따라 높이 길이 폭이 다를 수 있다).

| 구 분 \ 모 델 | 2구 | 3구 | 4구 | 5구 | 6구 | 7구 | 8구 |
|---|---|---|---|---|---|---|---|
| 밸브 수 | 2 | 3 | 4 | 5 | 6 | 7 | 8 |
| 길이[cm] | 160 | 220 | 280 | 340 | 400 | 460 | 520 |
| 최고사용온도[℃] | 140 | | | | | | |
| 높이[cm] | 40~60 | | | | | | |
| 내압[kg/cm$^2$] | 15 | | | | | | |

**누수의 원인**

보일러에는 온수(급탕)배관과 난방배관이 있는데 온수(급탕)온도는 70~80℃이고, 난방온도는 35~45℃이므로 오래된 아파트는 대부분이 온수(급탕)배관에서 많이 파손되어 누수가 발생되며 온수분배기, 난방배관 순으로 파손되어 누수가 발생되고 있다.

(3) 온수분배기의 설치

① 건축물의 평면 배치도

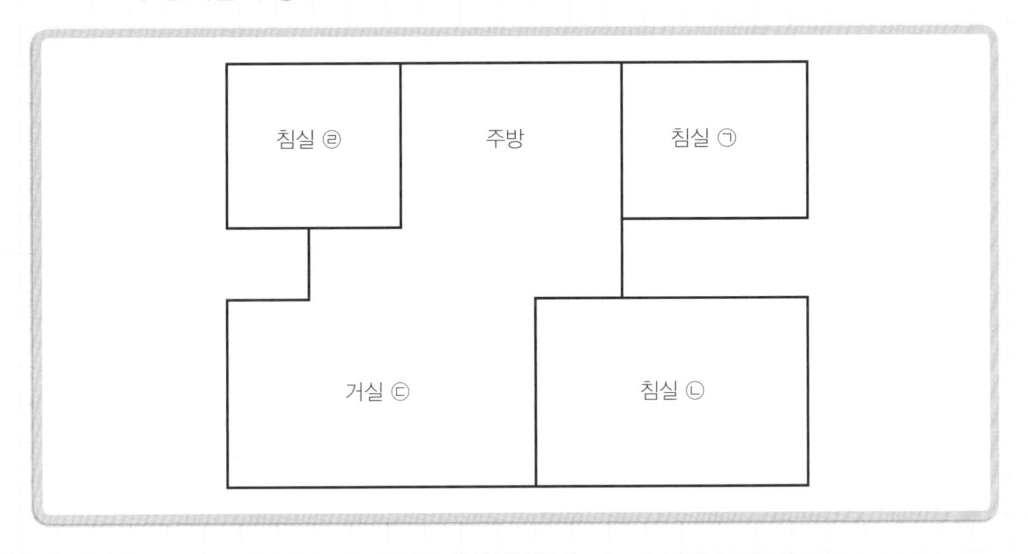


② 온수분배기의 설치 상세도(분기헤드 4구는 공급관과 환수관 1Set에 밸브 수가 4개 또는 8개)

- 분기헤드 1구(상 · 하 밸브 1 Set) : 침실 ㉠
- 분기헤드 2구(상 · 하 밸브 1 Set) : 침실 ㉡
- 분기헤드 3구(상 · 하 밸브 1 Set) : 거실 ㉢
- 분기헤드 4구(상 · 하 밸브 1 Set) : 침실 ㉣

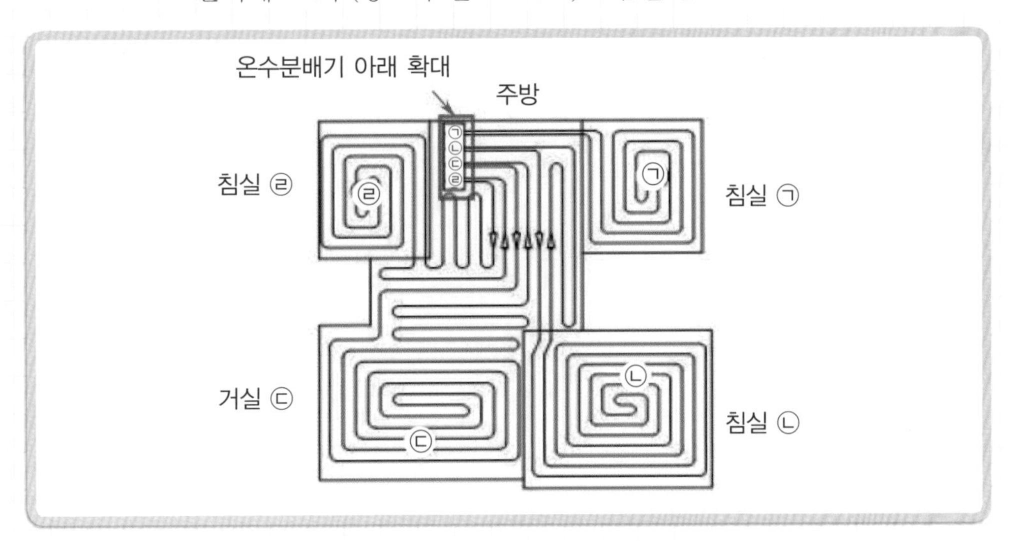

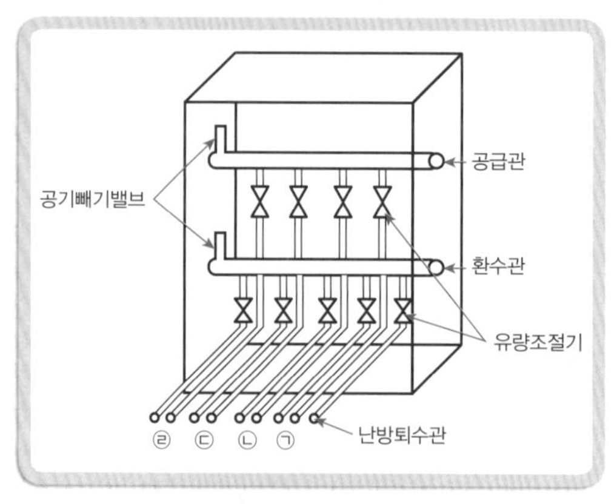


| 온수분배기 확대 상세도 |

③ 온수분배기 상세도(위쪽 그림)

- ㉠은 침실 ㉠의 공급관과 환수관이다.
- ㉡은 침실 ㉡의 공급관과 환수관이다.
- ㉢은 거실 ㉢의 공급관과 환수관이다.
- ㉣은 침실 ㉣의 공급관과 환수관이다.

④ 만약 ㉢ 배관에서 누수가 되면 거실 ㉢이므로 공급관과 환수관의 유량조절밸브를 잠그고 침실 ㉠, 침실 ㉡, 침실 ㉣ 사용이 가능하다.

**보일러용량 선정방법(난방면적의 용량[kcal/h])**

- 1평(3.3[$m^2$])당 단열상태가 양호한(잘 된) 주택은 400[kcal/h], 단열상태가 보통(중간)인 주택은 500[kcal/h]이고, 단열상태가 나쁜(매우 나쁨) 주택은 600[kcal/h]이다.
- 32평의 단열이 보통인 주택의 용량은 32평×500[kcal/h]=16,000[kcal/h]이다.
  ∴ 가정의 보일러용량은 16,000[kcal/h] 선정

## 12 홈통

### (1) 처마홈통

① 물 흘림 경사는 안 홈통은 $\frac{1}{50}$ 정도, 밖 홈통은 $\frac{1}{100}$에서 $\frac{1}{200}$ 정도로 한다.

② 처마홈통은 4[cm] 이상 겹쳐 납땜을 한다.

③ 홈걸이(걸이쇠) 띠쇠의 간격은 서까래 간격에 따라 85~135[cm] 간격으로 한다(보통 90[cm] 간격).

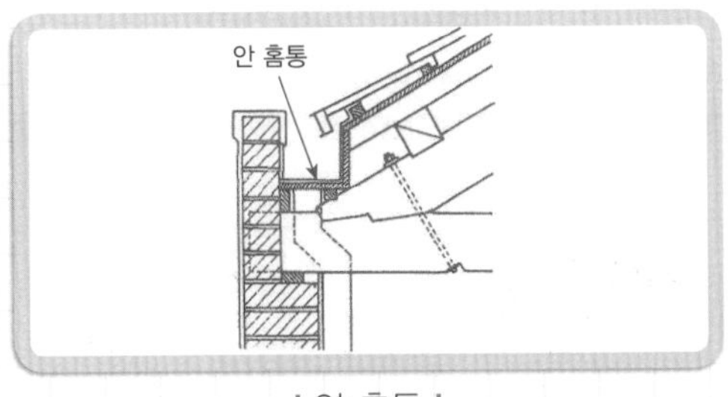

| 안 홈통 |

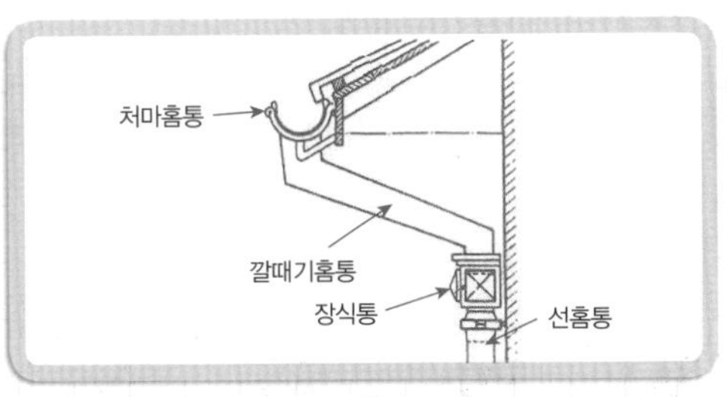


| 밖 홈통 |

(2) 선홈통

① 선홈통은 원형 또는 각형을 쓰고 상 · 하 겹침은 5[cm] 이상으로 한다.

② 선홈통의 길이 간격은 85~120[cm] 정도로 한다(보통 100[cm] 간격).

③ 선홈통 하부에는 높이 120~180[cm] 정도까지 철관 등으로 보호한다.

④ 선홈통 위는 깔때기홈통 또는 장식(모임)통을 받고, 밑은 지하 배수토관에 직결하거나 낙수받이 돌 위에 빗물이 떨어지게 된다.

⑤ 선홈통은 처마길이 10[m] 이내마다 또는 굴뚝 등으로 처마홈통이 단절되는 구간마다 설치한다.

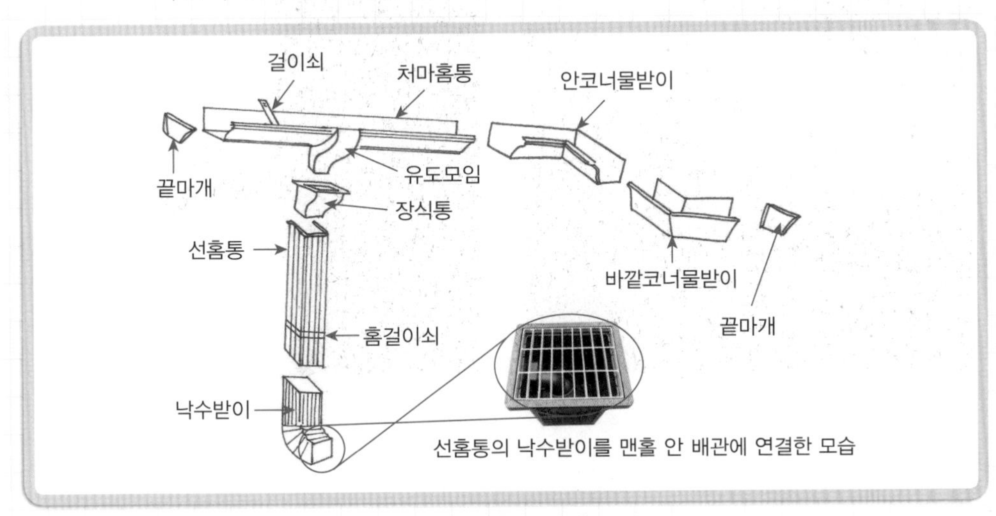


| 처마 및 선홈통 연결구조 |

(3) 깔때기홈통

① 처마홈통과 선홈통을 연결하는 깔때기 모양의 홈통이다.

② 15~30° 기울기로 설치하며 선홈통 또는 장식통에 깊이 꽂는다.

### (4) 장식(모임)통

① 깔때기홈통을 받아 선홈통 상부에 연결하는 장식을 겸한 것이다.

② 모양은 원형과 각형이 있으며 외부는 장식적으로 꾸민다.

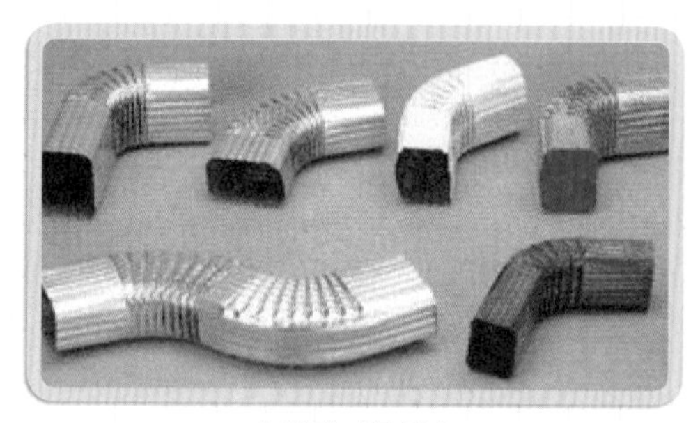

| 깔때기홈통 |

| 장식(모임)통 |

### (5) 학각

① 선홈통에 연결하지 않고 처마홈통에서 직접 밖으로 빗물을 배출하도록 된 것이다.

② 모양은 여러 장식이 있으나 학, 두루미 형이 대부분이며 장식을 겸한다.

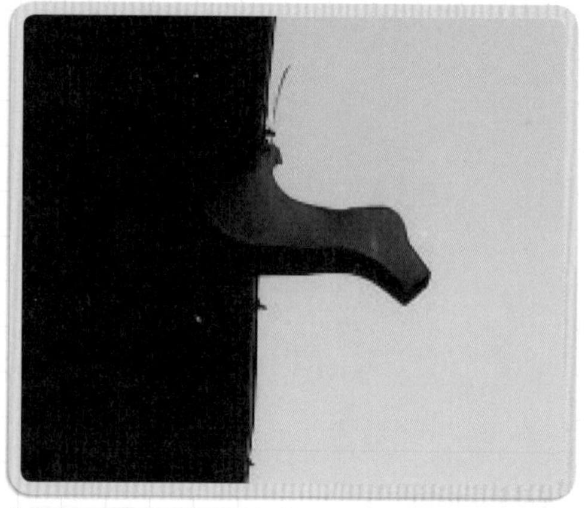

| 학각 |

### (6) 홈통공사의 처마홈통 및 선홈통 지지금구

| 컬러밴드 |

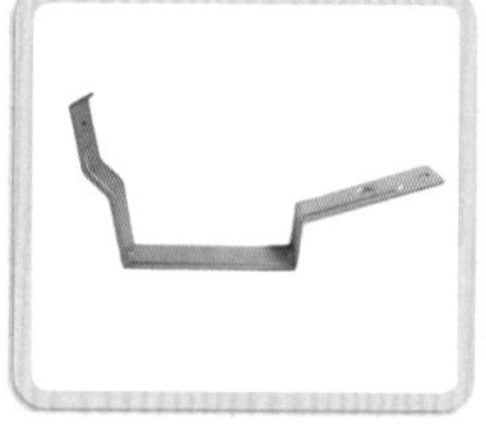

| 걸이쇠(처마) |

| 판넬용 선홈통반도 |

| 앙카 선홈통반도 |

# 01 수도꼭지 패킹 교환하기

## 1 물이 새거나 손잡이가 헛돌 경우

(1) 물이 새는 경우

물이 샐 때는 수도꼭지 패킹이 마모 및 노후된 것으로 새것으로 교환한다.

(2) 손잡이가 헛돌 경우

① 손잡이와 수도꼭지 연결 부위의 나사가 마모 또는 풀리는 경우이다.

② 손잡이와 수도꼭지 연결 부위의 나사가 이상이 없는 경우에는 수도꼭지 패킹이 마모된 경우이다.

## 2 수도꼭지 패킹 교환이 가능한 꼭지

| 일자가로꼭지 |

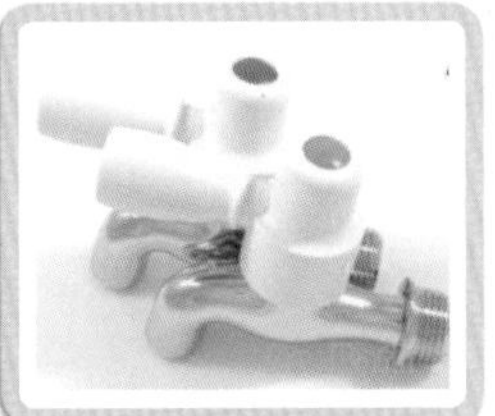

| 원스톱꼭지 |

| 아크릴꼭지 |

| 십자커플링꼭지 |

원터치형(냉수 · 온수) 수전은 카트리지가 들어 있어서 수리가 불가능하다.

## 3 수도꼭지의 종류

(1) 일자가로꼭지, 십자가로꼭지, 원스톱가로꼭지, 아크릴가로꼭지 등

| 일자가로꼭지 |

| 십자가로꼭지 |

| 원스톱가로꼭지 |

(2) 아크릴세로꼭지, 십자세로꼭지, 목돌림꼭지

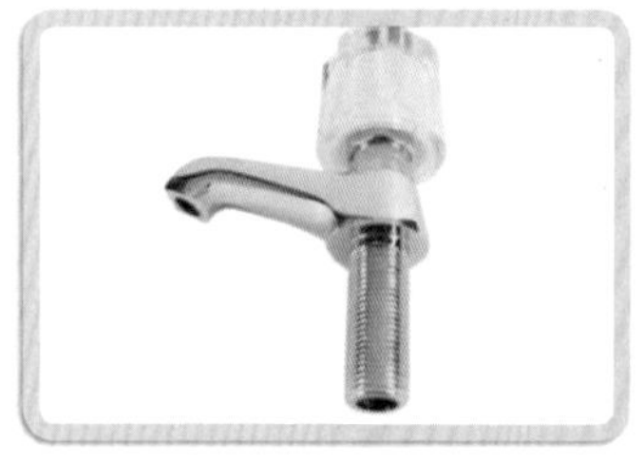
| 아크릴세로꼭지 |

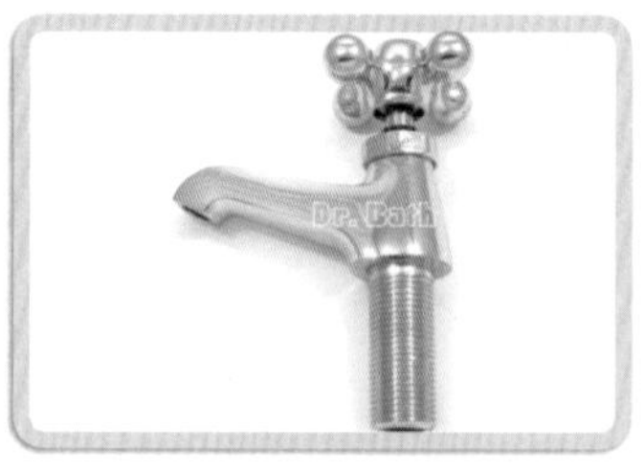
| 십자세로꼭지 |

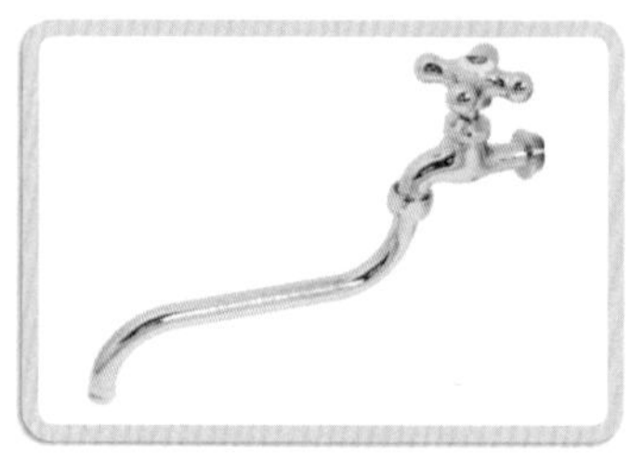
| 목돌림꼭지 |

(3) 다용도꼭지, 관붙이 앵글밸브, 고압호스(세면기용, 양변기용)

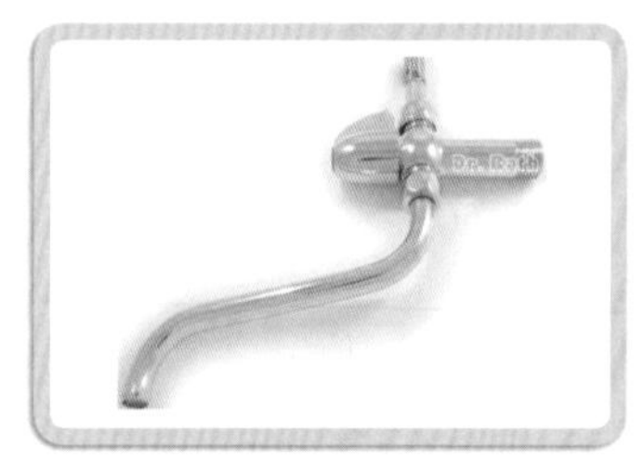
| 다용도꼭지 |

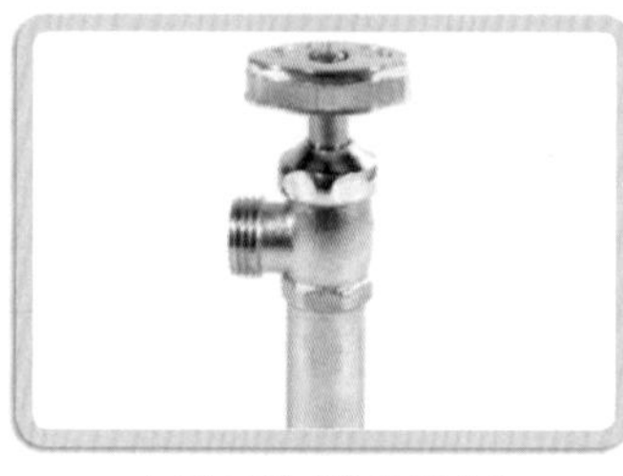
| 관붙이 앵글밸브 |

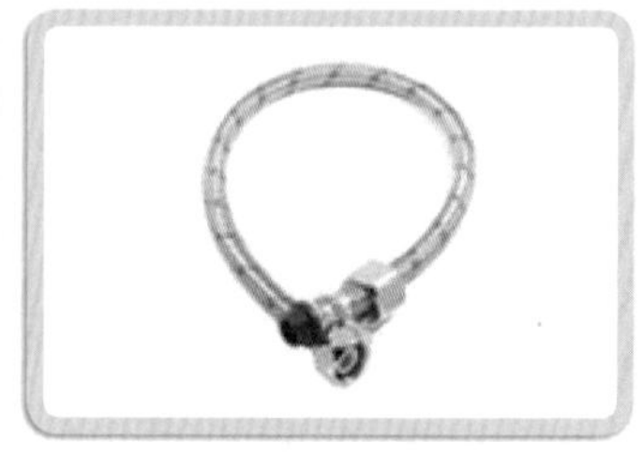
| 고압호스 또는 조절대 |

고압호스는 용도에 따라 분류하면 세면기용 · 양변기용 · 연결용이 있다.

## 4 커플링 수도꼭지에 호스 등을 연결하여 사용하는 방법

(1) 커플링 수도꼭지 나사에 샤워기, 다기능 분사기 또는 메탈호스를 연결하여 발코니 청소 및 화단 물주기 등을 할 수 있다.

(2) 커플링 수도꼭지에 세탁기 급수호스를 연결하여 사용하거나 또는 일반호스를 연결하여 사용하면 편리하다.

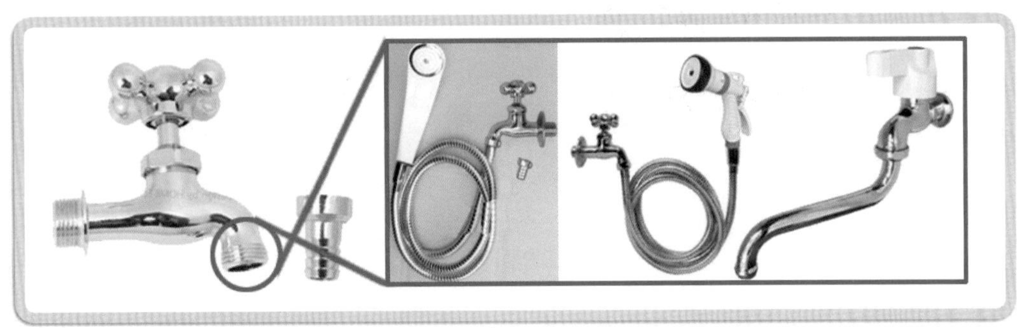

| 커플링 수도꼭지(커플링 분리) | | 커플링 수도꼭지로 샤워기 및 분사기 등 사용 |

## 5 외부에 설치된 수도관의 겨울철 동파방지 방법

(1) 수도관을 설치 및 교체할 경우에는 겨울철을 고려하여 '부동전'으로 시공하는 것이 겨울철 동파도 방지하고 물이 얼지 않게 사용할 수 있다.

부동전 밸브를 잠그면 하단에 '퇴수공'이 있어서 물이 빠져 나가도록 수도꼭지를 열어준다 (단, 시공할 때 퇴수공 주위는 반드시 모래나 자갈을 사용하여 물빠짐이 잘 되도록 한다).

(2) 수도관이 외부에 설치되어 있는 경우에는 보온재를 20T 이상 사용하여 겨울철 동파를 방지한다(20T=20[mm]=2[cm]).

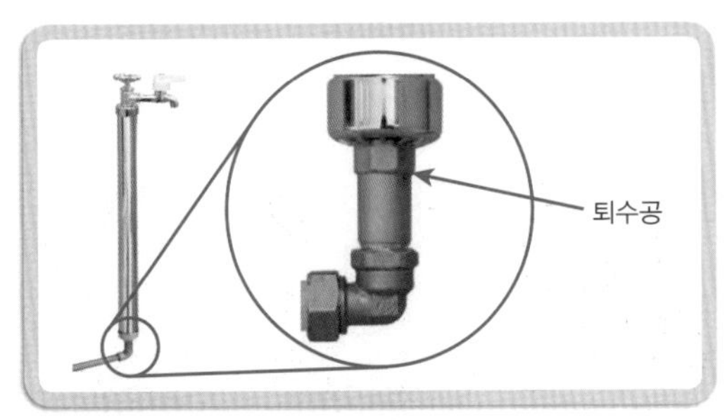


| 부동전 설치 |

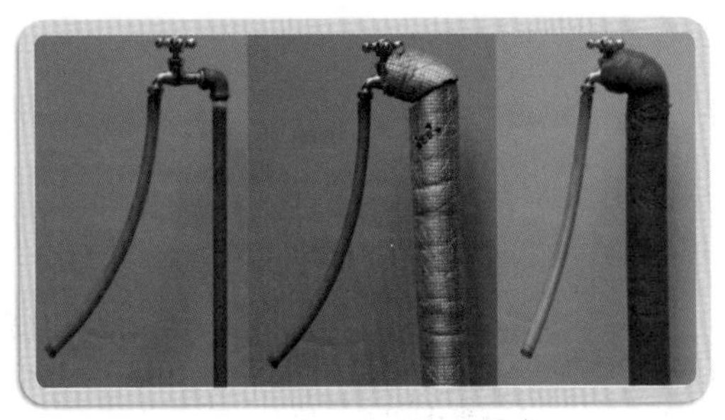

| 수도관 보온재로 보온 |

**준비공구** 송곳 또는 드라이버(+, −), 몽키스패너 또는 롱로즈플라이어

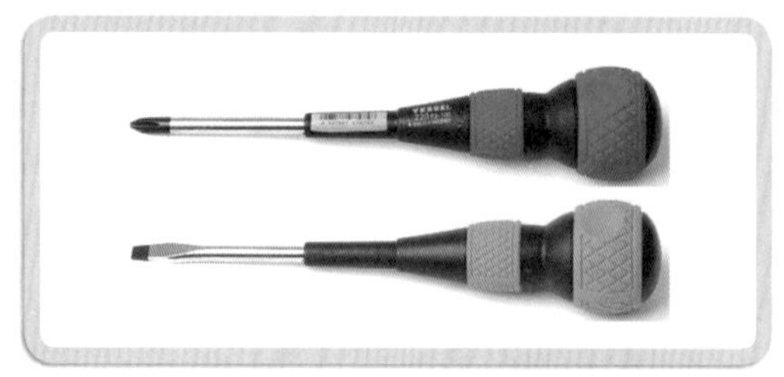

| 드라이버(+, −) |

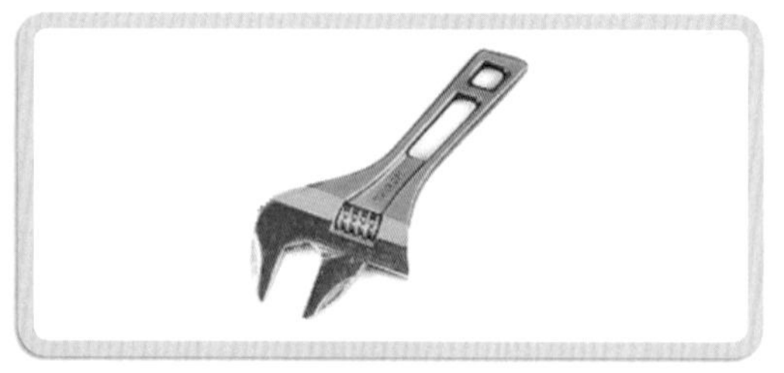

| 몽키스패너 |

**제품구성** 팽이형 고무패킹, 일반 고무패킹

| 팽이형 고무패킹 |

| 일반 고무패킹 |

❶ 수도꼭지 손잡이 위쪽 캡(볼트)을 송곳 또는 드라이버로 연다.

❷ +(십)자 드라이버로 아크릴 손잡이 가운데 나사를 풀고 아크릴 손잡이를 빼낸다(수도꼭지를 돌려도 물이 잠기지 않고 헛돌 경우에는 수도꼭지 안쪽의 걸림 부분이 마모가 된 경우이므로 새것으로 교환).

❸ 몽키스패너 등으로 몸체와 연결된 캡(볼트)을 풀어낸다.

❹ 캡(볼트)을 열어보면 팽이형 고무패킹이 보인다. 패킹을 롱로즈플라이어, 드라이버 등으로 빼내고 새 팽이형 또는 일반 고무패킹으로 교환한다.

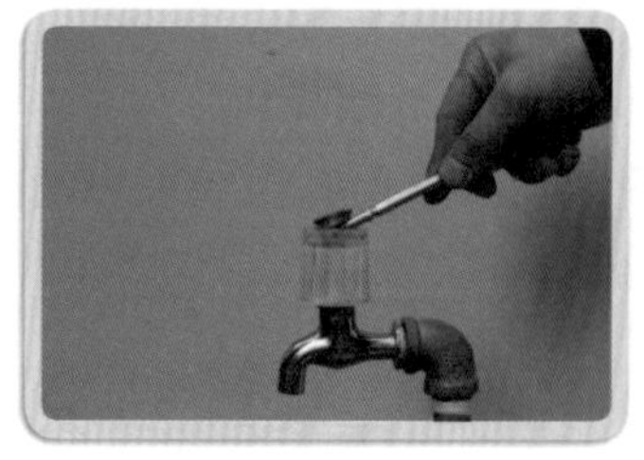

| 캡을 연다. |

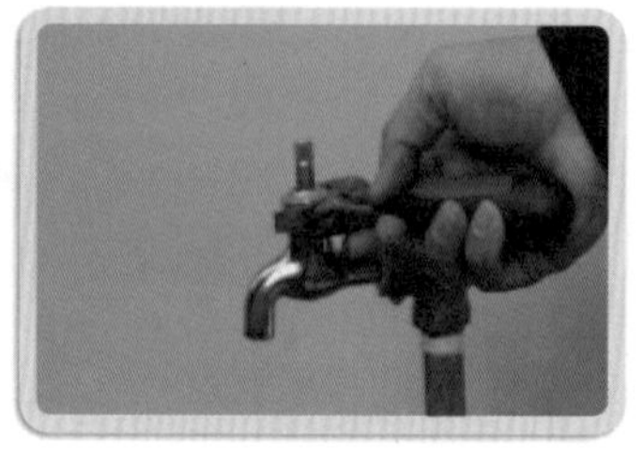

| 볼트를 푼다. |

| 팽이형 고무패킹을 뺀다. |

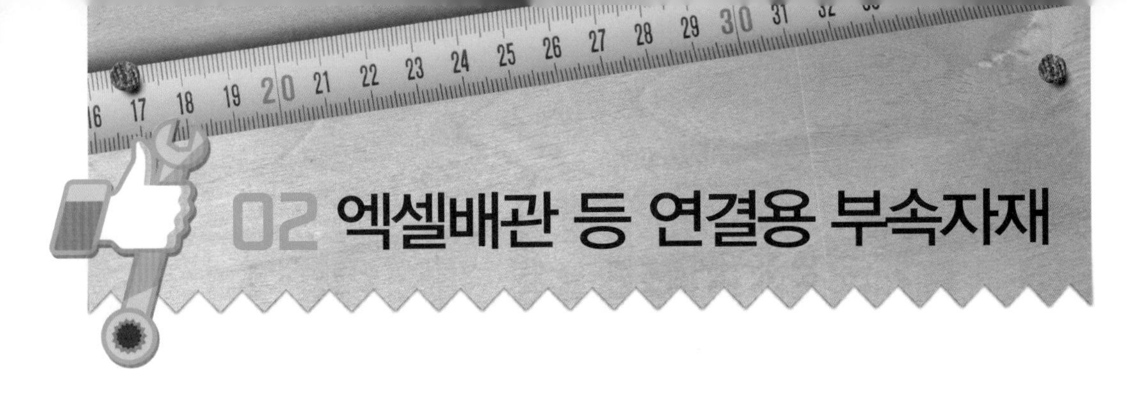

# 02 엑셀배관 등 연결용 부속자재

## 1 엑셀배관 연결용 부속자재

### (1) 소켓 종류

① CM 밸브 소켓

② CF 밸브 소켓

③ 서비스 소켓

| CM 밸브 소켓(한쪽 엑셀) |

| CF 밸브 소켓(한쪽 엑셀) |

| 서비스 소켓 |

### (2) 밸브 종류

① 나비 밸브 CM

② 나비 밸브 CF

③ 볼 밸브

| 나비 밸브 CM |

| 나비 밸브 CF |

| 볼 밸브 |

### (3) 니플 종류

① 단·중·장니플

② 유니온

③ 엑셀캡

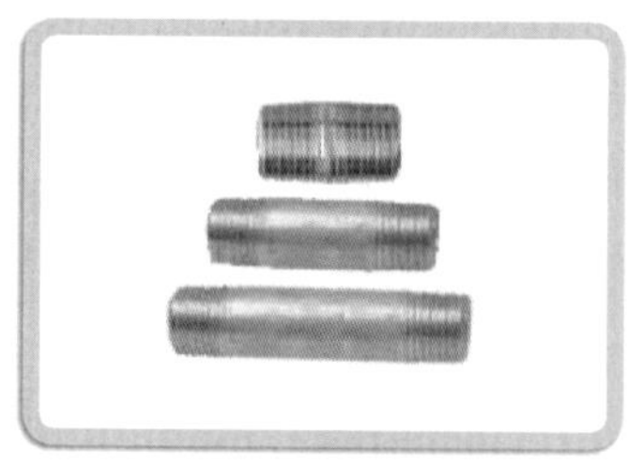

| 단·중·장니플 |

| 유니온 |

| 엑셀캡 |

### (4) 티(T) 종류

① 수전티

② 삼티

③ 속티(신주)

| 수전티 |

| 삼티 |

| 속티(신주) |

### (5) 엘보의 종류

① 수전엘보

② 고정엘보

③ 롱엘보

④ 양엘보

⑤ 장엘보

⑥ 소켓

| 수전엘보 |

| 고정엘보 |

| 롱엘보 |

| 양엘보 |

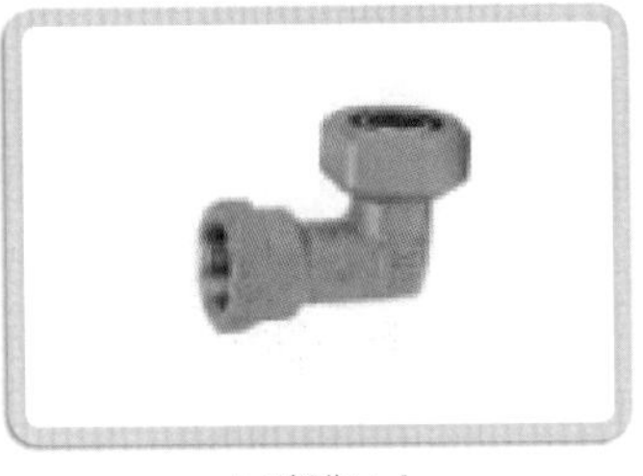

| 장엘보 |

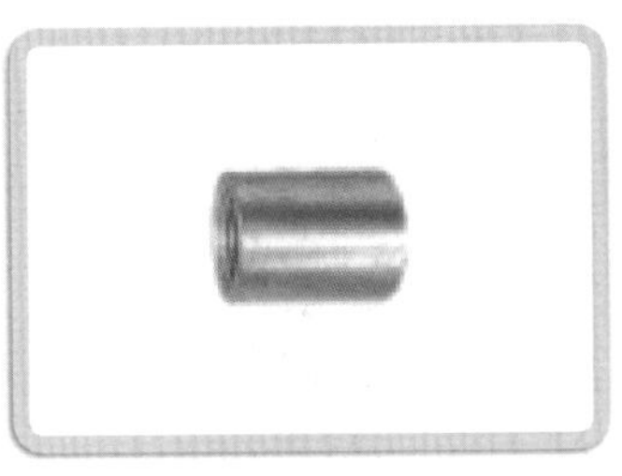

| 소켓 |

## 2 엑셀 부속자재 사용 배관연결도

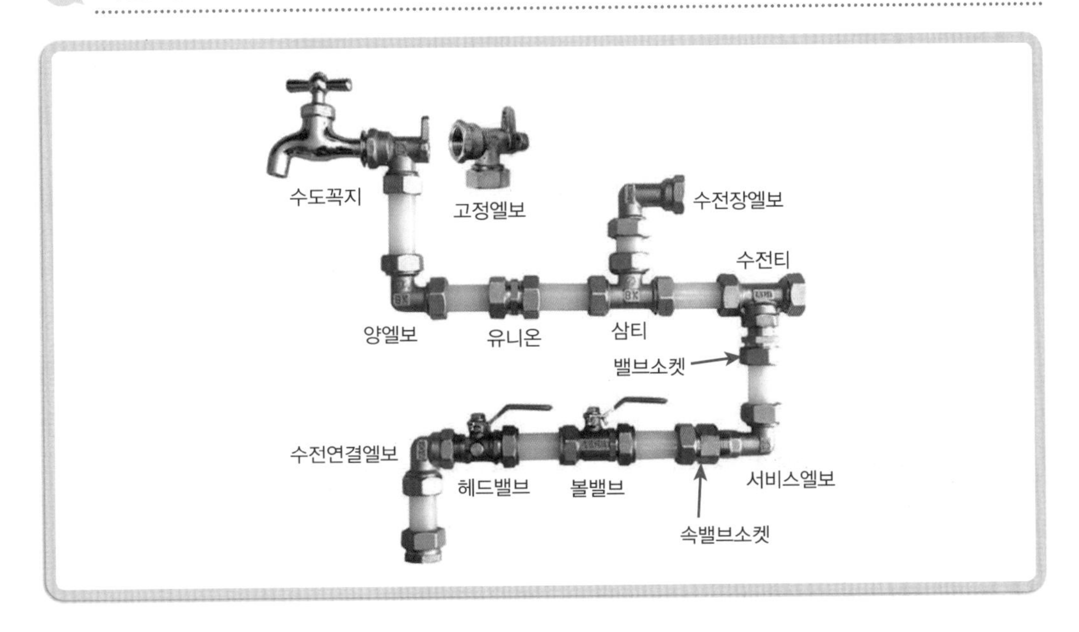

엑셀호스 15[A] 1롤 90[m] 정도 엑셀 15[A]는 내경 15[mm]이고, 외경은 20[mm]이다.

## 3 철배관 연결용 부속자재

| 유니온 |

| 부싱 |

| 리듀서 |

| 캡 |

| 플러그 |

| 볼밸브 |

### ● 세면기 관붙이 앵글밸브 또는 욕조의 수도꼭지 추가 설치

**준비공구** 바이스플라이어 또는 파이프렌치, 몽키스패너

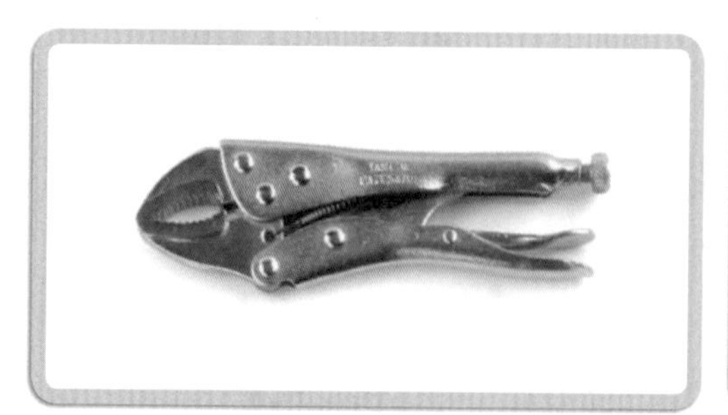
| 바이스플라이어 |

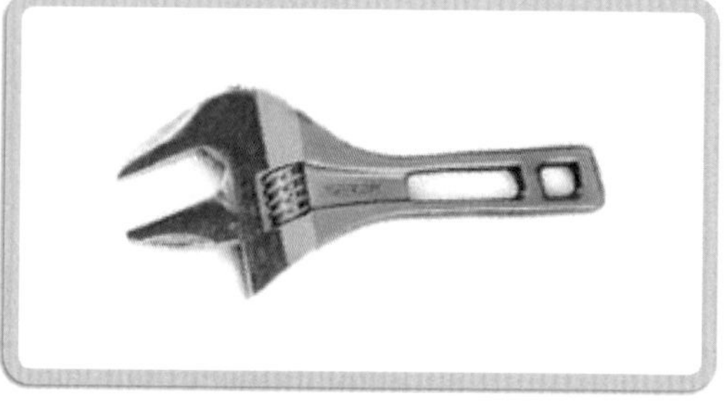
| 몽키스패너 |

**제품구성** 수도꼭지, 단니플, T(티), 테프론테이프

❶ 세면기의 관붙이 앵글밸브에서 간편하게 연결할 수 있는 방법이지만 T(티), 단니플, 관붙이 앵글밸브의 연결 부분이 약할 수 있으므로 재질이 단단한 앵글밸브를 사용하여 연결할 수 있도록 한다.

❷ 욕실의 샤워욕실수전 또는 다용도 수도꼭지를 사용하면 추가로 연결할 수 있다.

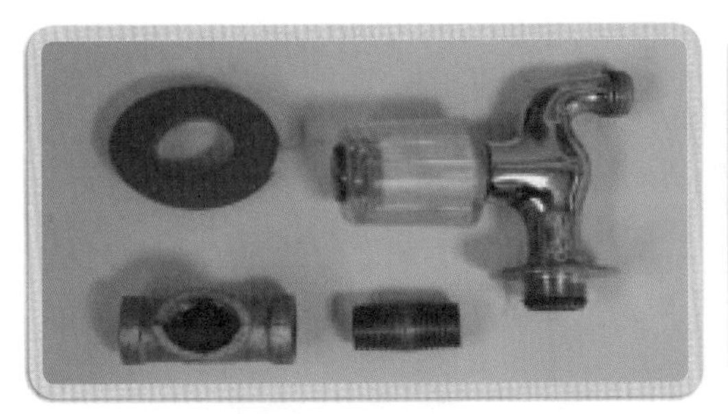

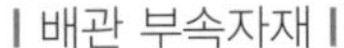

| 배관 부속자재 |

| T(티), 단니플 연결 수도꼭지 |

## 욕실의 샤워욕조수전에서의 수도꼭지 추가 설치

**준비공구** 바이스플라이어 또는 파이프렌치, 몽키스패너

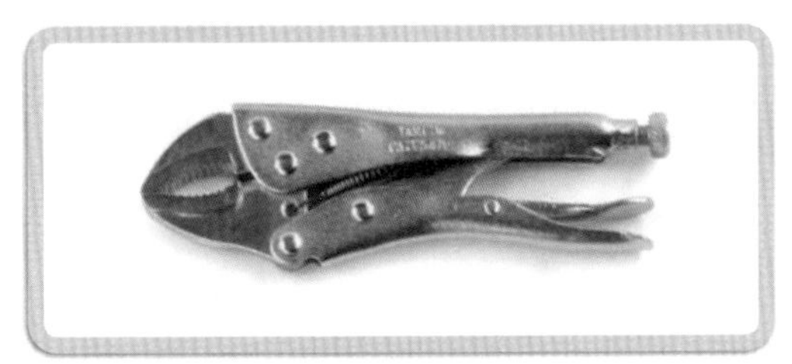

| 바이스플라이어 |

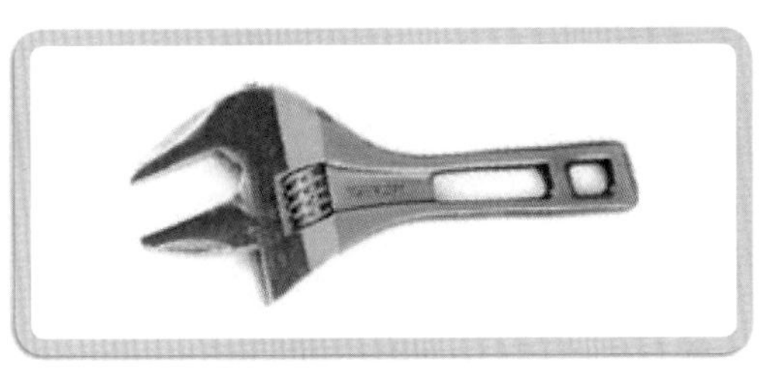

| 몽키스패너 |

**제품구성** 단니플 2개, T(티) 2개, 플러그 1개, 수도꼭지, 테프론테이프, 관붙이 앵글밸브

| 단니플 |

| T(티) |

| 플러그 |

| 수도꼭지 |

| 테프론테이프 |

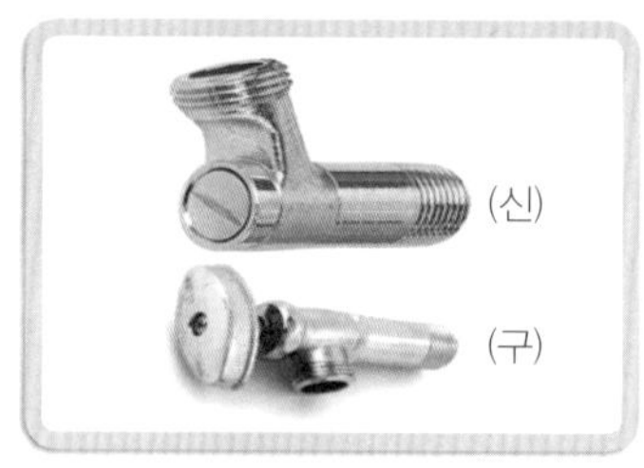


| 관붙이 앵글밸브(신, 구) |

❶ 샤워욕조수전의 냉 · 온수용 수도꼭지 간격이 최소 9[cm] 최대 21[cm] 이내의 수도꼭지 설치가 가능하다.

❷ 욕실의 사워욕조수전 설치 때보다 7[cm] 정도 길어진다.

| 욕조수전 수도꼭지 연결 |

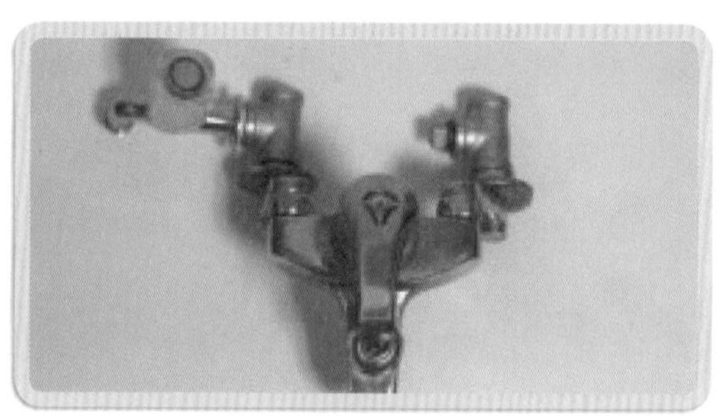

| 연결수전(수도꼭지와 수전) |

## • 기존 관붙이 앵글밸브 대신 앵글밸브 겸용 다용도 수도꼭지로 교체(세면기·양변기)

**준비공구** 바이스플라이어 또는 파이프렌치, 몽키스패너

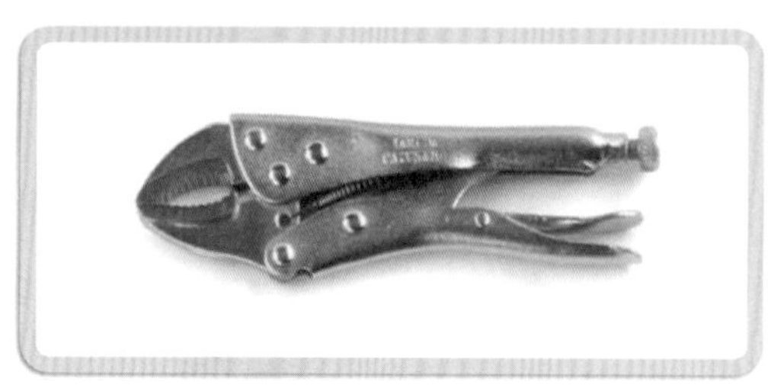

| 바이스플라이어 |

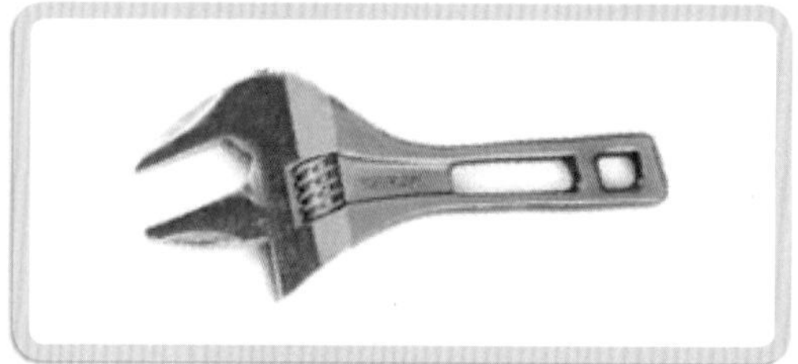

| 몽키스패너 |

### 제품구성 다용도 수도꼭지

❶ 세면기 또는 양변기의 기존에 설치된 관붙이 앵글밸브를 제거하고 앵글밸브 겸용 다용도 수도꼭지를 사용하면 된다.

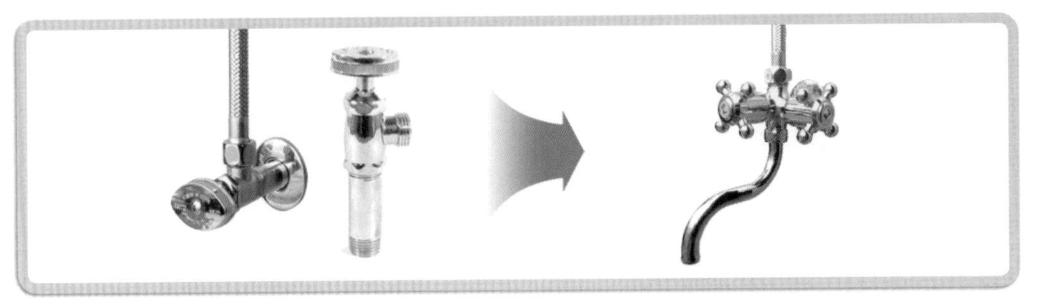

| 관붙이 앵글밸브 제거 |　　　| 앵글밸브겸용 다용도 수도꼭지 |

기존 설치된 고압호스는 그대로 사용하면 된다.

❷ 일반형 세탁기에 추가 호스 연결이 필요한 경우에 호스를 연결한다.

❸ 커플링 두 갈래 수도꼭지를 사용한다.

❹ 커플링 수도꼭지를 사용하면 샤워기 또는 일반용 세탁기 호스용으로 바로 사용이 가능하다.

| 두 갈래 수도꼭지 |

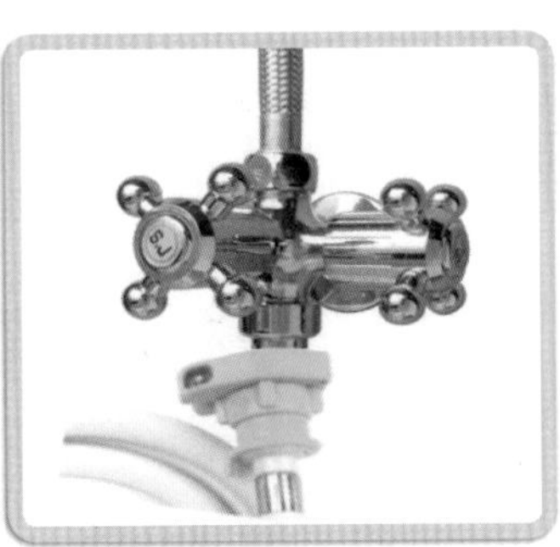

| 세탁기 호스 연결 |

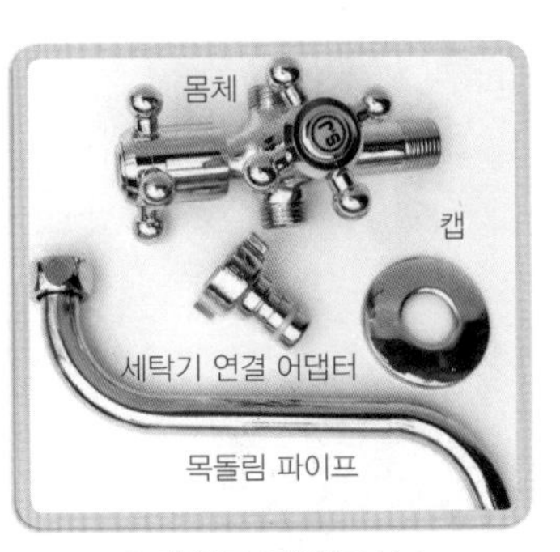


| 다용도 제품구성 |

## 세면기 수도꼭지 교체하기

**준비공구** 바이스플라이어 또는 파이프렌치, 몽키스패너 또는 수전 전용 교체 렌치

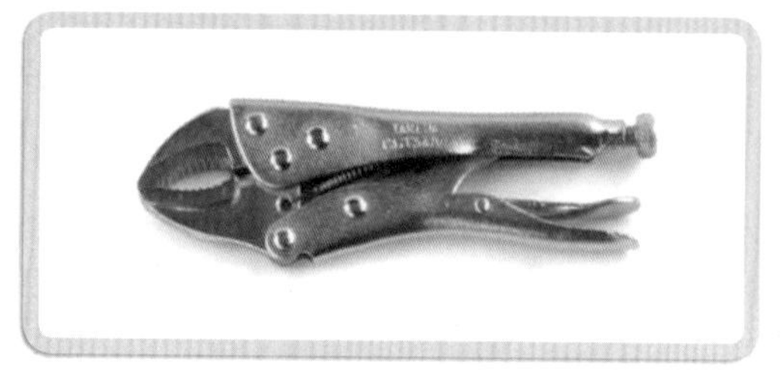

| 바이스플라이어 |

| 몽키스패너 |

**제품구성** 세면기 수도꼭지

❶ 세면기에 연결된 관붙이 앵글밸브를 잠가서 물을 차단한다.

❷ 몽키스패너, 바이스플라이어 등의 공구를 사용하여 고압호스 윗부분의 나사를 풀어 세면기 수도꼭지와 분리한다.

❸ 세면기 수도꼭지의 고정나사를 풀면 완전분해가 되고, 조립은 역순으로 하면 된다.

❹ 작업 중 가장 어려운 부분은 세면기 수도꼭지의 고정나사를 풀고 조이는 일이고 가장 좋은 방법은 세면기 아래 브라켓과 세면기를 고정시켜 주는 T볼트 2개를 풀면 세면기가 쉽게 받침대에서 분리된다. 세면기에서 수도꼭지 볼트를 풀고 조이는 일은 어렵지 않다.

'세면기 수전 전용 교체 렌치'를 사용하면 세면기 수전이 설치된 상태에서 비좁고 협소한 장소라도 불편한 점 없이 작업을 할 수 있다.

| 세면기 수전 |

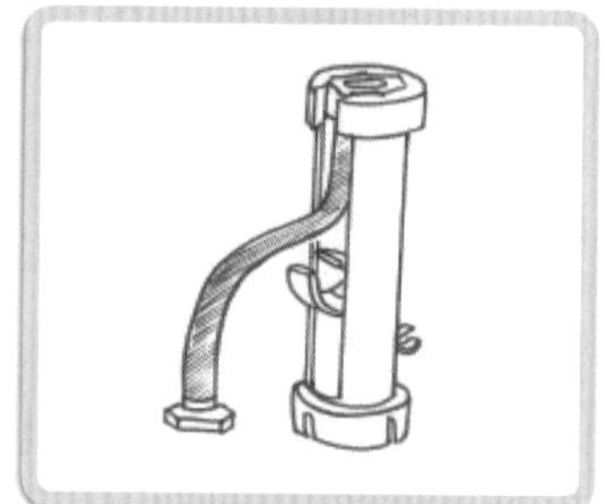

| 수전 전용 교체 렌치 |

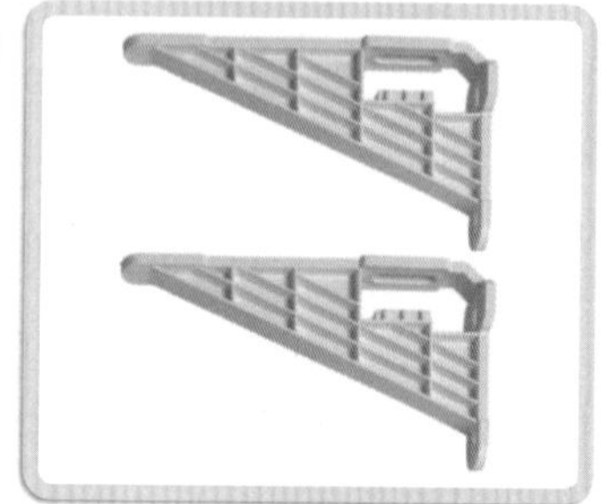

| 브라켓 |

❺ 세면기 수전 교체가 끝났으면 관붙이 앵글밸브를 풀어서 물이 나오게 하고 연결 부위에 누수가 있는지 확인한다.

# 03 싱크대 · 욕실용 수전 교환하기

**준비공구** 바이스플라이어 또는 플라이어, 몽키스패너 또는 만능렌치, 드라이버(+, −)

| 바이스플라이어 |

| 몽키스패너 |

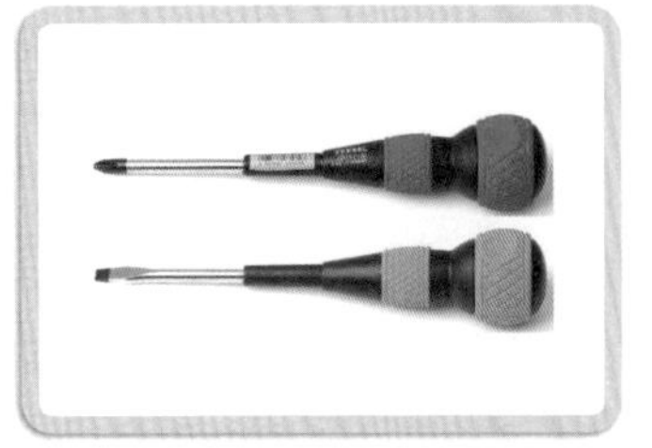

| 드라이버(+, −) |

**제품구성** 샤워수전세트(샤워헤드걸이, 샤워 줄, 샤워줄 패킹, 샤워수전, 편심커버, 편심, 테프론테이프, 수전패킹, 샤워헤드)

| 편심, 편심커버 |

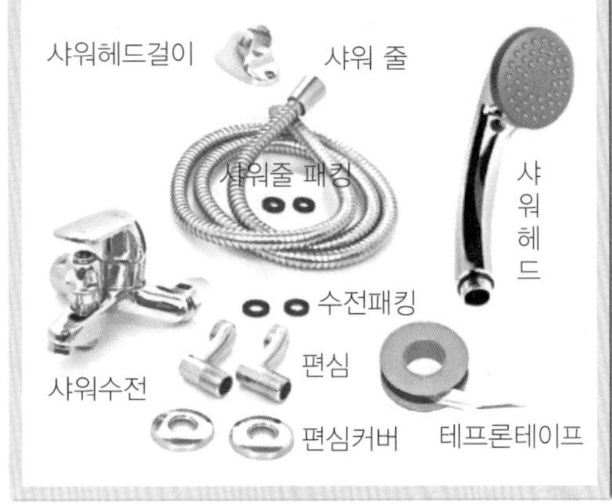


| 샤워수전세트 |

❶ 수전의 부속품을 몽키스패너를 사용하여 흠집이 나지 않도록 연결한다.

❷ 배관과 편심 부속품에 테프론테이프를 10~20회 정도 적당히 감아서 편심과 배관 엘보에 연결한다.

❸ 만능렌치 또는 몽키스패너를 사용하여 고무패킹 2개를 양쪽에 끼워서 편심 부속품에 수전을 조립한다.

❹ 벽붙이 두 개 레버식 온수와 냉수 혼합꼭지(주방용)가 완성되고 고장난 온수와 냉수 혼합꼭지가 있으면 빼낸다. 교환할 때도 편심은 그대로 두고 온수와 냉수 혼합꼭지만 교환하면 된다.

❺ 온수와 냉수배관의 중심거리는 최대 14~19[cm]를 넘지 않아야 부착이 가능하고 편심(편심의 길이가 작아서 중심거리의 이격이 작다)을 좌 · 우로 돌려서 거리를 조절한다(제조사에 따라 약간 차이가 있을 수 있다).

❻ 온수와 냉수 배관의 편심 중심거리는 최대 21[cm]를 넘지 않아야 하며 최소 9[cm]의 거리가 있어야 부착이 가능하다.

❼ 편심의 –(일)자 홈은 온수 및 냉수가 나오는 유량(물)을 조절하는 곳으로 드라이버나, 열쇠 뒤쪽 또는 100원짜리 동전으로 풀거나 조여서 원하는 물의 양을 조절할 수 있다.

❽ 고장난 수전을 빼내고 교환할 때에는 온수와 냉수의 편심은 그대로 두고 몸체(온수와 냉수 혼합꼭지)만 고무패킹을 끼우고 조립하면 간단하게 해결된다(단, 고무패킹 조립이 잘 안 되면 누수의 원인이 되므로 새것의 고무패킹으로 교환한다).

| 편심 2개를 엘보에 연결 |

| 고무패킹 넣고 조립 |

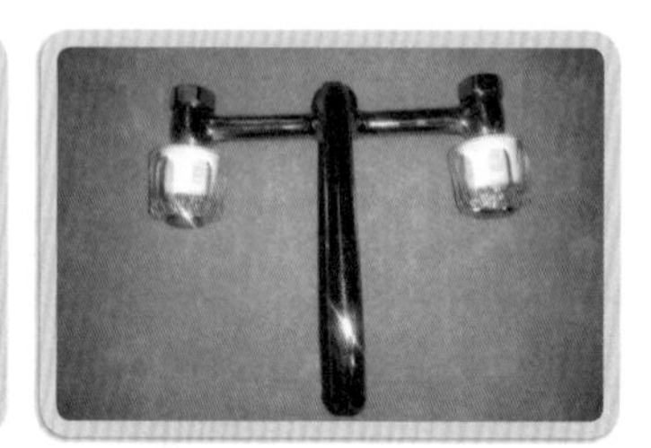

| 온수와 냉수 혼합꼭지 |

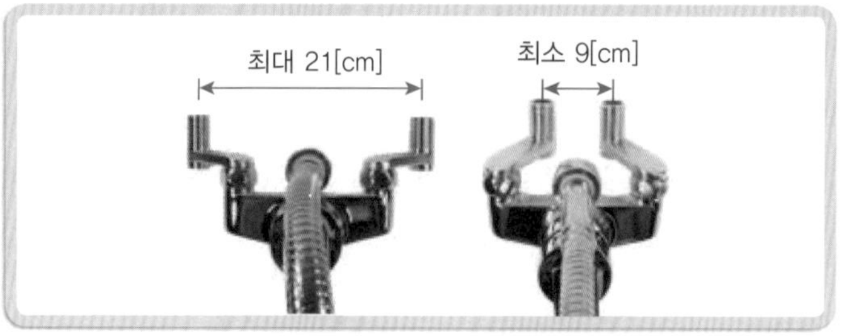


| 온수와 냉수 배관거리 |

| 싱크 수전, 수량조절밸브 |

수전설치의 온수와 냉수배관 중심거리는 편심(편심의 길이에 따라 6[cm]도 가능)에 의하여 더 좁거나 더 넓게 조정이 가능하다.

⑨ 수전(온수와 냉수 혼합꼭지)을 설치 후 물이 약하게 나오는 경우에는 수전(혼합꼭지) 끝에 있는 싱크대수전 헤드 및 샤워기수전 헤드 부분을 본다. 그곳에는 패킹, 에어레이더(거름망), 캡 볼트가 있는데 거름망에 이물질이 걸려서 물의 흐름을 막고 있는 것이기 때문에 싱크대수전 헤드, 샤워기수전 헤드 부분을 분해하여 거름망을 깨끗이 청소하여 재조립하면 물이 잘 나온다.

쇠 부분이 맞닿는 나사 부분은 테프론테이프를 10~20회 정도 적당히 감아주어야 하고 고무패킹이 있는 부분은 테프론테이프를 감을 필요가 없다.

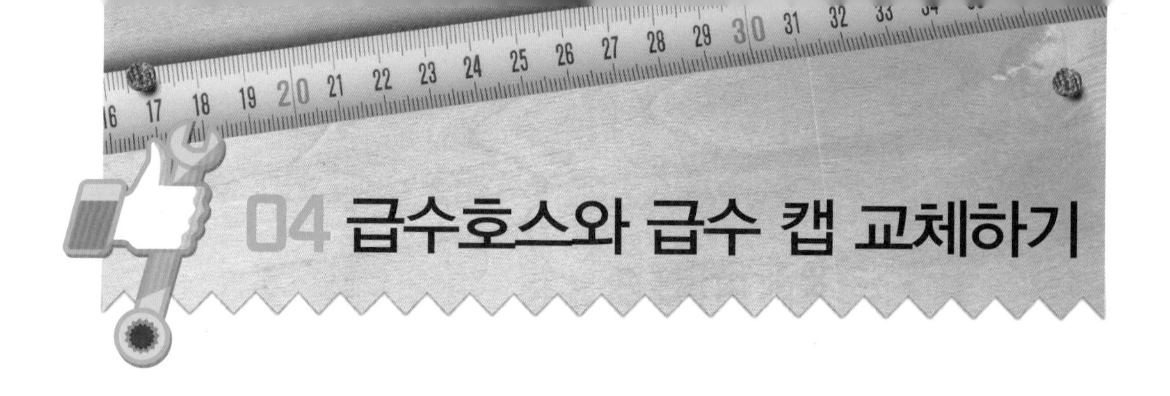

# 04 급수호스와 급수 캡 교체하기

## 급수호스 연결

**준비공구** 펜치, 드라이버(+, –)

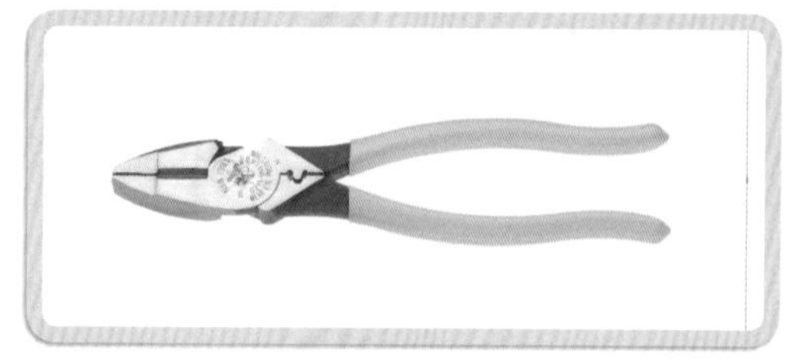

| 펜치 |

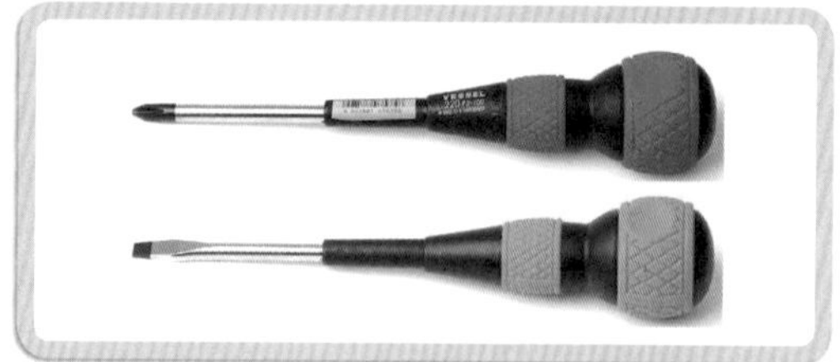

| 드라이버(+, –) |

**제품구성** 급수호스, 급수 캡

❶ 중간 연결기와 급수호스를 분리한다.
❷ 누름 손잡이와 누름대를 함께 누른 채 아래로 당겨서 분리한다.
❸ 중간 연결기와 연결기를 완전히 분리한다. 완전히 분리하지 않으면 누수의 원인이 된다.
❹ 수도꼭지에 연결기를 연결한다.
❺ 고무패킹이 수도꼭지에 '완전히 밀착'되도록 연결 후 고정나사를 조여준다.

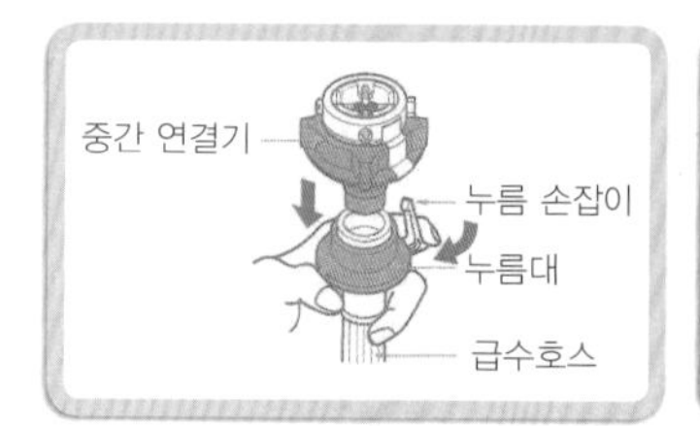


| 급수호스 분리 |

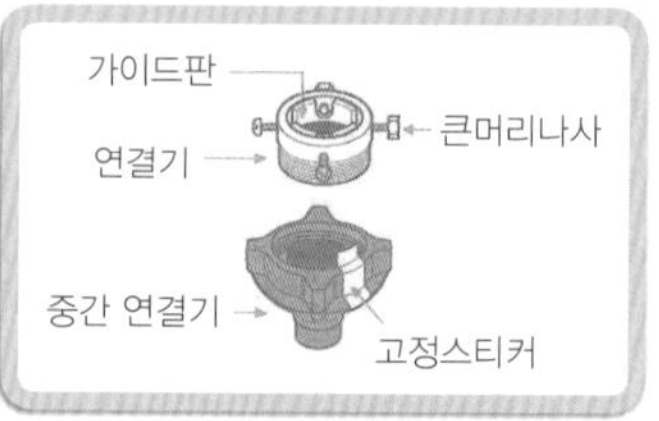


| 중간 연결기와 연결기 분리 |

| 수도꼭지와 연결기 연결 |

수도꼭지가 큰 경우에는 나사를 풀고 '가이드판'을 빼내고 끼워준다.

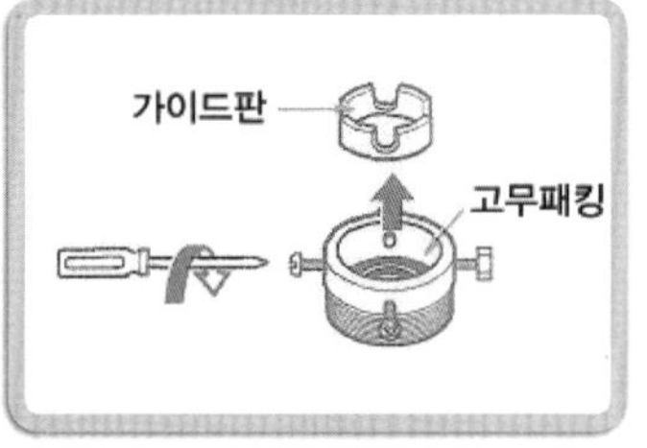


| 수도꼭지 큰 경우 가이드판 제거 |

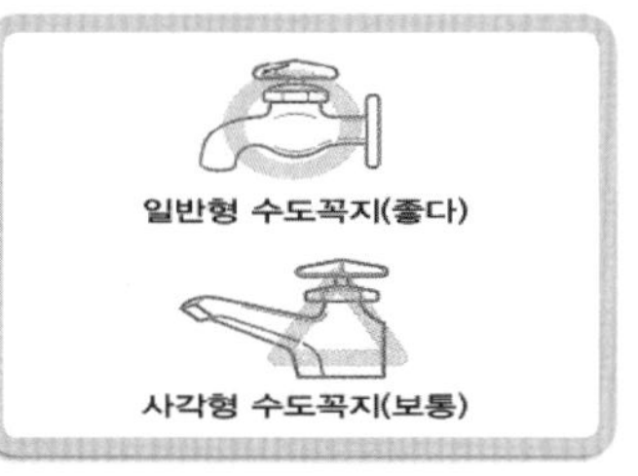


| 일반 · 사각형 수도꼭지 |

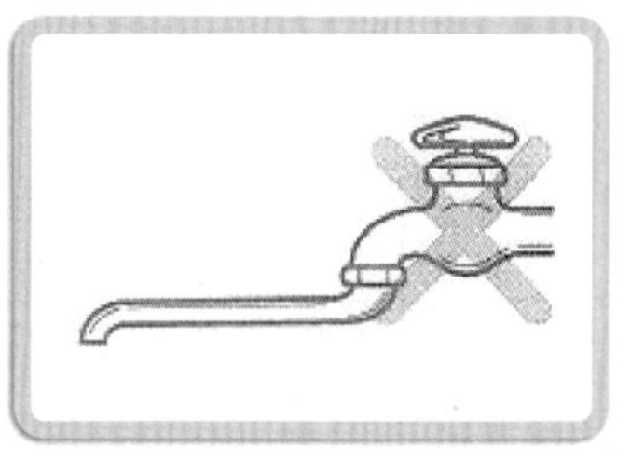

| 목돌림형 수도꼭지 "사용금지" |

❻ 큰머리나사가 벽쪽으로 가면 조이기가 편리하다(일반형 수도꼭지에 연결).

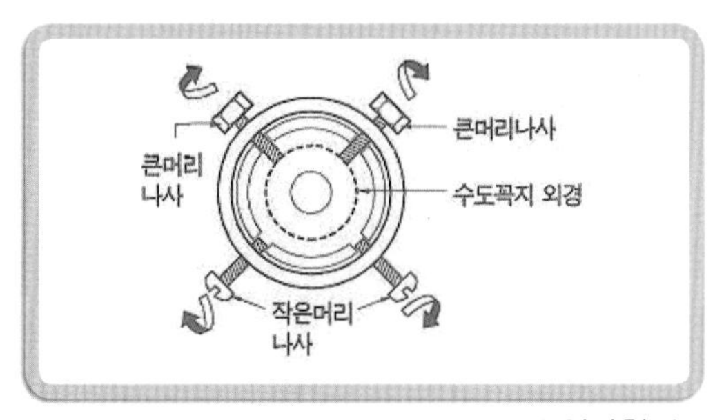


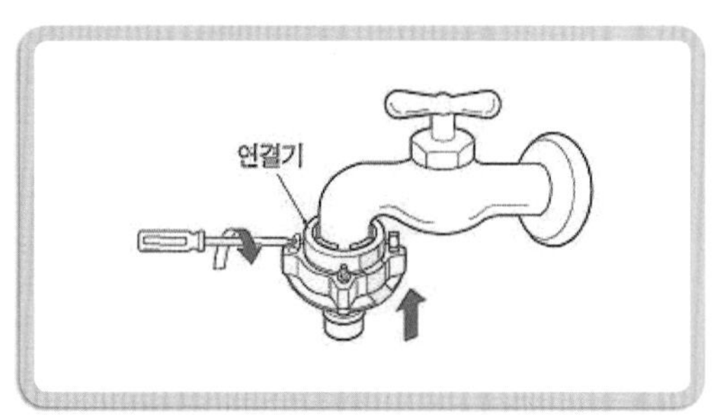


| 일반형 수도꼭지에 연결 |

❼ 중간 연결기를 연결기에 연결한다.

❽ 중간 연결기를 반시계 방향으로 돌아가지 않을 때까지 조여준다. 이때 안의 고무패킹이 위로 올라가면서 수도꼭지 입구에 밀착되어 물이 새지 않는다(단, 완전히 체결되지 않은 경우 누수의 원인이 된다).

❾ 급수호스를 연결한다.

❿ 누름 손잡이와 누름대를 함께 아래로 누른 채 위로 끼워준다.

⓫ 급수호스를 세탁기에 연결한다.

⓬ 고무패킹 없이 체결하면 누수가 되므로 반드시 확인한다.

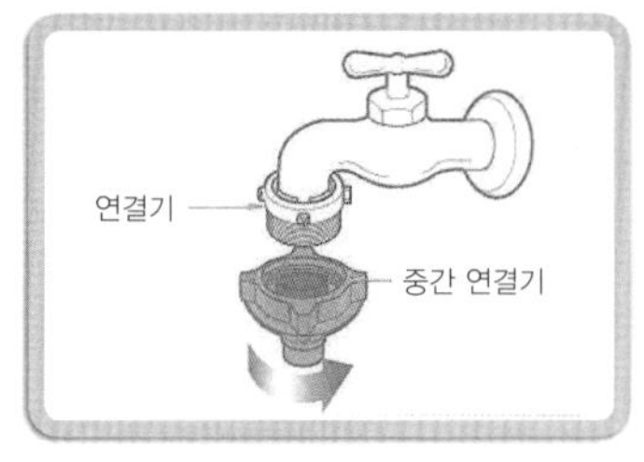

| 중간 연결기를 연결기에 연결 |

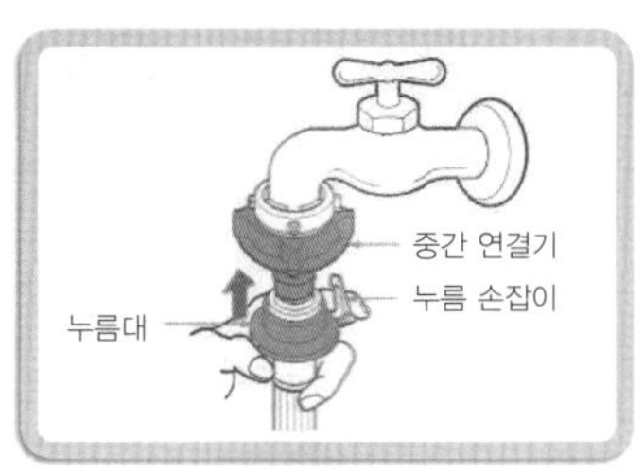


| 급수호스연결 |

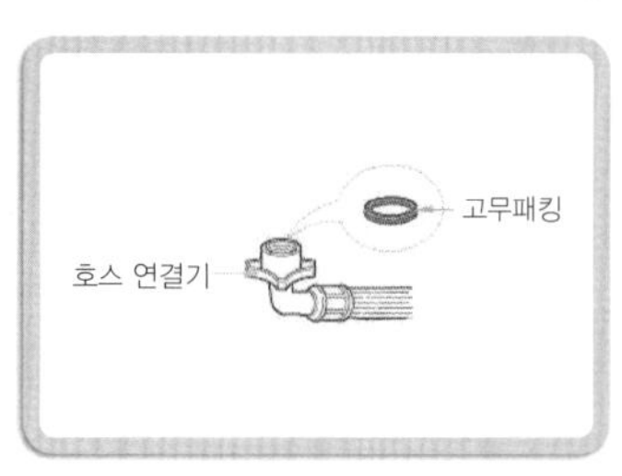


| 반드시 고무패킹 체결 |

⑬ 급수호스를 더 길게 연장하여 사용할 경우 연장호스 및 급수호스 중간 '연결기'는 가전제품 대리점 및 서비스 센터에서 구입 가능하다.

⑭ 냉수와 온수의 급수호스 중 한쪽만 사용할 경우에는 남는 급수호스를 중간 연결기에 이용하여 연결한다.

⑮ 냉수 단독으로 연결하면 된다(급수호스와 중간 연결기만 있으면 원하는 길이만큼 연장하여 세탁기를 설치할 수 있다).

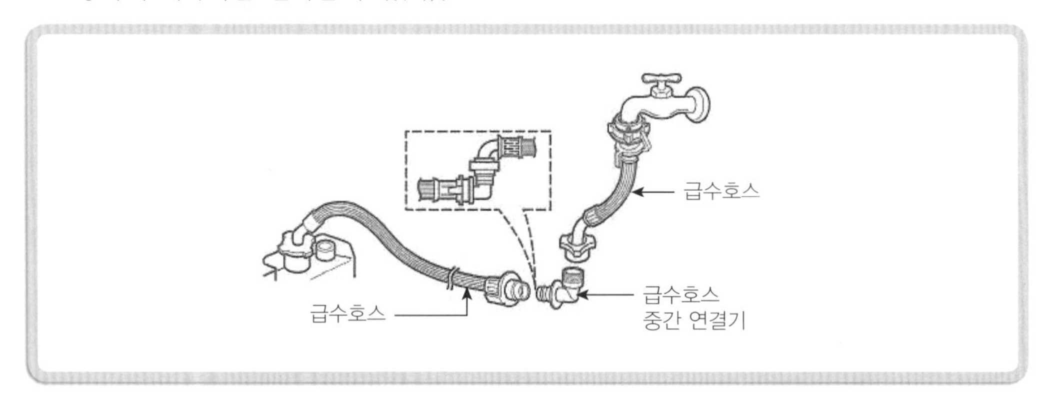

온수호스는 단독으로 연결하면 안 된다.

## 세탁기 겸용 급수 캡 교체

**준비공구** 드라이버(+, −)

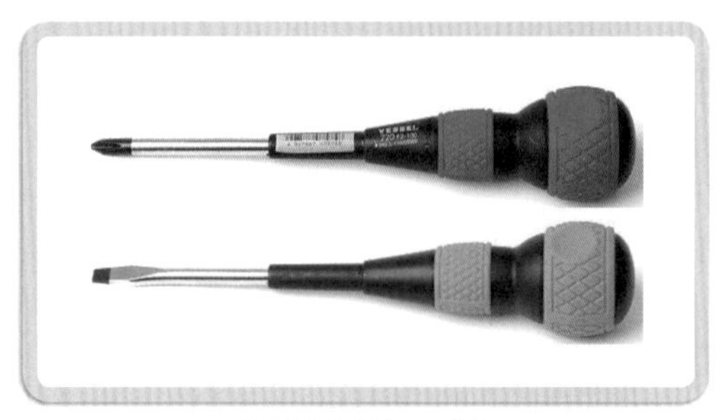

| 드라이버(+, −) |

**제품구성** 세탁기 겸용 급수 캡

❶ 급수 캡은 수도꼭지랑 연결하는 부속이고 오른쪽의 나사만 조이면 간단하게 연결되는 부속이다.
❷ 중간 연결기를 연결한 후 꽉 조여주면 안의 고무패킹이 위로 올라가면서 수도꼭지 입구와 밀착되어 물이 새지 않는다.
❸ 누름대는 물 호스 연결시 필요한 부속으로 몸통을 아래로 내리면 쉽게 빠져 사용이 편리하다.

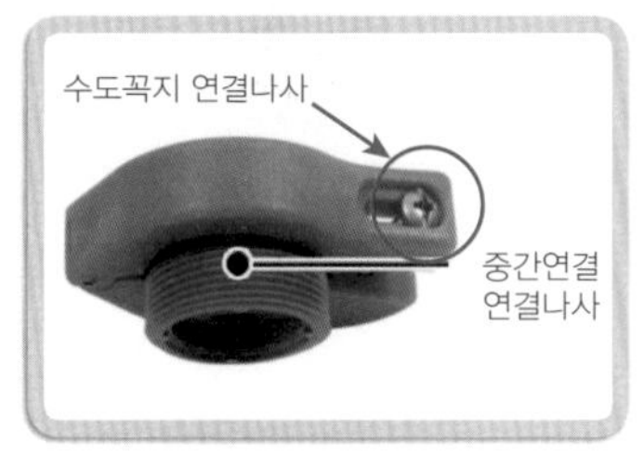

| 급수 캡 |

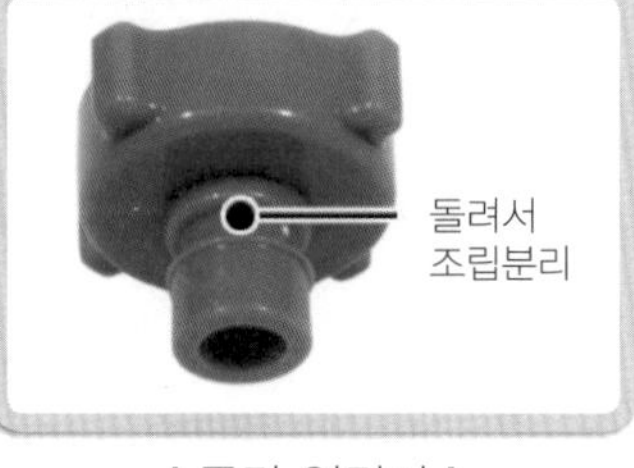

| 중간 연결기 |

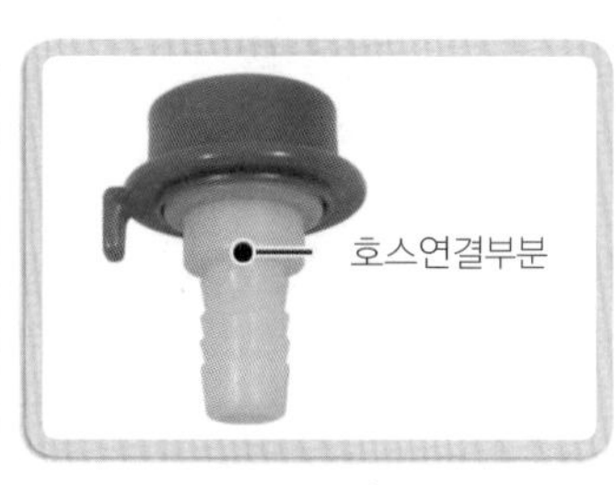

| 누름대 |

## 다용도 급수 캡

**준비공구** 드라이버(+, −), 다용도 가위

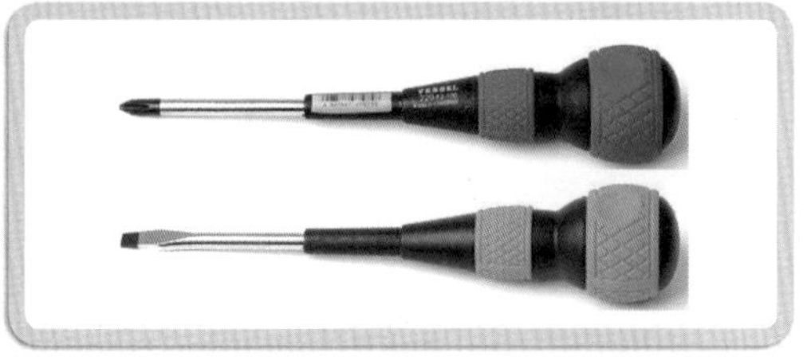
| 드라이버(+, −) |

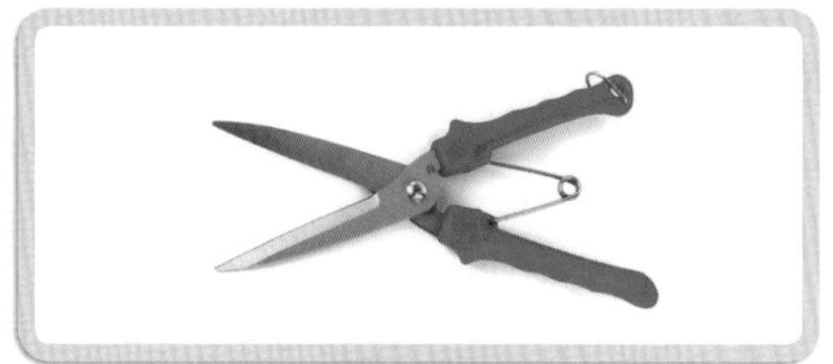
| 다용도 가위 |

**제품구성** 다용도 급수 캡

❶ 체결 순서대로 연결해야 물이 새지 않는다.
❷ 연결기의 고정나사를 적당히 풀어준다.
❸ 중간 연결기를 세 바퀴 풀어주고 수도꼭지가 고무패킹에 잘 닿도록 밀어 넣으면서 연결기 고정나사를 조여준다.

❹ 풀었던 중간 연결기를 반대로 조여주면 고무패킹이 수도꼭지 입구와 밀착되어 물이 새지 않는다.

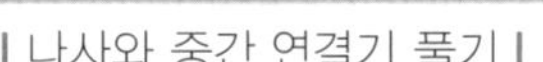

| 나사와 중간 연결기 풀기 |

| 꼭지에 패킹을 밀어줌 |

| 중간연결기 반대로 조임 |

❺ 기존 제품과 맞지 않을 경우 급수호스 끝 부분을 잘라내고 사용하면 된다. 내경 12~16[mm] 수도용 호스는 가능하다.

| 캡을 꼭지에 연결 |

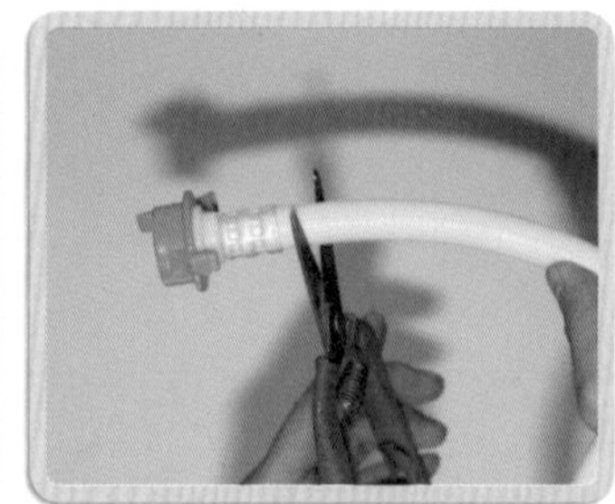

| 호스를 가위로 절단 |

| 캡에 호스 연결 |

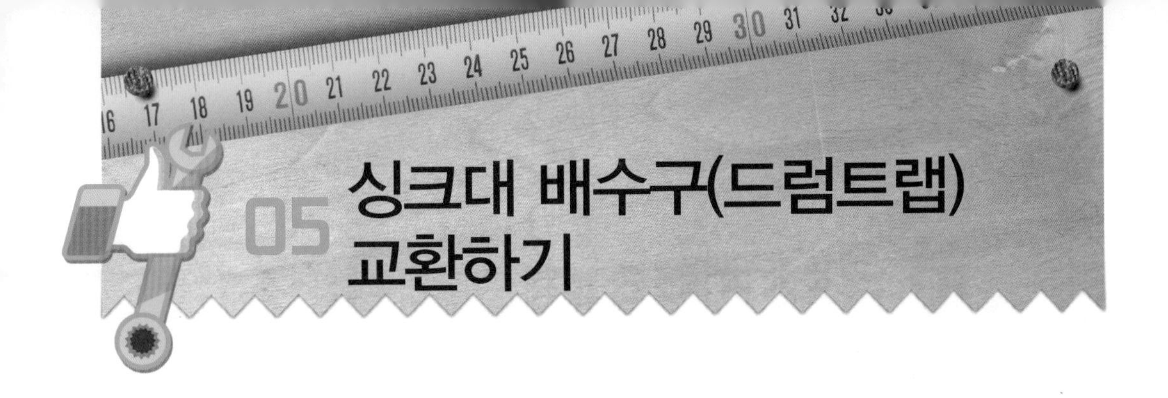

# 05 싱크대 배수구(드럼트랩) 교환하기

싱크대 배수구(드럼트랩)는 배수구와 지름에 따라 배수구의 종류를 선택하면 된다.

## 1 대형 1구 배수구

(1) 오버플로관의 배수 입구는 사각형, 둥근 사각형, 원형 등이 있다.

(2) 배수호스의 길이는 60~80[cm]이고, 오버플로 길이는 35[cm]이나 연장이 가능하다(관경 30[mm]).

| 대형 1구 배수구 부품(드럼트랩) |

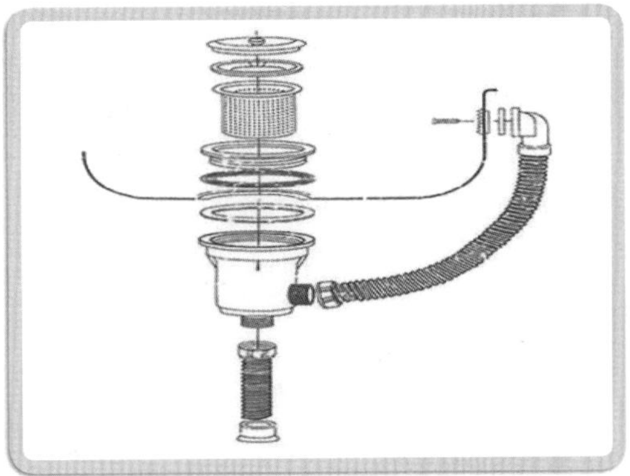

| 대형 1구 배수구 설치방법 |

## 2 소형 2구 배수구

(1) 오버플로관의 배수 입구는 사각형(구형, 신형), 큰 사각형, 타원형, 원형, 큰 원형 등이 있다.

(2) 배수호스의 길이는 55~80[cm]이고 오버플로 길이는 35[cm]이다. Y자 배수호스의 길이는 30[cm]이나 연장이 가능하다.

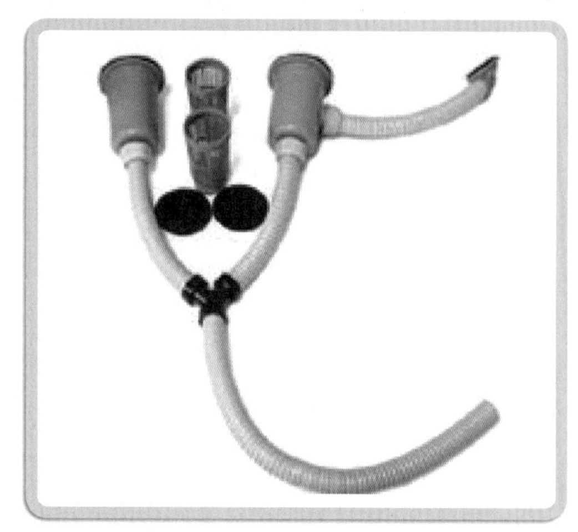

| 배수구, 오버플로, Y형 연결호스 |

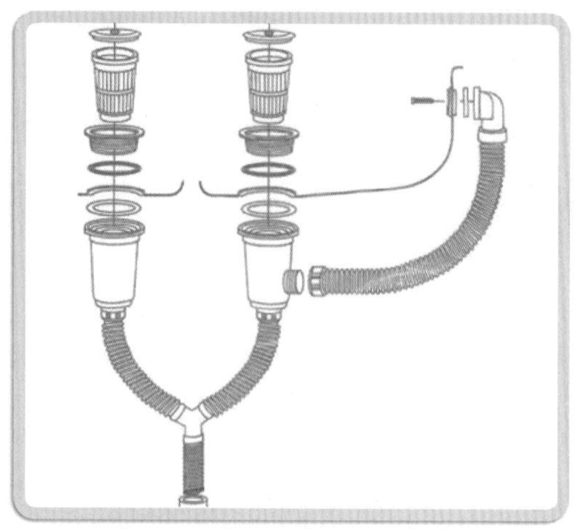

| 소형 2구 배수구 설치방법 |

대형 1구 배수구는 드럼트랩이 있어서 악취가 올라오지 못하나 소형 2구 배수구 Y형은 트랩이 없어서 악취가 올라오므로 Y자 배수호스로 'U트랩'을 만들어서 악취를 방지해야 한다.

## 실전 Start!

**준비공구** 첼라, 바이스플라이어, 드라이버(+, –)

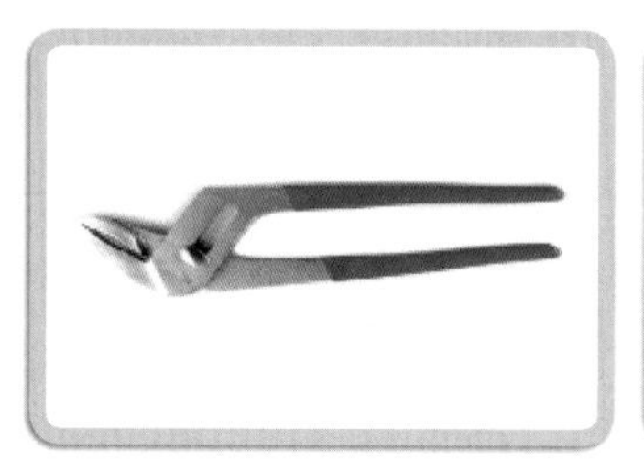

| 첼라 |

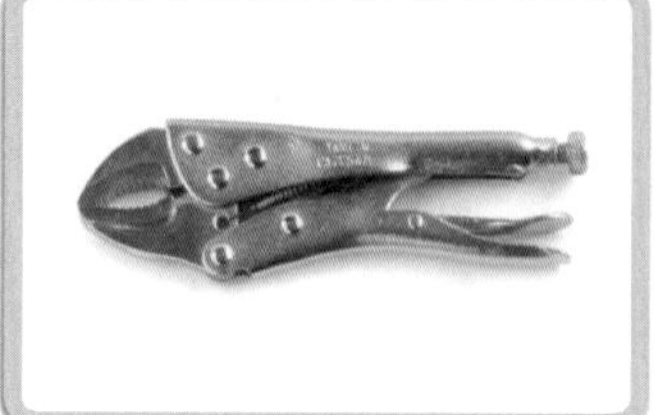

| 바이스플라이어 |

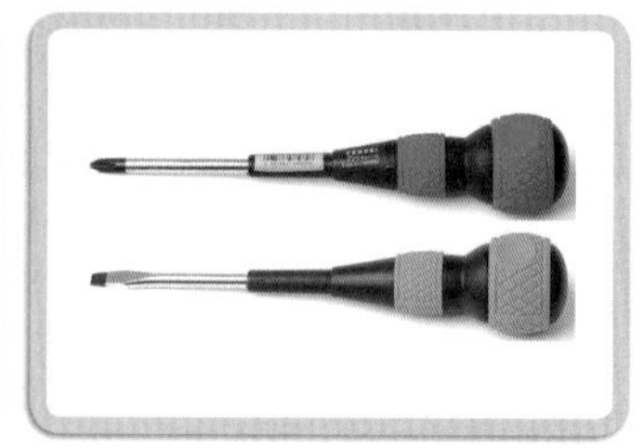

| 드라이버(+, –) |

**제품구성** 대형 1구 배수구 부품

❶ 본체를 싱크대 상판에 설치한다.
❷ 싱크대 드럼트랩을 조립한다.
❸ 오버플로를 조립한다.

| 본체 싱크대 상판에 조립 |

| 드럼트랩 조립 |

| 오버플로 조립 |

❹ 오버플로 호스를 본체에 조립한다.
❺ 배수호스를 연결한다.
❻ 바닥면의 악취방지 캡에 호스를 조립한다.

| 오버플로 호스 조립 |

| 배수호스 연결 |

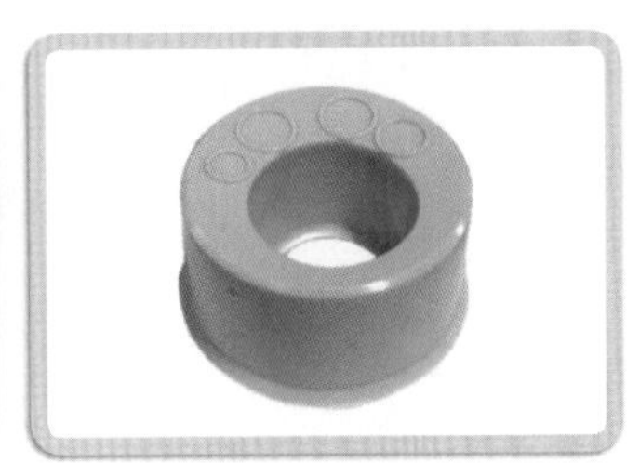
| 악취방지 캡에 호스 조립 |

# 06 양변기가 막혔을 경우 뚫기

## 1 양변기 또는 하수구 뚫는 도구

① 다용도 관통기
② 수동 스프링 청소기
③ 압축기
④ 피스톤식 압축기
⑤ 전동 스프링 청소기(하수관을 뚫는 도구로 전문가 전용)

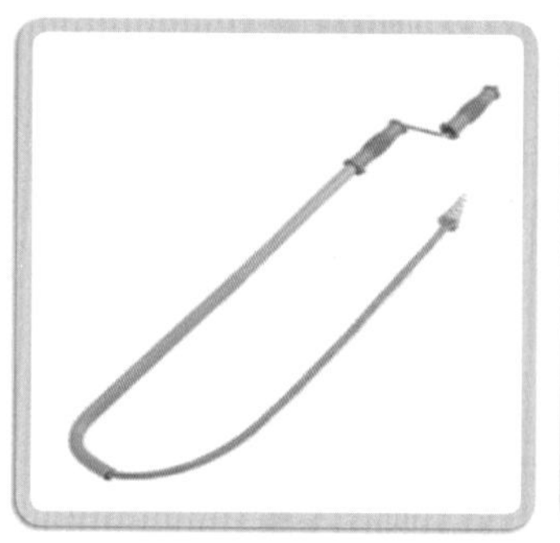

| 다용도 관통기 |

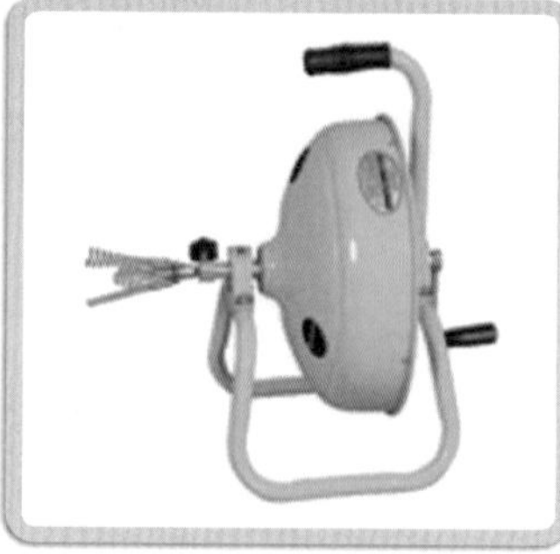

| 수동 스프링 청소기 |

| 압축기 |

| 피스톤식 압축기 |

| 전동 스프링 청소기 |

## 2 양변기

(1) 양변기는 적당량의 물이 고여 있는 S 트랩 구조로 만들어져 배관으로부터 악취를 차단하고 청결을 유지한다.

(2) 양변기 또는 하수구 뚫는 도구인 압축기, 피스톤식 압축기, 다용도 관통기 등으로 쉽게 뚫리기는 하지만 화장지, 칫솔, 면도기, 공 등이 들어가게 되면 잘 뚫리지 않는 경우도 있다.

(3) 양변기는 압축기로 거의 해결할 수 있는데 해결이 안 될 경우 다용도 관통기를 사용하면 효과를 볼 수 있다.

다용도 관통기

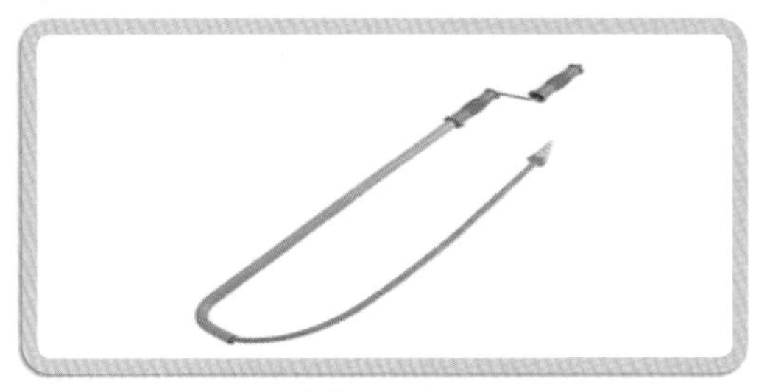

| 다용도 관통기 |

❶ 양변기에 다용도 관통기의 파이프 손잡이를 잡고 S 트랩 부분까지 돌리면서 넣는다(여러 번 반복해서 사용하면 뚫린다).

❷ 동양식 대변기(세정 밸브식)는 다용도 관통기의 파이프 손잡이를 잡고 S 트랩 부분과 오 · 배수 연결 하수구까지 돌리면서 넣는다.

| 양변기 |

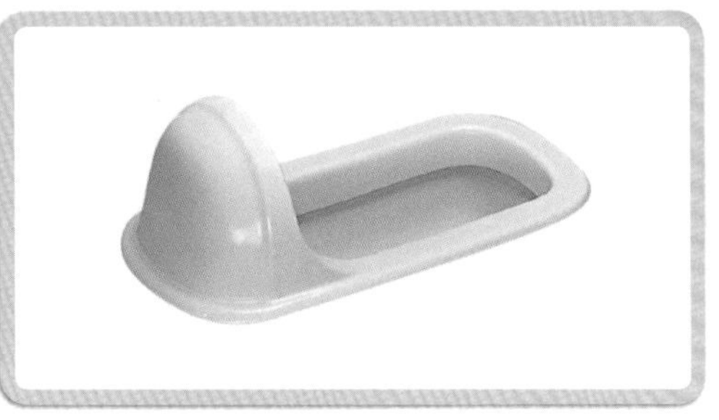

| 동양식 대변기(Flush valve system) |

❸ 공, 칫솔, 면도기 등이 양변기 S 트랩에 걸리게 되면 잘 뚫리지 않는다. 이때는 양변기를 분해하여 거꾸로 피스톤식 압축기를 사용하면 쉽게 뚫린다.

| 양변기 자주 막히는 곳 |

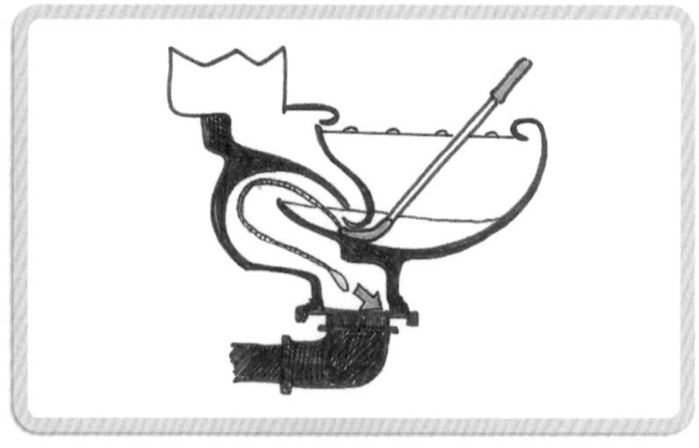

| 다용도 관통기 사용 |

피스톤식 압축기를 사용할 경우 적당한 압력으로 여러 번 반복해서 사용한다. 압을 올려서 한 번에 뚫는 경우 위생기구 및 배관 파손이 발생하는 경우도 있으므로 주의해야 한다.

# 07 양변기용 볼탭 및 부구 교환하기 (정면 버튼식, 측면 레버식)

## 1 양변기의 고장원인

양변기 고장은 여러 가지 원인이 있으나 물이 새는 원인은 다음과 같다.

① 로탱크 내부의 볼탭 또는 부구에서 누수

② 로탱크 내부의 일반마개 또는 고무마개에서 누수

## 2 볼탭 또는 부구의 고장으로 인한 누수현상

(1) 볼탭 또는 부구의 고장으로 누수현상이 발생하면 양변기의 탱크 뚜껑을 열어본다.

(2) 플러시밸브(사이펀 배수관) 또는 오버플로관의 배수관으로 물이 넘쳐 흐르고 있으면 볼탭 또는 부구가 고장이 난 것으로 보면 된다(볼탭 또는 부구가 들리는 힘으로 물이 멈추어야 하는데 그렇지 않기 때문에 물이 넘치는 현상이 발생한다).

(3) 양변기 로탱크 내부의 물을 빼낸 후 다음 사항을 이행한다.

① 로탱크 내부의 볼탭 또는 부구를 손으로 위쪽으로 올렸을 때 물이 멈추면 정상이고 물이 멈추지 않고 계속해서 흘러나오면 볼탭 또는 부구를 교환해야 한다.

② 로탱크 내부의 볼탭 또는 부구를 손으로 위쪽으로 올렸을 때 물이 멈추면 부구 또는 볼탭의 높이를 약간 아래쪽으로 숙여지도록 조절하면 고장이 해결된다. 그래도 물이 넘치면 볼탭 또는 부구를 새것으로 교환하여야 한다.

## 3 일반마개 또는 고무마개 누수 현상

(1) 물도 넘치지 않고 볼탭 또는 부구를 위쪽으로 올렸을 때 물이 정상적으로 멈춘다면 대부분 일반마개 또는 고무마개가 고장의 원인이며, 일반마개 또는 고무마개는 아무런 공구 없이 누구나 쉽게 교환이 가능하다.

(2) 일반마개와 고무마개는 대부분 철물점, 마트, 위생도구를 취급하는 곳에서 구입하여 교환하면 된다.

고무마개, 고무패킹 등이 오래되거나 삭아서 물이 새는 경우 교환이 쉽고 간단하며 플러시 밸브(사이펀 배수관) 또는 오버플로관의 교환은 양변기의 물탱크를 분리한 후 작업을 해야 하므로 약간 복잡하지만 관심이 있는 사람이라면 충분히 교환이 가능하다.

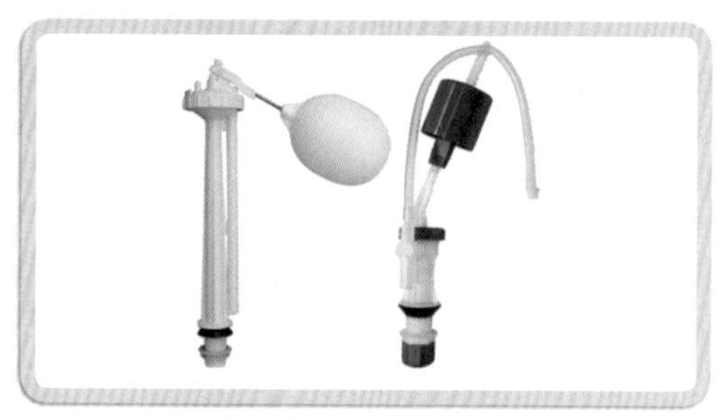

| 플러시 밸브 또는 오버플로관 |

| 일반마개 및 고무마개 |

## 실전 Start!

**준비공구** 첼라, 몽키스패너, 바이스플라이어, 테프론테이프 등

| 첼라 |

| 몽키스패너 |

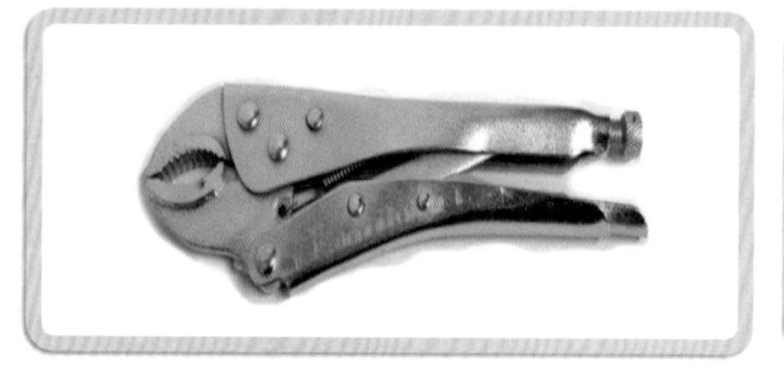

| 바이스플라이어 |

| 테프론테이프 |

제품구성 로탱크 부속품(볼탭 및 부구)

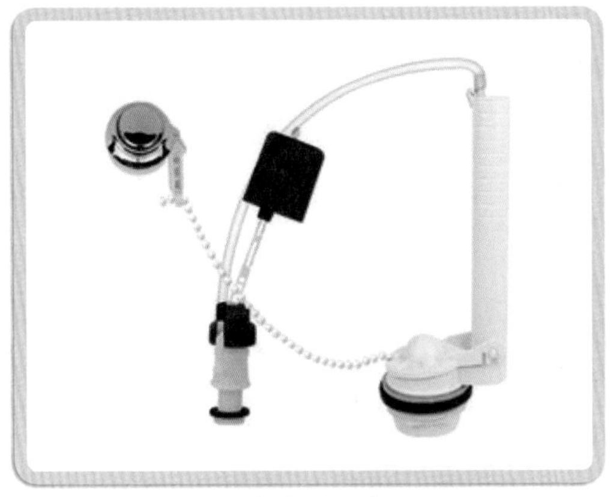

| 측면 버튼식 |

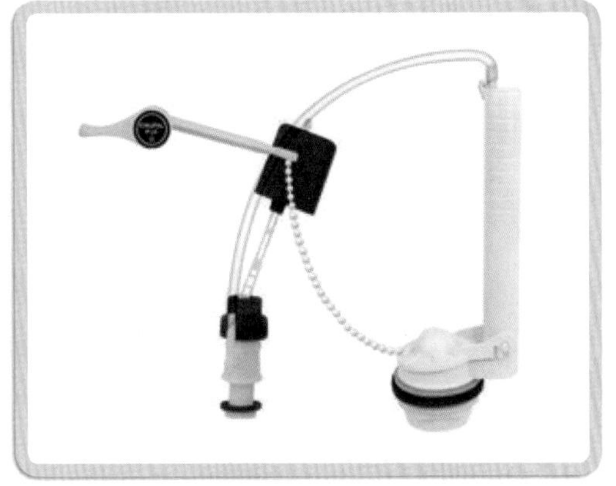

| 정면 레버(핸들)식 |

❶ 관붙이 앵글밸브(급수밸브)를 먼저 잠그고 테일너트 및 탱크 연결 볼트 2개 너트를 제거 후 로탱크를 분리시킨다(로탱크 내부 기존에 설치된 부품을 제거한다).

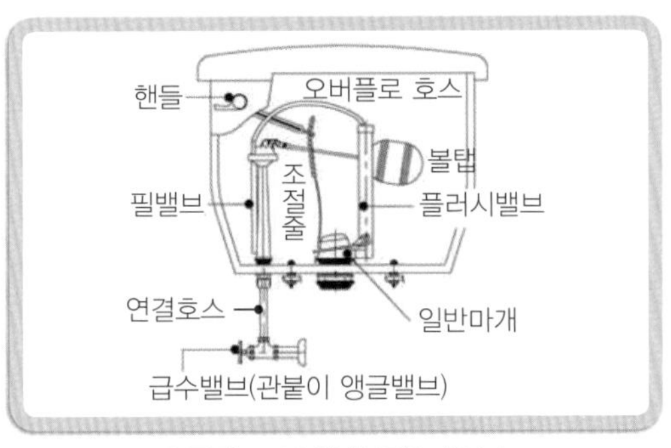


| 물탱크 구형 '볼탭' 내부 |

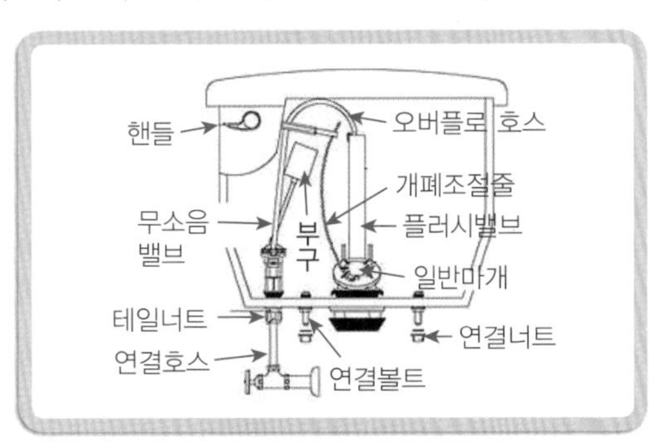


| 물탱크 신형 '부구' 내부 |

❷ 몸통에 패킹의 확인 후 슬립와셔, 로크너트, 삼각패킹을 다음 아래 왼쪽 그림의 순서대로 결합한다.

❸ 플러시밸브(사이펀 배수관) 또는 오버플로관 마개걸이에 일반마개 또는 고무마개의 구멍을 맞추어 가운데 그림과 같이 꾹 눌러서 끼운다.

❹ 무소음 필밸브를 오른쪽 그림과 같이 로크너트 및 관붙이 앵글밸브에 테일너트를 체결한다.

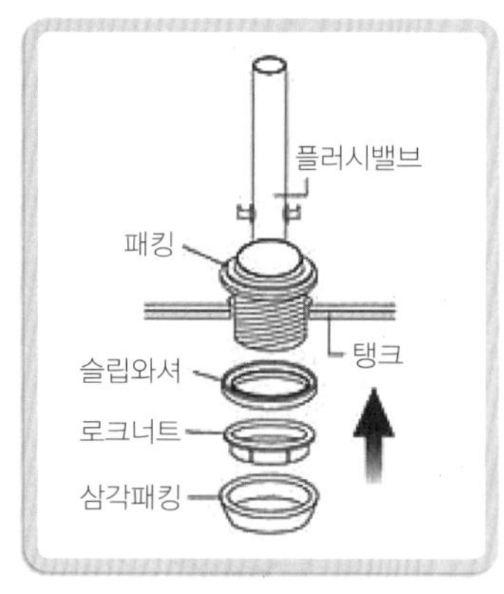


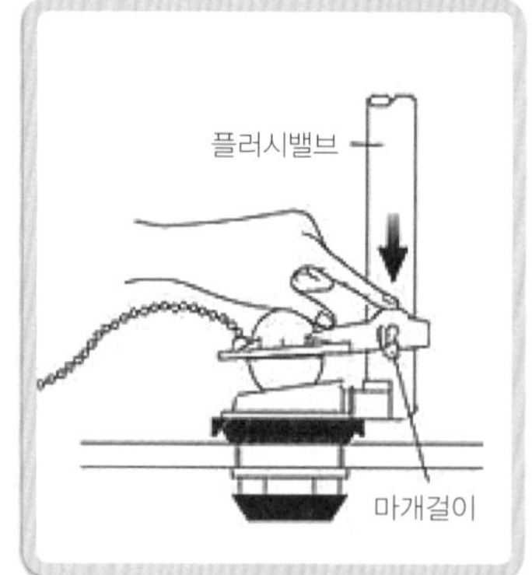


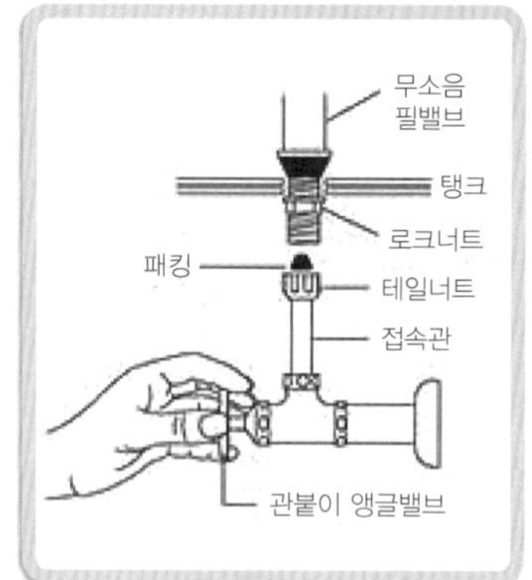


❺ 아래 왼쪽 그림과 같이 전면핸들을 바깥쪽의 구멍을 통해서 핸들너트를 끼우고 아래 가운데 그림과 같이 핸들너트를 화살표 방향으로 조여준다(좌나사이다).

❻ 아래 오른쪽 그림과 같이 마개줄을 약 1~1. 5[cm] 정도 느슨하게 조정하고 마개줄을 핸들 레버의 큰 구멍에 끼워서 ㉮의 위치에서 ㉯의 위치로 밀어서 끼우면 된다.

❼ 수위조절 부구에 누름 손잡이를 누르고 아래 또는 위로 당겨서 정상 수위에 맞추어 조정한다(한마디가 약 5[mm]씩 수위조절 가능하다).

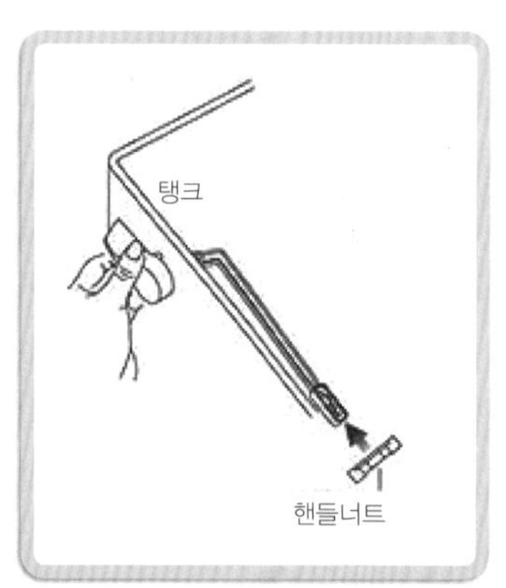


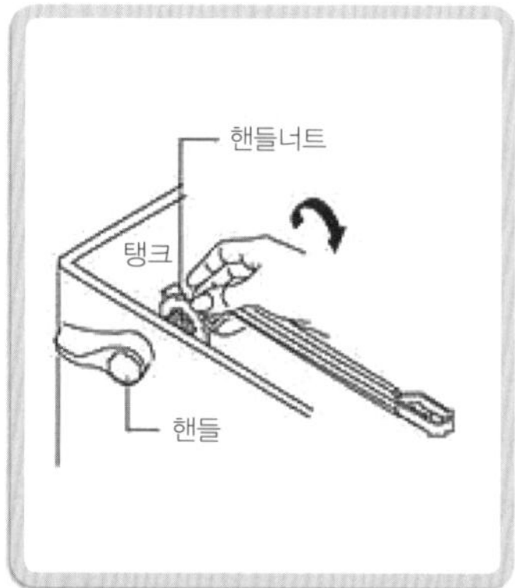


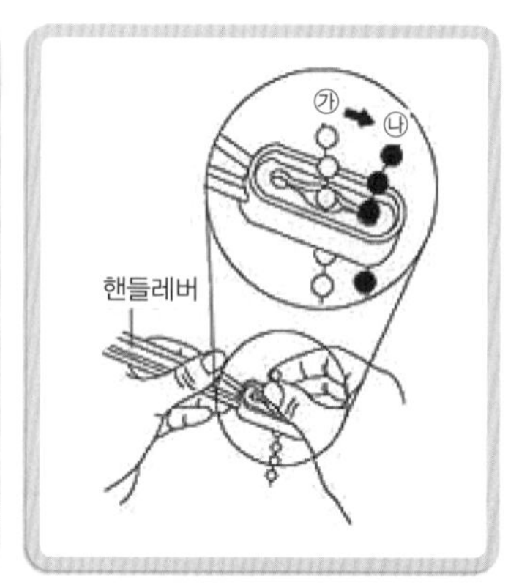

볼탭 및 부구 작동에 방해를 받으면 급수불량이 발생할 수 있다.

❽ 마개줄은 약 1[cm] 정도 느슨하게 조정한다. 마개줄이 너무 길면 작동 불능상태가 되고, 마개줄이 너무 짧으면 항상 물이 새어나오게 되어 수도요금이 많이 나온다.

❾ 수위조절은 부구를 누르거나 위로 당겨서 탱크에 표시된 정상 수위에 맞추어 조정한다(부구 한마디에 약 5[mm]씩 수위조절이 가능하다).

| 마개줄 약 1[cm] 여유 조정 |

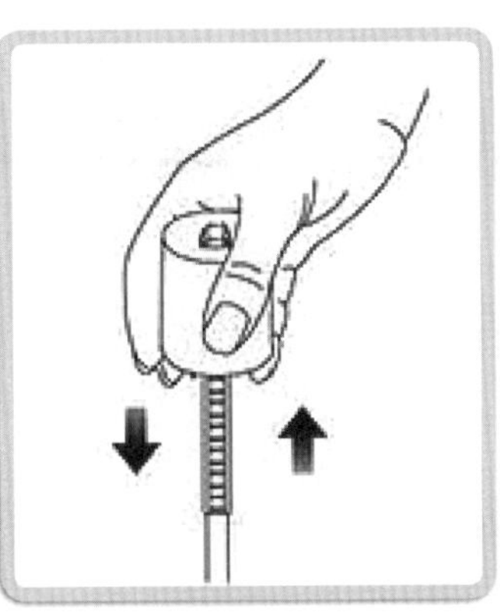

| 부구 한마디에 약 5[mm] |

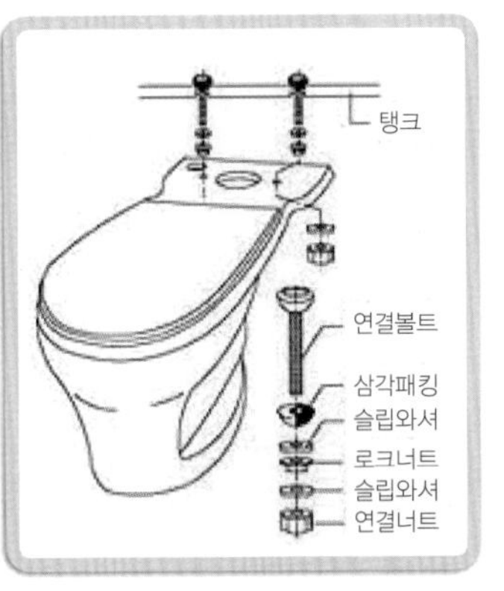


| 물탱크 철거 및 설치 |

# 08 세정 밸브(Flush valve) 누수 및 유량 조절하기

## 1 세정 밸브(Flush valve)

(1) 대 · 소변을 깨끗이 씻어내는 데 사용하는 것이며 급수관에 직결하여 한번 콕(Cock)을 누르면 급수의 압력으로 일정량의 물이 나온 다음 자동적으로 잠기게 되어 있다.

(2) 급수관의 관경은 25[mm] 이상이어야 하고, 급수압은 0.7[kg/cm] 이상이 필요하다.

(3) 역류(진공) 방지기를 설치하여 사용해야 한다.

## 2 세정 밸브의 구성

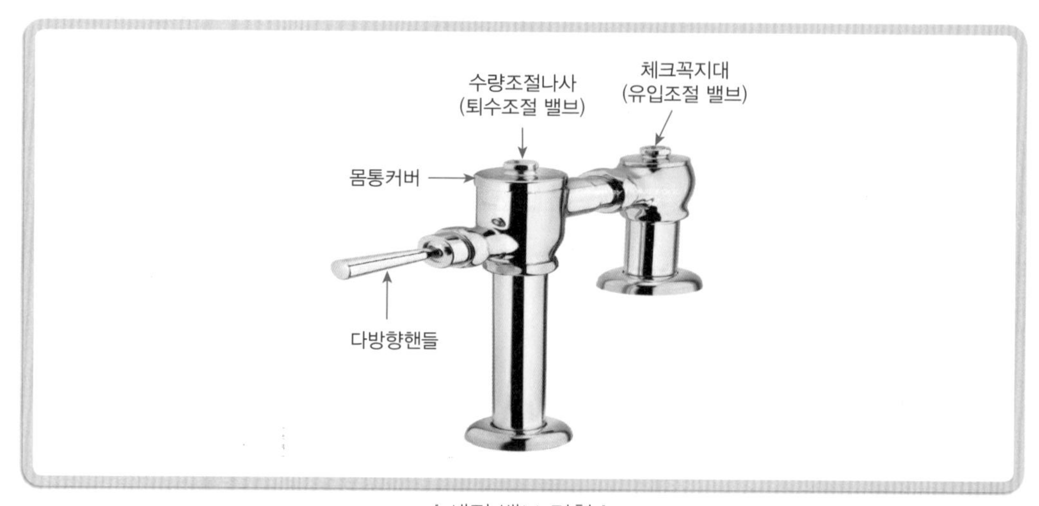


| 세정 밸브 명칭 |

## 소변기용(세정밸브)

준비공구 몽키스패너, 드라이버(+, −)

| 몽키스패너 |

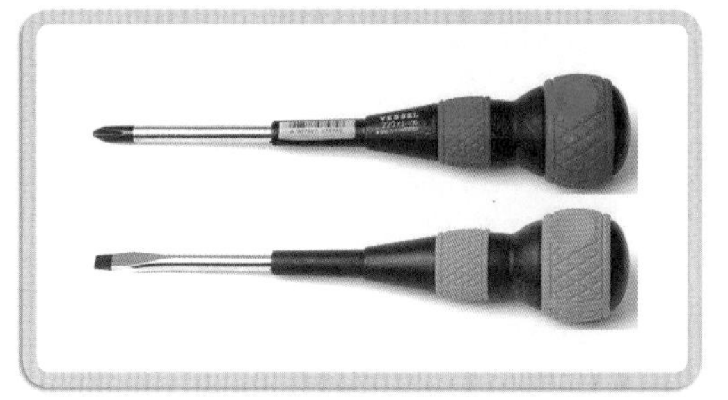

| 드라이버(+, −) |

제품구성 소변기용 세정밸브

❶ 소변기용 세정밸브의 사이즈는 5×14, 2×8[cm]이다(배관과 스퍼드 포함).
❷ 소변기의 체크꼭지대에 들어 있는 나사를 −(일)자 드라이버로 돌려서 물을 잠근다.
❸ 몽키스패너 등을 이용하여 몸통 커버를 열고 몸체 내부에 들어 있는 피스톤을 빼내고 새 피스톤으로 교환한다. 피스톤을 빼낼 때 고무패킹 등이 손상되지 않도록 조립하여야 한다.

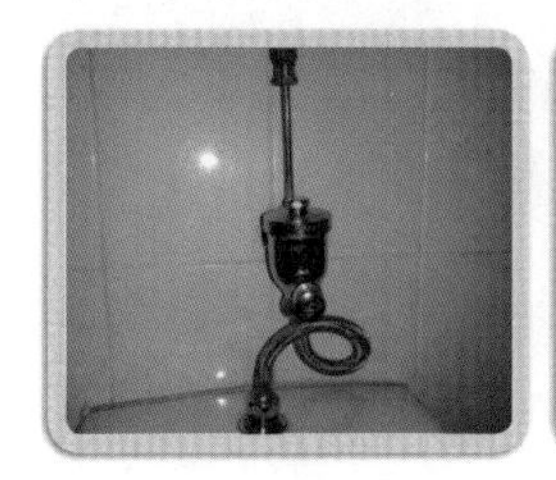

| 물 잠금 |

| 몸통 커버 열기 |

| 피스톤 빼내기 |

| 새 피스톤으로 교환 |

## ● 대변기용(세정밸브)

**준비공구** 몽키스패너, 드라이버(+, −)

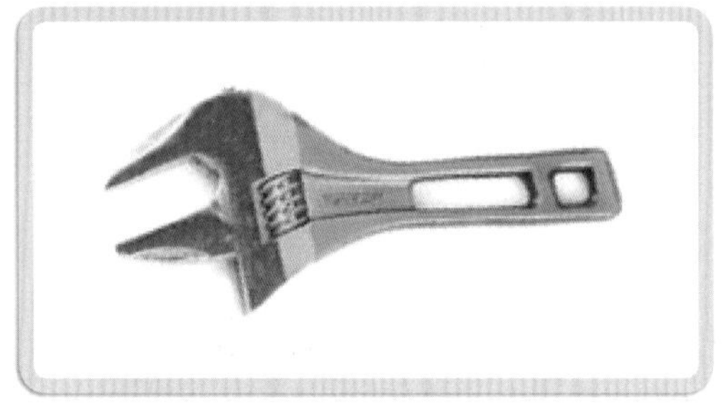

| 몽키스패너 |

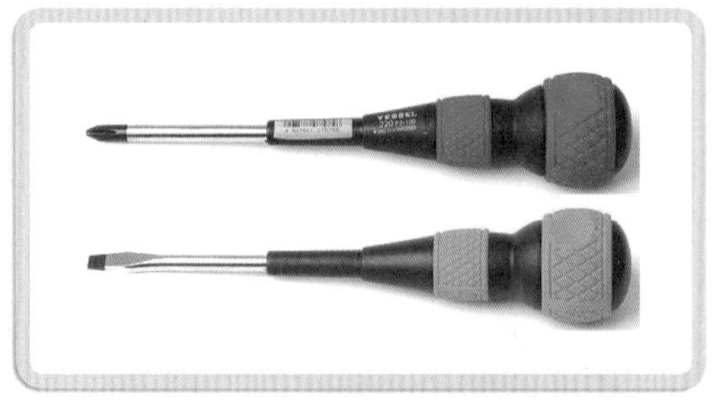

| 드라이버(+, −) |

**제품구성** 대변기용 세정밸브

❶ 대변기용 세정밸브의 사이즈는 11×5. 4×10[cm]이다.

❷ 대변기의 체크꼭지대에 들어 있는 나사를 −(일)자 드라이버로 돌려서 물을 잠근다.

❸ 플라이어 또는 몽키스패너 등을 이용하여 몸통 커버를 열고 몸통 안에 들어 있는 피스톤을 꺼낸다.

| 물 잠금 |

| 몸통 커버 열기 |

| 피스톤 교환 |

❹ 새 피스톤으로 교환한다. 피스톤을 빼낼 때 고무패킹 등이 손상되지 않도록 주의하여 조립한다.

❺ 체크꼭지대의 나사와 커버에 있는 나사를 드라이버로 돌려서 수량과 수압을 조정하고 대변기 제품의 경우 피스톤이 부착되어 있어 수량조절 나사를 돌려서 수량을 조절하기도 한다.

| 조립 후 수량과 수압조정 |

| 다방향 핸들 분리 |

❻ 다방향 핸들을 눌렀을 때 핸들 쪽으로 물이 흐르면 다방향 핸들도 교환해야 한다.

수도관에서 모래, 흙, 이물질 등이 세정밸브에 유입되면 피스톤이 막히거나 고무패킹, 몸통 내부가 손상되고 이 경우 이물질을 제거하고 잘 세척한 후 재조립하면 기능이 정상작동된다. 기능이 정상적으로 작동되지 않으면 몸통 전체를 교환한다.

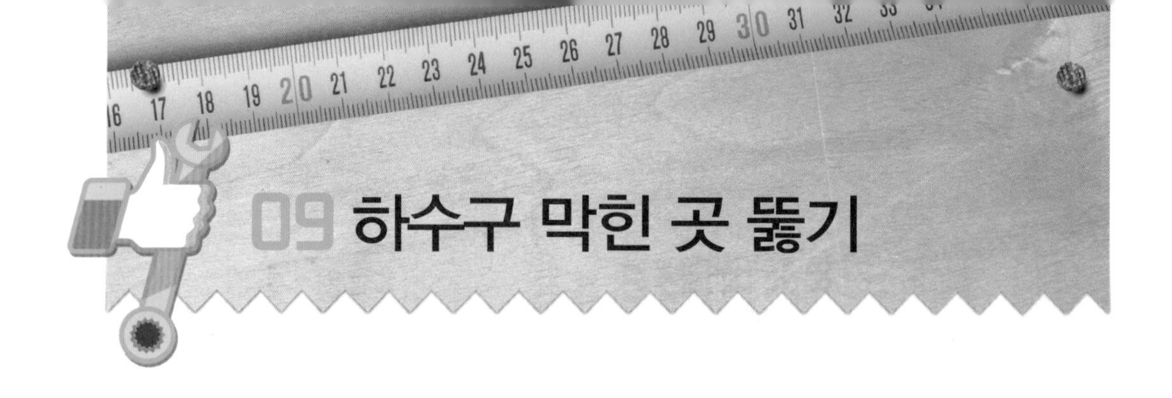

# 09 하수구 막힌 곳 뚫기

**준비공구** 스프링 청소기(소), 스프링 청소기(대), 전동 스프링 청소기, 완코팅장갑

| 스프링 청소기(소) |

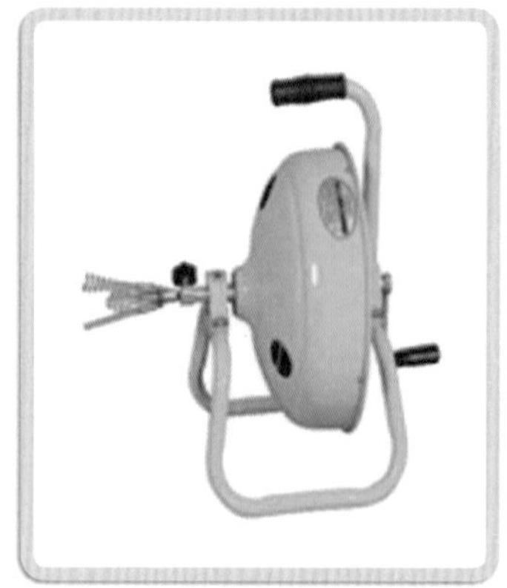
| 스프링 청소기(대) |

| 전동 스프링 청소기 |

❶ 스프링 청소기의 스프링이 나오도록 고정볼트를 풀어준다.

❷ 세면기, 싱크대 하수구 등 막힌 하수구 속으로 스프링을 밀어 넣고 스프링을 좌 · 우로 잘 움직여가면서 막힌 곳에 스프링 청소기의 스프링 끝부분이 닿을 때까지 밀어 넣는다. 더 이상 스프링이 들어가지 않으면 고정볼트를 조여서 스프링 청소기의 스프링이 움직이지 않도록 고정시켜 준다.

❸ 스프링 청소기의 손잡이를 잡고 몸통을 시계방향으로 회전시켜 주면 스프링도 따라서 돌아가면서 안으로 들어가게 된다.

❹ 스프링 청소기의 몸통과 스프링이 회전하면서 스프링 끝부분에 하수구를 막고 있던 이물질이 걸리게 되고 걸린 느낌이 들면 스프링을 반시계 방향으로 돌리면서 빼낸다.

❺ 스프링 청소기의 스프링 끝에 걸린 이물질을 제거 후 하수구가 완전히 뚫릴 때까지 3회 이상 반복하여 작업한다.

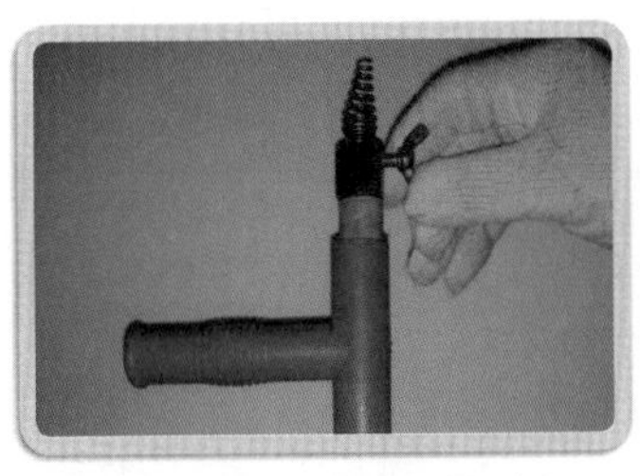

| 청소기 고정볼트 풀기 |

| 스프링 밀어넣기 |

| 스프링 돌리기 |

- 막힌 곳은 전동 스프링 청소기를 사용하면 대부분 뚫리고 저자가 사용해본 청소기 중에서는 가장 효과가 좋은 공구이다.
- 사용 후 깨끗이 씻어 건조한 곳에 보관한다.
- 전원을 사용하므로 감전에 주의한다.

chapter 03

# 벽지 · 건물 외부 관리

## 1 지붕 및 방수공사

(1) 스트레이트 아스팔트

신축이 좋고 교차력도 우수하지만 연화점이 낮은 까닭으로 외기의 온도에 영향을 받지 않는 곳, 주로 지하실에 사용된다.

(2) 블론 아스팔트

연화점이 높고 안정되며 양질의 것이므로 지붕방수에 가장 많이 사용된다.

(3) 아스팔트 콤파운드

블론 아스팔트에 동 · 식물성 유지나 광물질 분말을 혼합하여 제조한 것으로 아스팔트류 중 가장 우수한 제품이다.

(4) 아스팔트 프라이머

아스팔트에 용제를 혼합하여 액체화시킨 교착제로서 방수 시공시 밑바탕에 도포해 부착력을 좋게 한다.

## 2 벽지 계산 방법

(1) 벽지 한 폭의 면적[$m^2$]

① 소폭 합지 : 폭 0.53[m]×길이 12.5[m]=6.6[$m^2$]
② 대용량 소폭 합지 : 폭 0.53[m]×길이 50[m]=26.5[$m^2$]
③ 광폭 합지 : 폭 0.93[m]×길이 17.75[m]=16.5[$m^2$]
④ 대용량 광폭 합지 : 폭 0.93[m]×길이 35.5[m]=33[$m^2$]
⑤ 실크벽지 : 폭 1.06[m]×길이 15.6[m]=16.5[$m^2$]
⑥ 대용량 실크벽지 : 폭 1.06[m]×길이 31.2[m]=33.1[$m^2$]

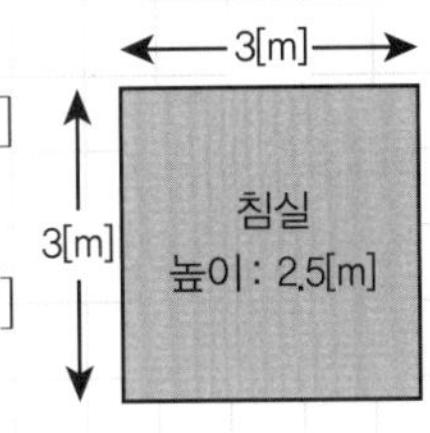

| 소폭합지 |

| 광폭합지 |

| 실크벽지 |

(2) **천장 소요량**

위의 침실 그림을 예로 들어 천장의 가로와 세로를 곱하면 $3[m]\times 3[m]=9[m^2]$이고 좌측 상단의 벽지 면적과 비교하여 필요수량을 계산하면 된다.

① 소폭합지=$9[m^2]\div 6.6[m^2]=1.4$ 즉, 2롤이 필요하다.
② 광폭합지=$9[m^2]\div 16.5[m^2]=0.54$ 즉, 1롤이 필요하다.
③ 실크벽지=$9[m^2]\div 16.5[m^2]=0.54$ 즉, 1롤이 필요하다.

(3) **벽면 소요량**

위의 침실 그림을 예로 들면 벽면 둘레 길이는 12[m]이다. 이때 출입문과 창문의 크기를 고려해서 벽 둘레를 산출하고 벽면의 높이를 2.5[m]라고 했을 경우 둘레 $12[m]\times$높이$2.5[m]=30[m^2]$이므로 면적은 $30[m^2]$이다. 위의 벽지 면적과 비교하여 필요수량을 계산하면 된다.

① 소폭합지=$30[m^2]\div 6.6[m^2]=4.5$ 즉, 5롤이 필요하다.
② 광폭합지=$30[m^2]\div 16.5[m^2]=1.8$ 즉, 2롤이 필요하다.
③ 실크벽지=$30[m^2]\div 16.5[m^2]=1.8$ 즉, 2롤이 필요하다.

(4) **천장과 벽면을 같은 벽지로 할 경우**

위에서 계산한 천장의 면적과 벽면의 면적을 합하여 산출하고 천장 면적 $9[m^2]$+벽면의 면적$30[m^2]=39[m^2]$이므로 면적은 $39[m^2]$이다.

① 소폭합지=$39[m^2]\div 6.6[m^2]=5.9$ 즉, 6롤이 필요하다.
② 광폭합지=$39[m^2]\div 16.5[m^2]=2.4$ 즉, 3롤이 필요하다.
③ 실크벽지=$39[m^2]\div 16.5[m^2]=2.4$ 즉, 3롤이 필요하다.

벽지는 시공시 버려지는 것과 무늬맞춤으로 발생되는 자투리를 감안하여 여유 있게 구입하는 것이 좋다.

# 01 벽지 시공하기

## 1 벽지 도배 전 준비

(1) 벽지와 도배용 부자재를 준비한다.

(2) 콘센트, 스위치, TV 유닛, 전화콘센트 등이 있으면 커버를 제거하고 전등은 철거 후 다시 부착한다.

(3) 종이벽지는 제거한다(기존벽지가 합지인 경우 제외).

(4) 도배한 부분에 습기나 곰팡이가 발생한 흔적이 있는 곳에는 청결하게 한 다음 재차 곰팡이가 발생하지 않도록 풀에 항곰팡이제를 첨가한 후 사용한다.

(5) 실크벽지의 경우 비닐코팅+종이로 되어 있어 위의 비닐 부분을 당기면 벽지가 쉽게 제거된다.

(6) 벽지가 잘 떼어지지 않을 경우, 스프레이로 물을 뿌려둔 후 커터 칼로 떼어 내면 깔끔하게 떨어진다.

(7) 초배지가 떨어졌거나 시멘트나 합판에 직접 바를 경우 초배지를 먼저 바른 후 완전히 마른 후에 그 위에 도배하면 된다.

| 콘센트 등 커버 제거 |

| 초배지 |

| 스프레이 |

## 2 풀 만드는 방법

### (1) 가루 풀

① 가루 풀 200[g]당 물 4[L]가 사용되며, 용기에 먼저 미온수를 준비한다.

② 그릇에 물을 담아 가루 풀을 뿌리면서 섞어준다.

③ 물그릇에 풀을 넣은 다음 20분 정도 기다린다(풀이 물을 먹을 때까지). 그 후 풀을 천천히 저어주면 완성된다.

④ 가루 풀은 시간이 지날수록 점도가 높아져 접착력이 강해진다.

⑤ 접착력을 높이기 위해 본드를 섞는 경우 풀 6[kg]에 본드 1봉을 섞어서 사용한다.

### (2) 밀가루 풀

① 봉지채로 빨래 주무르듯 하여 부드럽게 한 후 통에 부어 미지근한 물 10~15[%]를 넣고 거품기나 손을 이용해 잘 저어주면서 순차적으로 물을 붓는다. 농도는 떠먹는 요구르트보다 조금 더 되게 만든다.

② 접착력을 높이기 위해서 본드를 섞을 경우 풀 6[kg]에 본드 1봉, 풀 14[kg]에 본드 2봉을 섞어서 사용한다.

③ 합판, 패널, MDF 등 접착이 잘 되지 않는 곳에는 전면에 바인더(접착제 일종)를 바른 후 벽지를 시공한다,

④ 석고보드는 접착이 잘 되므로 석고보드 이음 부분에 보수 초배지(습식 네바리)로 시공 후 벽지를 시공한다.

**준비공구** 풀, 풀 솔, 칼받이, 도배용 칼, 칼꼭지(도배 이음부를 문질러 주는 것), 롤러, 장갑, 물스프레이 등

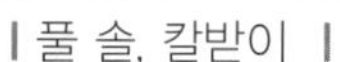
| 풀 솔, 칼받이 |

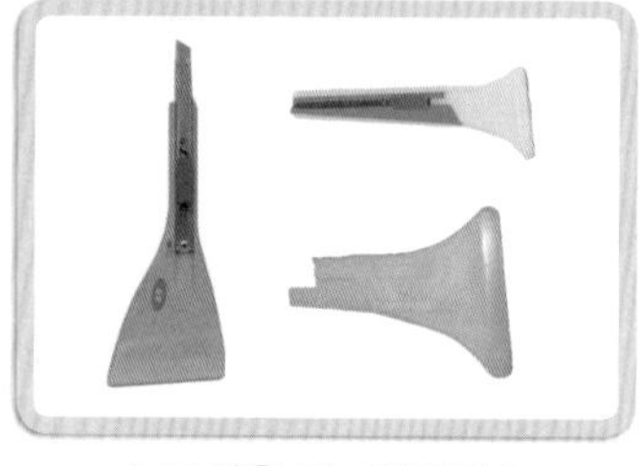

| 도배용 칼, 칼꼭지 |

| 롤러(기술자용) |

## 제품구성 벽지

❶ 벽면 높이보다 10~25[cm](무늬에 따라 다름) 정도 여유롭게 벽지를 재단한다.

❷ 무늬가 있는 경우, 첫 폭 재단 후 둘째 폭은 첫 폭 무늬에 셋째 폭은 둘째 폭에 맞추어 순서대로 재단한다.

❸ 벽면 높이가 230[cm]일 경우 10[cm] 정도 여유롭게 240[cm] 정도로 재단한다(큰 무늬는 무늬만큼 더 감안).

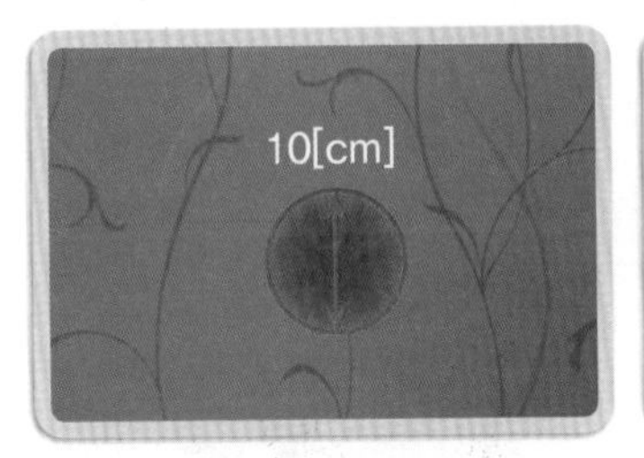

| 무늬 10[cm] |

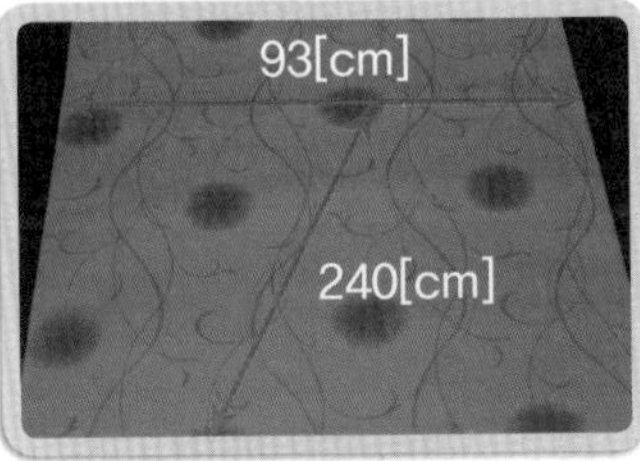

| 240[cm] 전폭 |

| 실크벽지 |

❹ 풀로 벽지의 전면을 칠해준다. 특히 가장자리는 잘 붙지 않는 부위이므로 꼼꼼히 칠해주도록 하고 안쪽 부분은 중간중간 물을 뿌려가면서 가장자리보다 묽게 칠해주어도 된다.

❺ 풀칠이 끝나면 아래 그림처럼 접은 후 약 5분간 벽지가 풀을 먹게 해야 떨어지지 않고 잘 붙는다.

❻ 풀 바른 면을 안쪽으로 ①번에서 ②번으로 접고 ④번에서 ③번으로 접어 5분간 벽지가 풀을 먹게 한다.

❼ 합지벽지는 접어놓은 벽지를 8~15분 이내로 바로 붙여야 한다.

❽ 실크벽지는 접어놓은 벽지를 10~25분 이내로 바로 붙여야 한다.

❾ 접어진 풀 바른 벽지를 한쪽 한쪽 펼치면 자연스럽게 펴진다.

❿ 풀 바른 벽지의 한쪽 부분의 양 끝을 두 손으로 잡고 털어주면 자연스럽게 벽지가 펴지고 몰딩보다 약 3[cm] 위쪽에 붙인다(위 · 아래쪽 남는 부분은 평자 또는 칼받이(헤라)를 이용하여 칼로 제거).

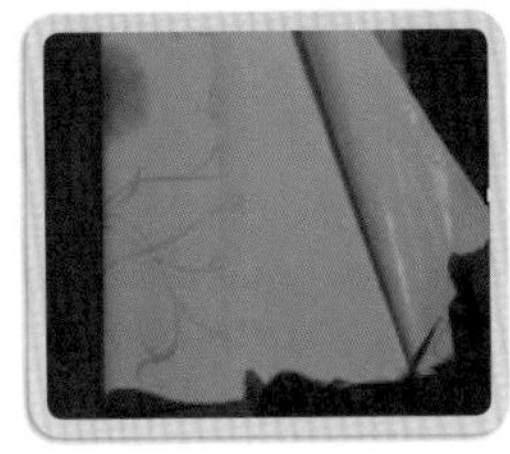
| 풀 바른 벽지 |

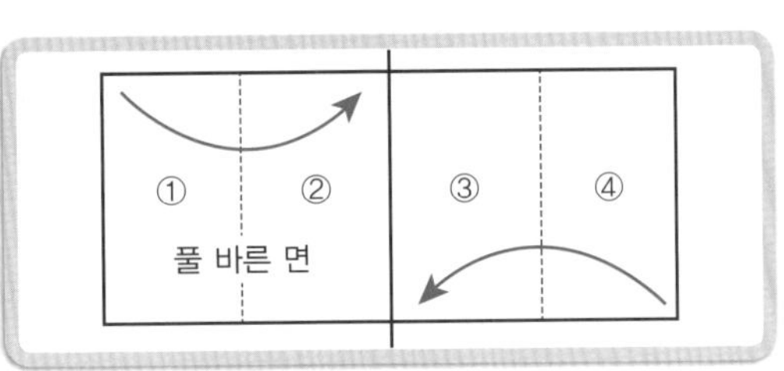

| 풀 바른 면 접는 방법 |

| 두손으로 잡고 털기 |

⑪ 벽지를 붙인다.

⑫ 합지벽지는 이음 부분을 0. 5~1[cm] 정도 겹침시공 한다.

⑬ 실크벽지는 반대로 폭을 맞닿게 하되 겹치지 않고, 벽면을 시공할 때는 출구 쪽에서 좌우로, 왼쪽에서 오른쪽으로, 콘센트나 스위치 등의 부분은 ×형태로 칼집을 낸 다음에 테두리를 깔끔하게 마무리 한다.

⑭ 위쪽은 여유 있게 붙여 나중에 잘라내면 된다.

⑮ 전체 시공 후 잘 드는 칼이나 자, 도배용 칼, 밀대, 칼받이 등을 이용하여 벽의 위와 아래에 남은 부분을 깔끔하게 잘라내고 이음면이 벌어지거나 떨어지지 않게 눌러 주고난 후에 콘센트, 스위치, 전등 등을 다시 부착한다.

| 벽지 솔질 |

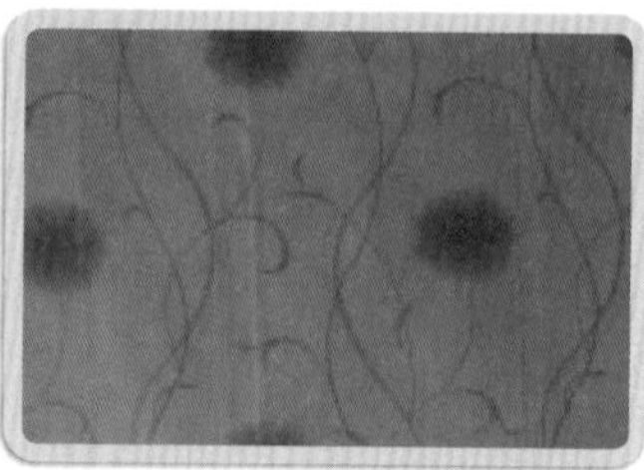

| 밀대로 이음 부분 눌러줌 |

| ×천장스피커 부분 벽지 자르기 |

하루 정도 혹은 바람 불고 비 오는 날은 특히 창문을 열어놓지 말아야 한다. 창문을 열어놓으면 풀이 마르고 잘 붙지 않는다.

# 02 시트지(스티커타입) 시공하기

## 1 장 점

(1) 누구나 쉽고 빠르게 작업할 수 있다.

(2) 더러워져도 물로 쉽게 닦아낼 수 있다.

(3) 벽뿐만 아니라 가구 등에도 사용할 수 있다.

(4) 비교적 가격이 저렴하다.

## 2 시트지 규격

(1) **시트지(스티커타입) 폭** : 92[cm]

① A타입 : 폭 92[cm]×길이 5[m]

② B타입 : 폭 92[cm]×길이 1[m]

③ 최대 폭 92[cm]×길이 30[m]까지 가능하다.

(2) **시트지(스티커타입) 폭** : 50[cm]

① A타입 : 폭 50[cm]×길이 15[m]

② B타입 : 폭 50[cm]×길이 5[m]

③ C타입 : 폭 50[cm]×길이 1[m]

④ 최대 폭 50[cm]×길이 30[m]까지 가능하다.

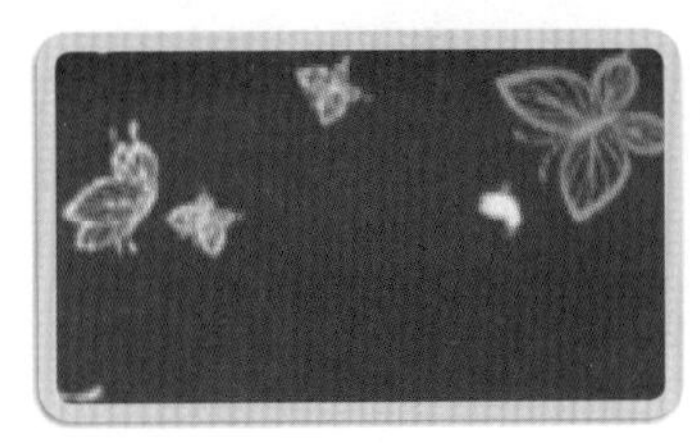

| 폭이 92[cm] |

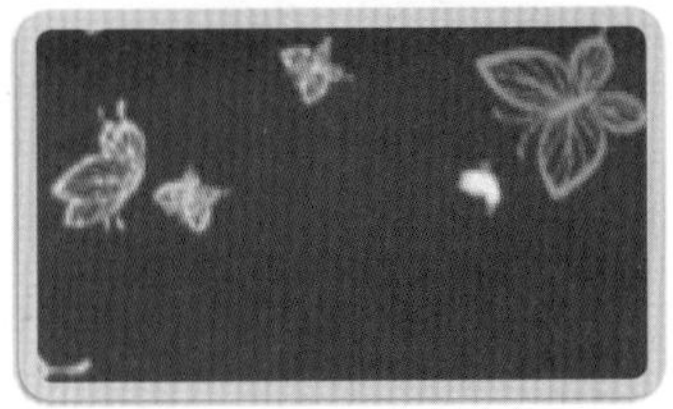

| 폭이 50[cm] |

| 밀대 |

**준비공구** 마른걸레, 칼, 자(직자)

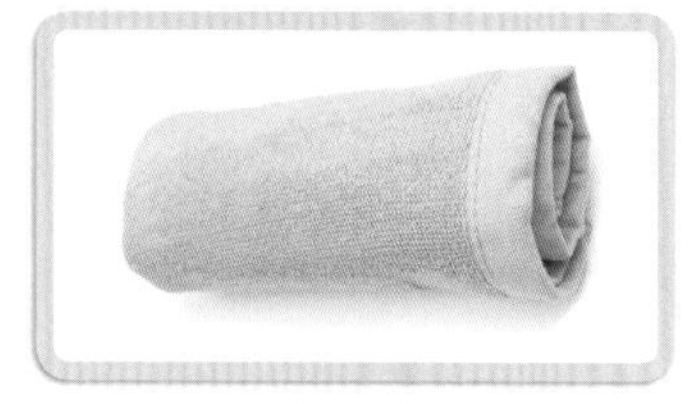

| 마른걸레 |

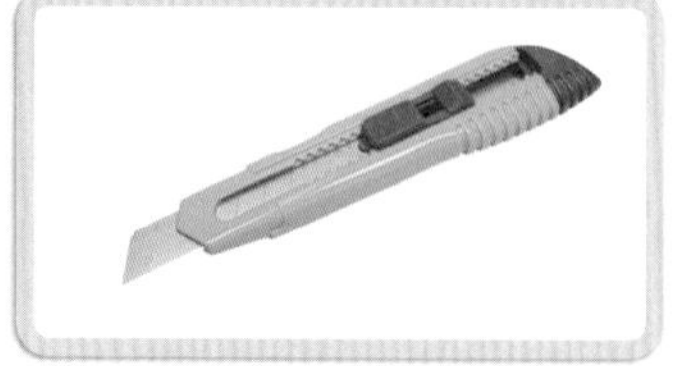

| 칼 |

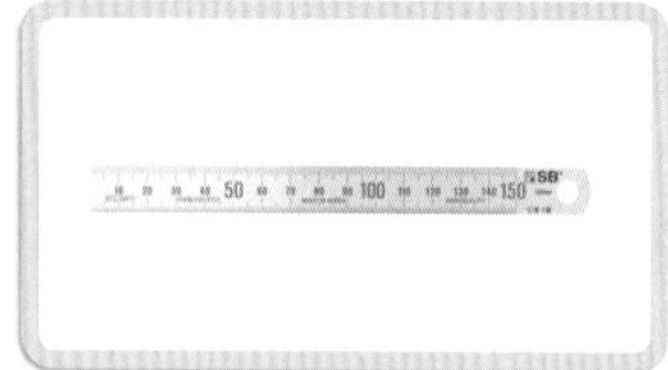

| 자(직자) |

**제품구성** 시트지, 밀대

| 시트지 |

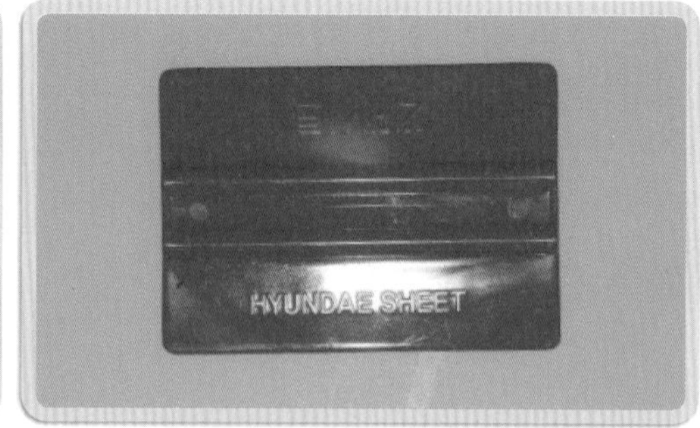


| 밀대 |

❶ 벽면 닦기 : 시트를 바르기 전에 우선 부착할 면에 이물질이 묻지 않도록 걸레로 닦아준다.

❷ 재단하기 : 부착할 면보다 10~15[mm] 정도 여유를 두고 재단을 한다.

❸ 이면지 떼기 : 시트를 붙일 때 이면지를 한꺼번에 떼지 말고, 조금씩 붙이며 떼어가야 한다.

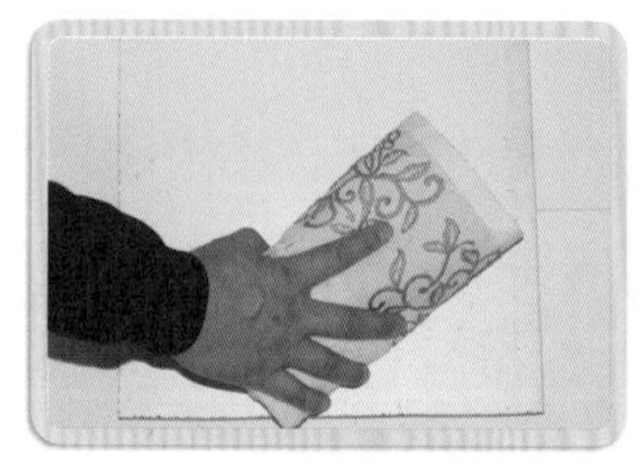

| 벽면 닦기 |

| 재단하기 |

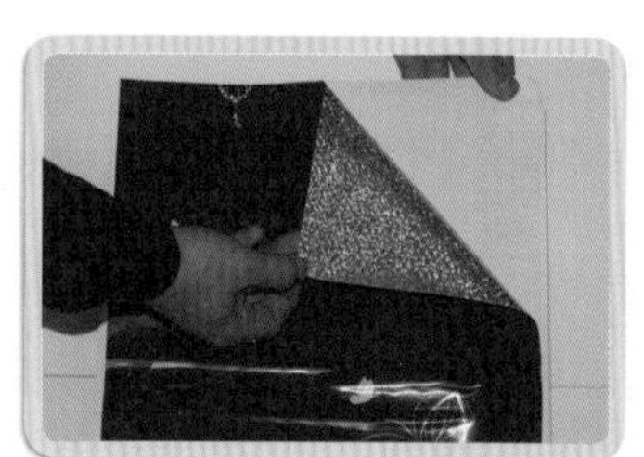

| 이면지 떼기 |

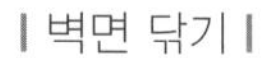

❹ 시트 붙이기 : 벽지 표면을 중심으로 바깥쪽으로 상 · 하, 좌 · 우로 밀면서 부착하고 남는 부분은 깔끔하게 잘라낸다.
❺ 밀대로 밀기 : 밀대로 전면을 조금씩 밀어내어 공기를 제거한다.
❻ 기포빼기 : 시트를 부착한 후 기포가 생기면 바늘, 칼끝을 이용하여 공기를 빼준다.

| 시트 붙이기 |

| 밀대로 밀기 |

| 칼로 기포빼기 |

# 03 도장(페인트칠)하기

기초 Ready!

## 1 바름 방법

(1) 붓 칠

① 보편적으로 사용한다.

② 위 → 아래, 좌 → 우로 붓 칠을 한다.

(2) 롤러 칠

① 평활하고 큰 면에 유리하다.

② 다세대, 다가구 등의 벽면 도장에 사용한다.

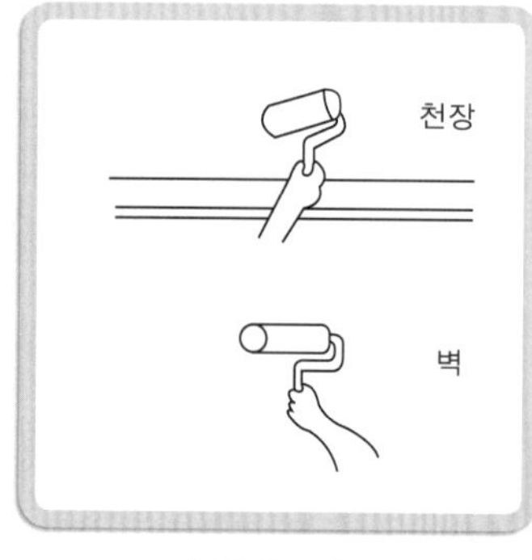


| 천장 · 벽 |

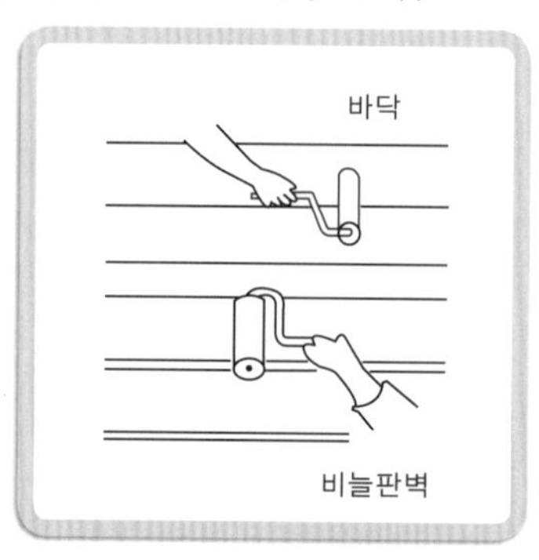


| 바닥 · 비늘판벽 |

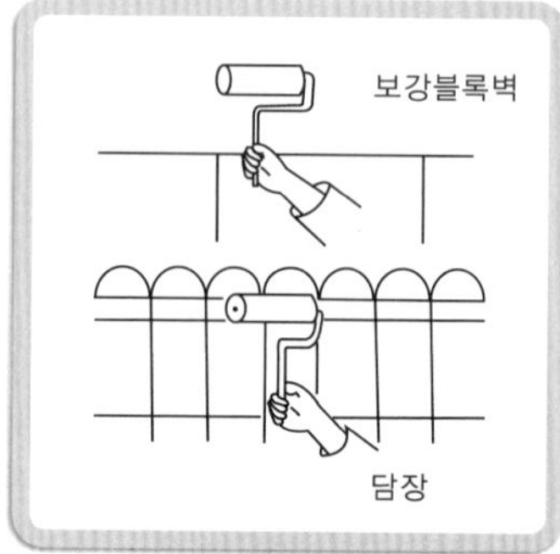


| 보강블록벽·담장 |

(3) 뿜 칠

① 도료가 되면 칠면의 칠 오름이 거칠어지고, 묽으면 칠 오름이 나빠진다.

② 압력이 너무 낮으면 칠면의 칠 오름이 거칠어지고 너무 높으면 손실이 많으며 압력은 3.5[kg/m$^2$]가 가장 좋다.

③ 칠면과 스프레이건의 거리가 너무 가까우면 도료가 묻어 얼룩이 지고 거리가 너무 멀면 칠면이 거칠고 손실이 많아진다.

④ 스프레이건은 칠면에 약 30[cm]의 일정거리를 유지해야 한다.
⑤ 스프레이건은 가급적 연속적으로 움직인다.
⑥ 스프레이건의 운행방향은 제1회, 제2회 제각기 직각이 되도록 한다.
⑦ 스프레이건은 칠면에 직각으로 함과 동시에 1행의 뿜는 칠면의 폭은 30[cm] 정도로 3분의 1 또는 2분의 1행이 겹쳐지도록 한다.

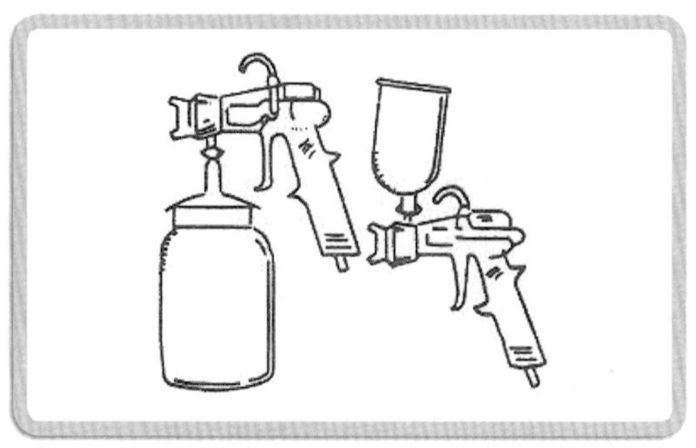

| 스프레이건 |

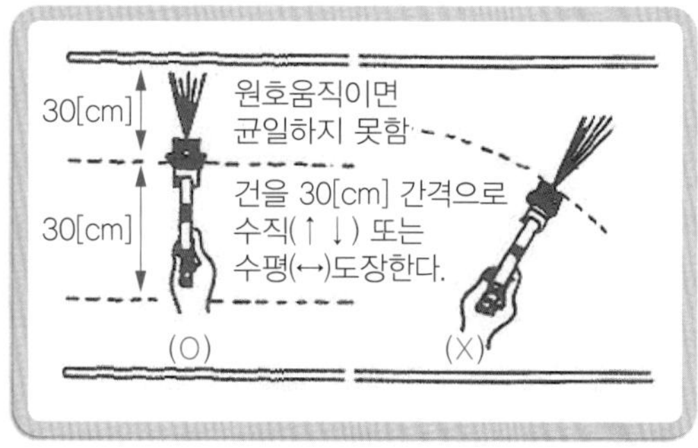


| 스프레이건 움직이기 |

공동주택(아파트, 연립, 다세대, 기숙사), 빌딩, 주택 등 빗물이 직각으로 닿는 벽, 바닥, 현관 출입구, 장애인 램프 등은 미싱(프라이머)을 바르고 건조 후 페인트칠을 해야 하자를 방지하고 건축물의 수명이 오래간다.

## 2 실란트 또는 핸디코트 시공

(1) 홈이나 갈라진 곳, 파인 곳, 금이 간(크랙) 곳 등은 실란트를 실리콘 건을 이용하여 얇게 발라주고 스크레이퍼를 사용하여 다듬어준다.
(2) 실란트는 약 4~6시간 정도 지나면 건조된다.
(3) 홈이나 갈라진 부분은 실란트 또는 핸디코트로 메꿔 평활하게 한 후에 도장해야 한다.

**준비공구** 롤러대, 붓, 롤러, 커버링 · 마스킹 테이프(폭 12, 15, 25, 50[mm]), 작업복, 빗자루, 반코팅장갑, 스크레이퍼 등

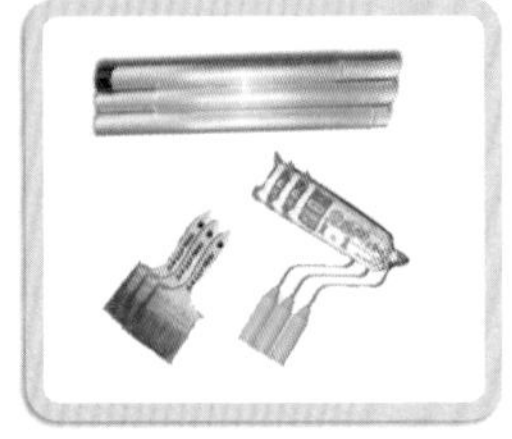   

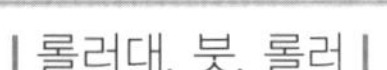

| 롤러대, 붓, 롤러 | | 커버링 · 마스킹 테이프 | | 작업복, 빗자루 | | 반코팅장갑 |

**제품구성** 믹싱(프라이머 : 피도면과 페인트 접착을 높이는 것), 수성페인트, 실란트 또는 핸디코트

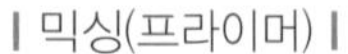

| 믹싱(프라이머) | | 수성페인트 | | 실란트 |

## 벽·담장 등 도장방법

❶ 가장 먼저 도장면의 먼지, 기름때, 물기, 녹, 기타 불순물을 제거한다.

❷ 신축 건물의 콘크리트 및 모르타르면인 경우 도장면이 충분히 양생되고 pH 7~9(온도 20℃ 기준 30일 이상 양생), 수분함량이 5[%] 이내인 경우 도장한다.

❸ 희석시 상수도 물은 10% 내외로 희석하여 사용하되 과도한 희석은 이색현상, 얼룩, 은폐 불량, 작업성 및 물성에 영향을 미칠 수 있으므로 피해야 한다.

❹ 도장하기 전 내용물이 균일하게 혼합되도록 잘 저어주고 사용 중에도 가끔씩 저어준다.

❺ 붓, 롤러 사용시 일정한 방향으로 도장을 하고 서툰 방향 바꿈은 이색 현상을 발생시킬 수 있으므로 주의한다.

❻ 한번에 너무 두껍게 도장하지 말고, 얇게 2~3회 반복하여 도장할 경우에는 충분히 건조 후 도장해야 얼룩이나 붓 자국이 남지 않는다.

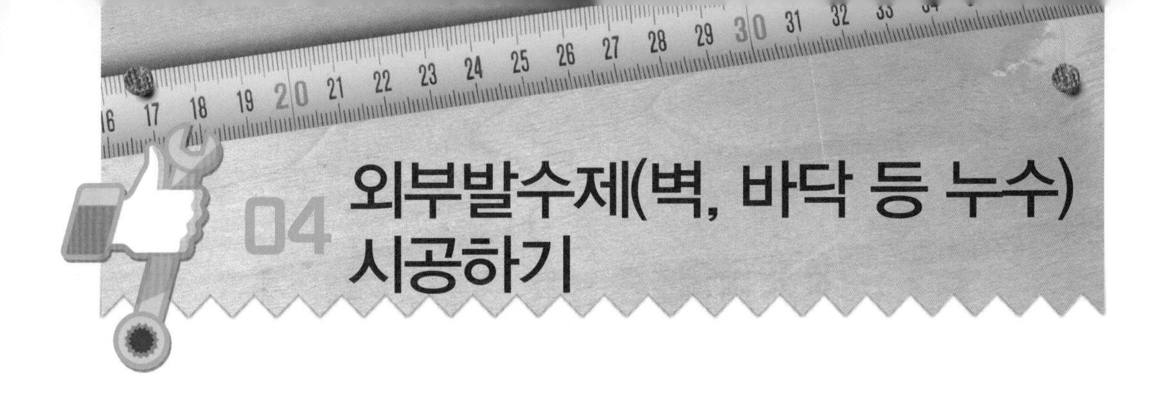

# 04 외부발수제(벽, 바닥 등 누수) 시공하기

**준비공구** 반코팅장갑, 스크레이퍼, 롤러대, 붓, 롤러, 작업복, 빗자루, 철브러시, 방진마스크,

| 반코팅장갑 |

| 롤러대 |

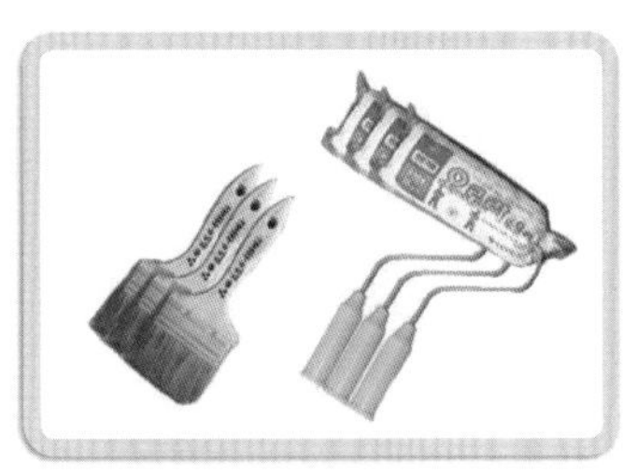

| 붓, 롤러 |

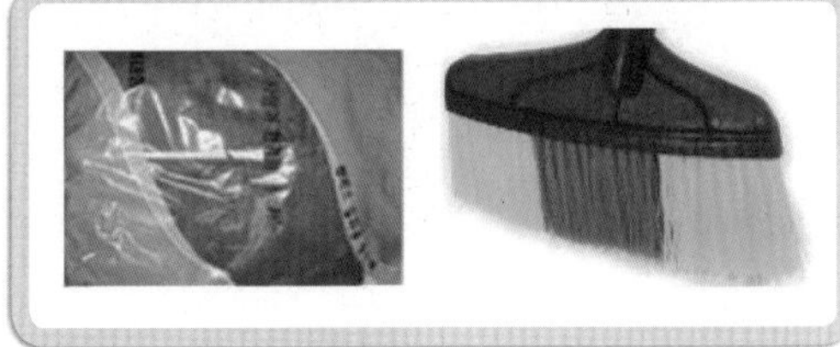

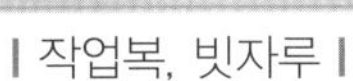

| 작업복, 빗자루 |

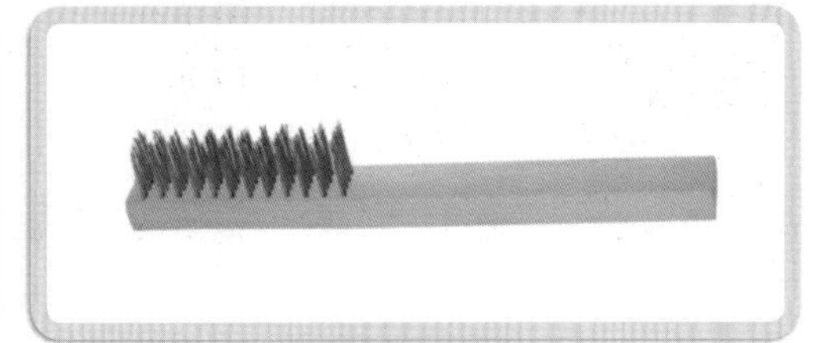

| 철브러시 |

**제품구성** 외부 발수제

| 외부 발수제 |

❶ 벽 · 구조체 청소 : 가장 먼저 발수제를 바를 면의 먼지, 기름때, 물기, 녹, 기타 불순물을 완전히 제거한다.

❷ 발수제를 바른다. 구석이나 모서리 부분에 발수제를 먼저 붓으로 바르고, 넓은 면적은 롤러를 사용하여 바르면 편리하다.

❸ 발수제 도장시 롤러 또는 낮은 압력의 스프레이 기기를 이용하여 가능한 피도면에 깊숙이 침투되도록 발수제를 도장한다.

❹ 균열 부분은 완전히 실링(실란트를 실리콘건으로 사춤한 것)한 뒤 도장하면 되고 반복하여 발수제를 도장할 경우에는 충분히 건조된 것을 확인 후 재도장한다.

❺ 도료가 흡수되지 않거나 묻지 말아야 할 부분, 타일 · 유기 등에 도료가 묻을 시에는 건조되기 전에 에나멜 시너(에나멜 또는 유성 페인트), 스레트 시너(스레트 페인트), 에폭시 시너(에폭시 바닥재), 우레탄 시너(우레탄 방수제) 등 용도에 맞게 닦아낸다.

- 에나멜 시너도 옷의 종류에 따라 옷이 변색 및 손상될 수 있고 에폭시 시너, 우레탄 시너는 옷에 사용하면 옷이 손상되므로 사용을 금지한다.
- 외부 발수제는 무색이다.

| 외부 발수제 |

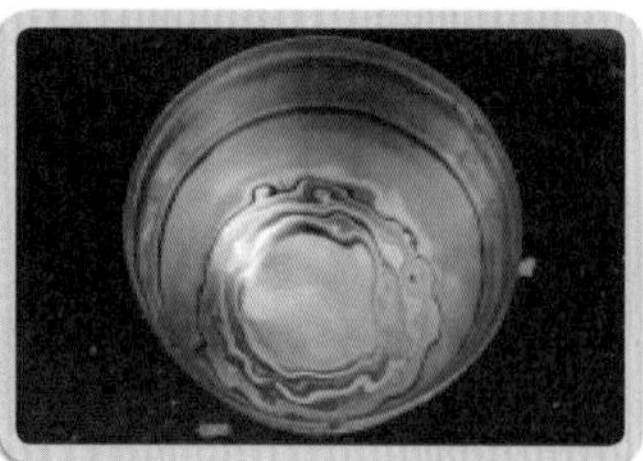
| 발수제 내부(무색) |

| 발수제 도료 과정 |

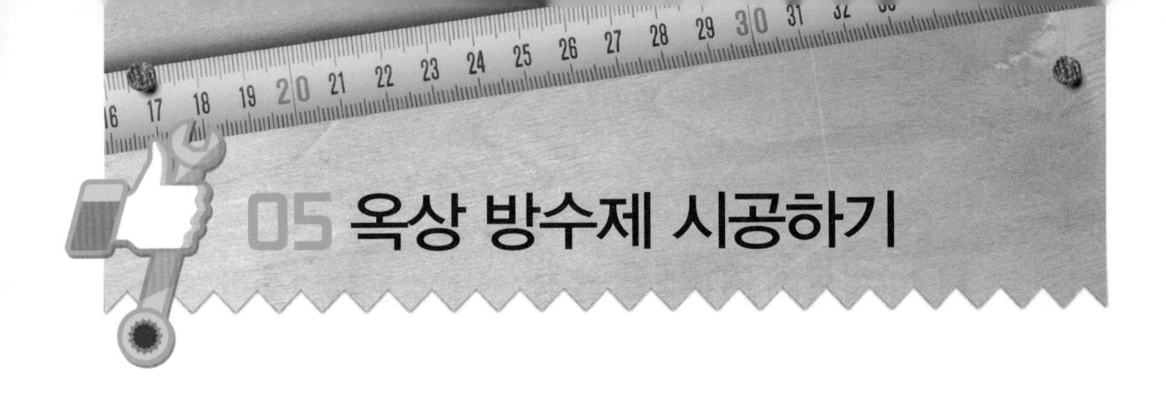

## 1 옥상 방수 시공 흐름

시작 → 청소 → 하도 → 실란트(퍼티) → 중도 또는 재도장 → 상도 → 완료

## 2 작업 시간

| 건조종류 \ 온 도 | 5~10도 | 10~15도 | 15~20도 | 20~25도 | 25~30도 |
|---|---|---|---|---|---|
| 지속건조 | 20시간 | 12시간 | 8시간 | 6시간 | 3시간 |
| 경화건조 | 3일 | 40시간 | 24시간 | 18시간 | 12시간 |
| 완전건조 | 10일 | 6일 | 4일 | 3일 | 2일 |

## 3 K모사의 모노탄 옥상 방수 페인트 평형별 수량

| 면 적 | 하 도 | 중 도 | 상도(2액형) |
|---|---|---|---|
| 5평형(약 15[m$^2$]) | 4[kg]×1 | 18[kg]×1 | 3.6[L]×1 |
| 10평형(약 35[m$^2$]) | 4[kg]×2 | 18[kg]×2 | 3.6[L]×2 |
| 15평형(약 50[m$^2$]) | 14[kg]×1 | 18[kg]×3 | 3.6[L]×2 |
| 20평형(약 65[m$^2$]) | 14[kg]×1 | 18[kg]×4 | 12.6[L]×1 |
| 25평형(약 80[m$^2$]) | 14[kg]×1, 4[kg]×1 | 18[kg]×5 | 12.6[L]×1 |
| 30평형(약 100[m$^2$]) | 14[kg]×1, 4[kg]×2 | 18[kg]×6 | 12.6[L]×1 |

| 면 적 | 하 도 | 중 도 | 상도(2액형) |
|---|---|---|---|
| 35평형(약 115[m$^2$]) | 14[kg]×2 | 18[kg]×7 | 12.6[L]×1, 3.6[L]×1 |
| 40평형(약 130[m$^2$]) | 14[kg]×2 | 18[kg]×8 | 12.6[L]×1, 3.6[L]×2 |
| 45평형(약 150[m$^2$]) | 14[kg]×2 | 18[kg]×9 | 12.6[L]×1, 3.6[L]×2 |
| 50평형(약 165[m$^2$]) | 14[kg]×2, 4[kg]×1 | 18[kg]×10 | 12.6[L]×2 |

**준비공구** 방진마스크, 스크레이퍼, 붓, 롤러, 장갑, 실란트, 실란트 건, 토시, 작업복, 철브러시, 롤러대, 핸드그라인더(표면가공날), 빗자루 및 쓰레받기 또는 청소기, 고압세척기

| 방진마스크, 스크레이퍼(철, 고무) |

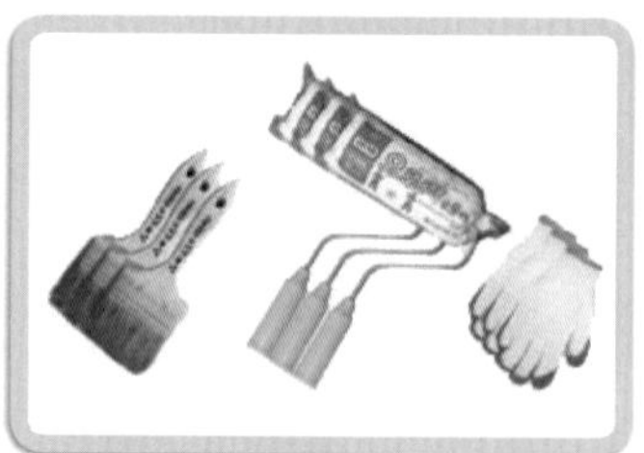

| 붓, 롤러, 장갑 |

| 실란트, 실란트건, 토시, 작업복 |

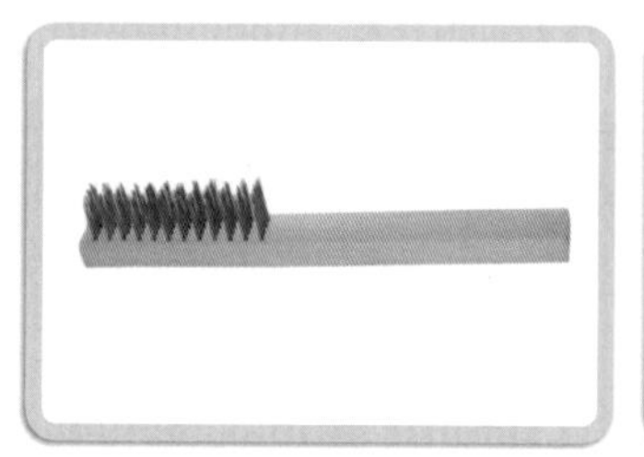

| 철브러시 |

| 롤러대 |

| 표면가공날(벽면, 바닥) |

| 고압 세척기 |

| 빗자루 |

| 쓰레받기 |

하도, 중도, 상도, 우레탄 실란트(방수실리콘), 우레탄(방수) 시너

## 옥상 방수 시공하기

### ❶ 옥상 대청소

- 가장 먼저 옥상 바닥(피도)면의 이물질을 제거하고 청소를 깨끗이 한다.
- 표면이 거친 부분은 스크레이퍼 또는 디스크(핸드)그라인더의 콘크리트 표면가공날을 이용하여 제거한다.
- 습기, 이끼, 불순물이 있는 곳은 완전히 제거한다. 완전히 제거되지 않을 경우 하자의 원인이 된다.
- 물청소를 했을 경우에는 완전히 건조 후 작업해야 하자 문제가 발생하지 않는다.

기존 바닥면에 발수제, 방수액이 발라져 있는 경우에는 반드시 표면가공날(바닥용)을 사용하여 핸드그라인더로 제거해야 한다. 제거하지 않으면 하도작업 후에는 표시가 나지 않으나 중도작업 이후에 주름현상 등이 발생하여 치명적인 하자가 된다.

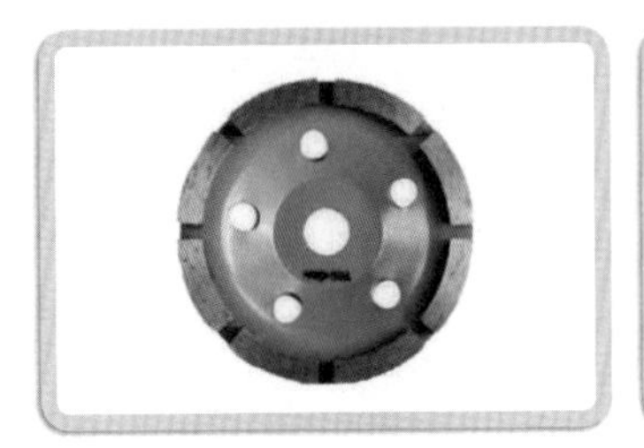

| 표면가공날(벽면, 바닥) |

| 표면가공날(모서리) |

| 디스크(핸드)그라인더 |

### ❷ 하도 작업

- 하도 작업을 시작한다.
- 하도 작업은 중도의 접착을 높이는 작업이기 때문에 골고루 잘 발라야 하고 너무 두껍게 바르면 하도가 모자랄 수 있기 때문에 적당히 배분하며 바른다.
- 하도 작업시 기포가 생기는 부분은 붓이나 롤러를 이용하여 2~3회 문질러 주면 된다.
- 신축 건축물은 하도가 시멘트에 많이 흡수되는 현상이 있으므로 여유있게 구매한다.

- 하도 건조시간 : 봄, 가을에는 4~6시간 이상, 여름에는 2~3시간 이상, 겨울에는 최소 8시간 이상
- 하도 도장 평수 : 4[kg]은 약 4~5평, 14[kg]은 약 15~20평

### ❸ 하도 작업 후 실란트 작업

- 하도 작업이 끝나면 실란트(퍼티)작업 또는 방수 실리콘작업을 한다.
- 크랙(금이간 곳), 파인 부분은 실란트를 실리콘건을 이용하여 얇게 발라 주고, 스크레이퍼를 사용하여 다듬어준다.
- 실란트 건조시간은 약 4~6시간이나 두께에 따라 30~48시간까지 건조시킨다.

| 피도면 청소 |

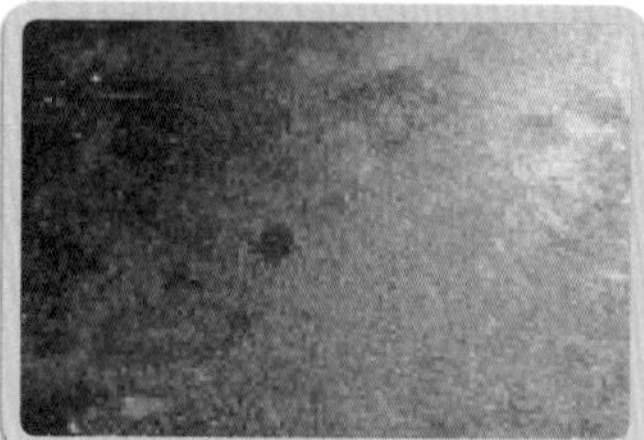

| 하도 작업 |

| 실란트 작업 |

실란트 작업은 미세 박리, 박락, 균열 부위에 가능하나 철근이 드러난 경우에는 반드시 시멘트 모르타르로 사춤 후 양생기간 약 28~30일 이후 청소→하도→실란트→중도→상도 순서로 작업을 진행하면 된다.

### ❹ 중도 작업

- 완전히 건조되었으면 중도 작업을 시작한다.
- 구석진 곳부터 붓으로 작업해 주고 넓은 부분은 롤러로 작업한다(수직면은 중도 작업 생략 즉, 하도와 상도로 끝내도 된다). 중도 작업은 봄, 가을에는 낮 시간, 여름에는 4시 이후에 하는 것이 좋고(기포발생 우려가 있기 때문), 오후 12시에서 3시, 아침 8시 이전 작업은 피하는 것이 좋다.

- 중도 건조시간 : 24시간 이상
- 중도 도장 평수 : 4[kg]은 약 2~3평, 18[kg]은 약 8~9평
- 예상수명 : 두께 1[mm]는 5년, 두께 2[mm]는 10년, 두께 3[mm]는 15년(통상 두께 2[mm]를 선호)

### ⑤ 중도 재도장

필요에 따라 중도 작업을 반복한다. 1차 중도 작업 완료 후 24시간 뒤에 재도장을 한다. 보급형은 중도 작업을 2회, 고급형은 중도 작업을 3회 한다. 재도장을 할수록 내구성이 증가한다.

롤러로 1차 도장(일반형) 24시간 후 2차(보급형) 작업을 하고, 2차 작업 24시간 후 3차(고급형) 작업을 한다.

### ⑥ 상도 작업

- 중도 작업 후 가급적 24시간 이후에 상도 작업을 하고 상도는 주제와 경화제를 섞어서 사용해야 한다. 주제와 경화제가 잘 섞이지 않으면 1년이 지나도 건조가 되지 않는다. 상도의 주제와 경화제가 2~3시간 후 굳기 시작하기 때문에 2~3시간 안에 작업을 마쳐야 한다.

| 중도(회색) |

| 상도(회색 마무리) |

- 상도 도장을 완료하고 하루 정도 지난 후(물론 만져서 묻어나지 않을 정도) 옥상을 사용하면 된다.

| 중도(녹색) |

| 상도(녹색) |

| 완료(마무리) |

옥상 방수의 우레탄 등 방수 시공할 경우 계약서의 특약 조건에 '하도, 중도, 상도 등 잔량을 모두 소모한다'는 문구를 삽입할 것

part 2

# 소방설비 및 기타

# 01 투척용 소화기

## 1 구 성

(1) 보호커버 1조
(2) 소화약제 1개
(3) 나사못 2개
(4) 소화약제 낙하방지 스토퍼 2개

## 2 설치 장소

화재가 발생한 곳에 던져서 소화하는 것으로 노유자시설에 설치한다.
(1) 어린이집
(2) 유치원
(3) 노인복지시설
(4) 장애인복지시설 등

## 3 사용방법

(1) 커버를 벗긴다.
(2) 소화약제를 꺼낸다.
(3) 불을 향해 던진다.
(4) 소화된다.

(a) 투척용 소화기

(b) 커버를 벗긴다.

(c) 소화약제를 꺼낸다.

(d) 불을 향해 던진다.

## 4 관리상의 유의점

(1) 보통화재에 대응하기 위한 제품이다.
(2) 초기 화재진압을 목적으로 사용하고 화재의 크기, 소화시간, 화재의 적응성에 따라 소화범위에 한계가 있다.
(3) 화재시 반드시 전기기구의 전원을 차단하고, 가스기구의 가스를 차단한다.
(4) 화상을 당하지 않게 불로부터 가급적 떨어진 곳에서 사용한다.
(5) 불을 끈 다음에 불이 난 곳에 가까이 가지 않는다.
(6) 사람이나 동물을 향해 절대 사용을 금지한다.
(7) 액체를 흘렸을 경우에는 카펫 등이 염색될 수 있으니 타월 등으로 가볍게 문질러 닦아낸다.

## 5 응급처치

(1) 소화약제가 눈에 들어갔을 경우 흐르는 물에 깨끗이 씻고 이상이 있으면 의사의 진단을 받는다.
(2) 피부에 닿았을 경우 비누로 깨끗이 씻어주고 이상이 있으면 의사의 진단을 받는다.
(3) 사람이 마셨을 경우에 바로 토해내고 의사의 진단을 받는다.

# 02 일반 소화기

## 1 비치 장소

(1) 소화기는 잘 보이고 불이 나기 쉬운 곳에 비치한다.

(2) 통행에 지장을 주지 않는 곳이나 습기나 직사광선(햇빛)을 피하여 비치한다.

(3) 이산화탄소 소화기는 지하층, 무창층에는 설치하지 말고, 방사시 노출 부분 취급에 주의한다.

| 불이 나기 쉬운 곳에 비치 |

| 통행에 지장을 주지 않는 곳에 비치 |

## 2 적응 표시

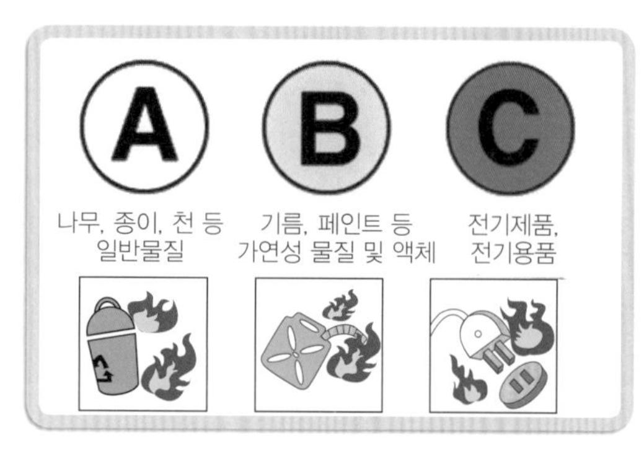


| ABC 화재 적응 표시 |

| 분말소화기(ABC) |

## 3 사용방법

(1) 소화기를 불이 난 곳으로 가져간다.

(2) 손잡이 부분의 안전핀을 뽑는다.

(3) 바람을 등지고 서서 호스를 불쪽으로 향하게 한다.

(4) 손잡이를 힘껏 움켜쥐고 빗자루로 쓸듯이 뿌린다.

## 4 관리상의 유의점

(1) 소화기는 보기 쉽고 사용하기 편리하며 통행에 지장을 주지 않는 곳에 비치한다.

(2) 어린이의 장난, 도난 등을 막기 위해 소화기를 철사 등으로 묶어 두어서는 안 된다.

(3) 습기나 직사광선을 피하여 비치한다.

(4) 사용 후에는 남아있는 압력을 방출하고 재충전한다.

(5) 소화기는 월 1회 정도 점검하여야 한다.

# 03 옥내소화전

## 1 사용방법(2인)

(1) 화재가 발생하면 화재를 알리고자 발신기 스위치를 누르고, 소화전 문을 열고 관창(물을 뿌리는 부분, 노즐)과 호스를 꺼낸다.

| 옥내소화전 |

(2) 다른 사람은 호스의 접힌 부분을 펴주고 관창(노즐)을 가지고 간 사람이 물을 뿌릴 준비가 되면 소화전함 개폐밸브를 반시계방향으로 돌려 개방한다.

| 관창과 호스 |

| 반시계방향으로 개방 |

(3) 관창(노즐)을 잡고 불이 있는 곳으로 가 물을 뿌린다.

| 관창을 잡고 불쪽으로 이동 |

## 2 사용시 주의사항

(1) 방수시 호스가 꺾이지 않도록 하여야 한다.

(2) 방수시 호스의 반동력이 크므로 노즐을 도중에 놓아서는 안 된다.

(3) 옥외소화전은 특히 반동력이 크므로 노즐 조작시 보조 조작자가 필요하다.

# 04 단독경보형 감지기

## 1 설치장소

(1) 전체 화재 중 주거용 건물에서 발생한 화재로 인하여 많은 비중의 인명피해가 발생하고 있다.

(2) 주택에 대한 소방시설의 설치와 주택화재 예방을 위해 취약시설에 단독경보형 감지기를 설치한다.

① 노인이 홀로 거주하는 주택

② 장애인 또는 지체부자유자가 거주하는 주택

③ 소년소녀 가장의 주택

④ 한 부모가정 주택 등

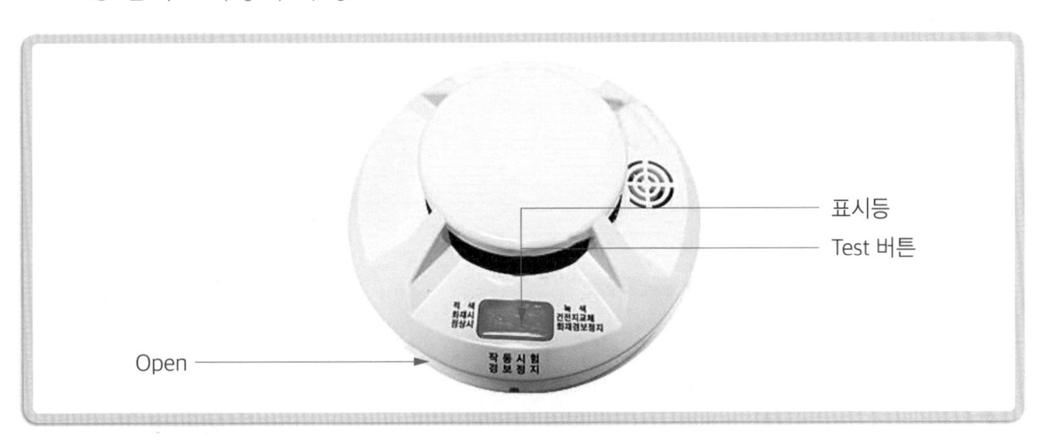


| 단독경보형 감지기 |

단독경보형 감지기는 자동으로 화재를 감지해 경보음을 울려 화재발생 사실을 알려줌으로써 위험으로부터 벗어날 수 있는 시간을 확보해준다.

## 2 특 징

(1) 연기에 의해 동작하는 감지기이다.
(2) 사용전압은 3[V]로 리튬전지 등을 사용한다.
(3) 건전지 수명은 약 10년 정도로 별도 배선이 없는 단독형 제품이다.
(4) 경보 음량은 감지기로부터 1[m] 거리를 기준으로 85[dB] 이상이어야 한다(음성으로 경보)

## 3 기 능

(1) 정상시에는 적색 표시등이 약 50초 간격으로 점멸, 테스트 버튼을 누르면 경보음과 함께 "화재발생" 멘트가 나오며 함께 적색 표시등이 점멸한다.
(2) 화재시에는 적색 표시등이 약 10초간 점멸 후 "화재발생" 멘트가 울린다.
(3) 테스트 버튼을 10초 동안 누르면 화재발생 경보가 정지되며 녹색 표시등이 약 30초 간격으로 점멸하면서 정상상태로 복귀한다.
(4) 건전지 성능이 저하(약 2.68[V] 이하)되었을 때에는 경보음과 함께 "건전지를 교체하여 주십시오."라는 멘트가 약 1분 50초 간격으로 나온다. 이때 녹색 표시등도 점멸한다.

## 4 설치방법

(1) 베이스를 천장에 고정한다.
(2) 전지의 전원 잭을 연결한다.
(3) 본체를 베이스와 연결한다.

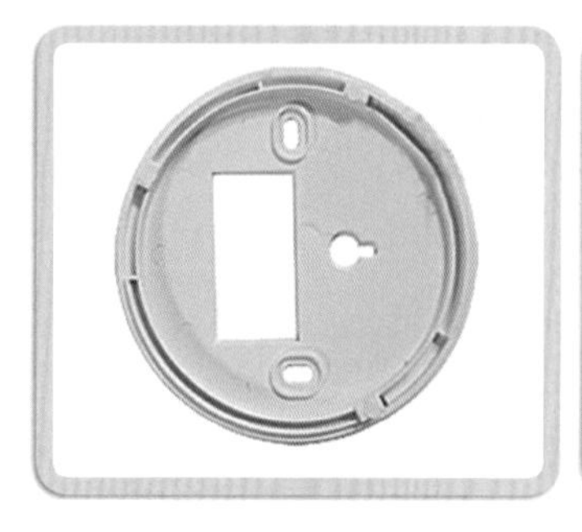
| 베이스 천장에 고정 |

| 전지 전원 잭 연결 |

| 본체를 베이스와 연결 |

## 5 설치시 주의사항

(1) 천장에 설치할 경우

① 조명기구(백열등, 형광등, 삼파장 등)로부터 60[cm] 이상 이격

② 벽이나 기둥으로부터 60[cm] 이상 이격

③ 환기팬이나 에어컨 등으로부터 1.5[m] 이상 이격

(2) 벽면에 설치할 경우

① 천장으로부터 60[cm] 이상 이격

② 전기밥솥이나 조리기구 바로 위 또는 욕실이나 수증기가 많은 곳에는 설치하지 않는다.

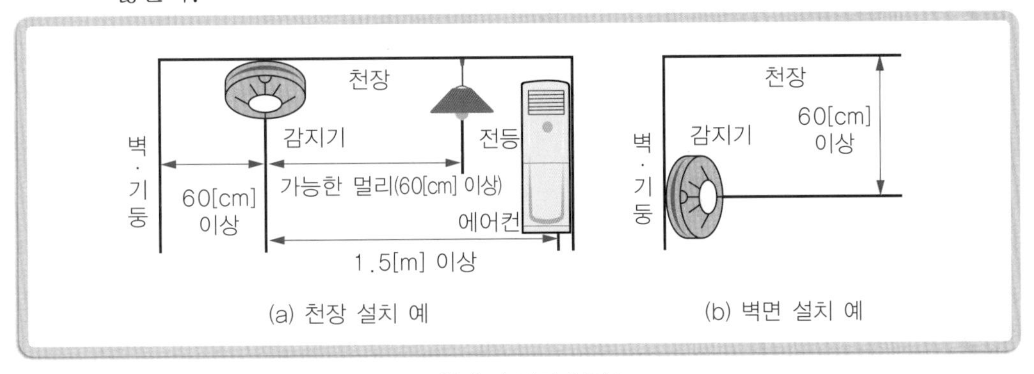


| 천장 및 벽면 설치 |

## 6 화재 피해를 줄이는 방법

(1) 여름휴가, 설날, 추석(장기간 집을 비울 때) 등

① 가스시설로 도시가스나 액화석유가스(LPG)를 사용하는 곳은 중간밸브 및 메인밸브까지 잠가야 한다.

② 전기시설은 전기기기의 전원스위치를 끄고 코드를 뺀다.

(2) 아파트에 비해 소방시설이 없는 단독주택 등에서는 주택화재 피해를 최소화하여 실효성을 거두기 위해 단독경보형 감지기와 가정용 소화기를 설치하여 귀중한 생명과 재산을 지키도록 한다.

앞으로 아파트를 제외한 단독, 다가구, 연립 등 모든 주택에 단독경보형 감지기 설치가 의무화될 것으로 보인다.

# 05 비상조명등

## 1 비상조명등 특징

(1) 정전이 발생할 경우 화재가 발생해도 비상조명등이 점등되어 실내를 환하게 비추어 준다.

(2) 평상시에는 충전용 배터리로 상시 충전하여 정전시 점등되어 환하게 비춘다.

(3) 음식점, 슈퍼마켓, 사무실 등에서 정전이나 재난이 발생하여 긴급상황시 밝기 변화로 고객이 심리적인 불안을 느끼지 않게 하는 큰 장점이 있다.

(4) 소방기술기준에 관한 규칙 제108조의2(비상조명등)이며 적합하게 시공하여야 한다.

## 2 비상조명등 설치

(1) 한식전문점, 양식전문점, 중식전문점 등 음식점에 설치

(2) 병 · 의원, 약국 등에 설치

(3) 주요 건축물 및 고객이 많이 모이는 장소 등에 비상조명등을 설치하면 정전시 혼잡스러움을 피할 수 있어 많은 도움이 된다.

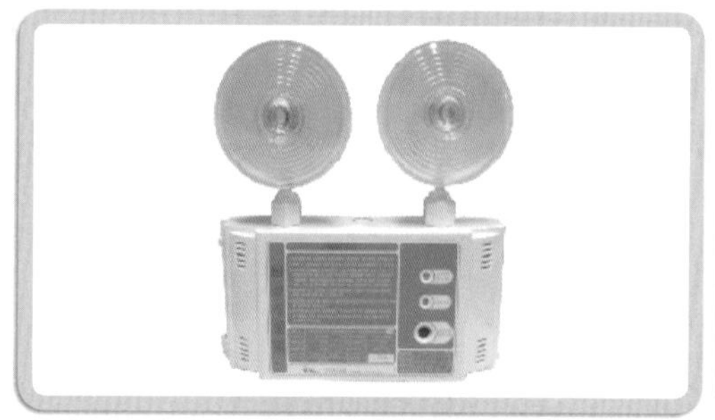

| LED 비상조명등(2등용) |

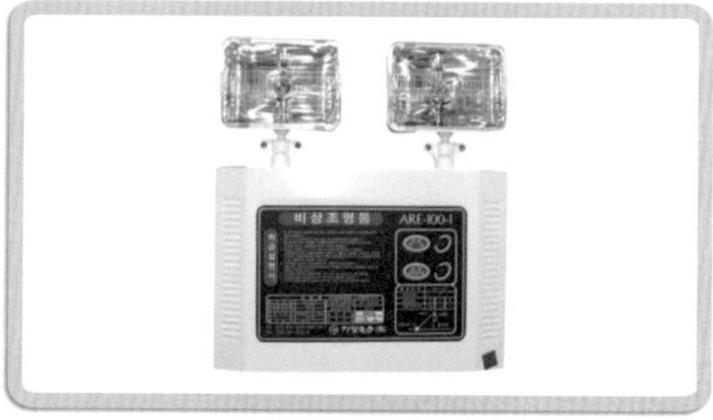

| 비상조명등(2등용) |

# 06 가로등, 보안등, 방범등 고장 및 신설 신청요령

## 1 도로, 인도 및 공원의 조명기구 고장신고 방법

가로등, 보안등, 방범등에 고장이 발생한 경우 해당 시, 군, 구의 건설과 도로시설팀에 신고한다.

## 2 신고시 필요한 사항

(1) 신고 대상 보안등 위치 '인근 건물 주소'
(2) 신고 대상 보안등 눈높이에 부착된 보안등 '관리번호'
(3) 신고자 연락처 및 성명

## 3 가로등, 보안등, 방범등 신설 신청처리 절차

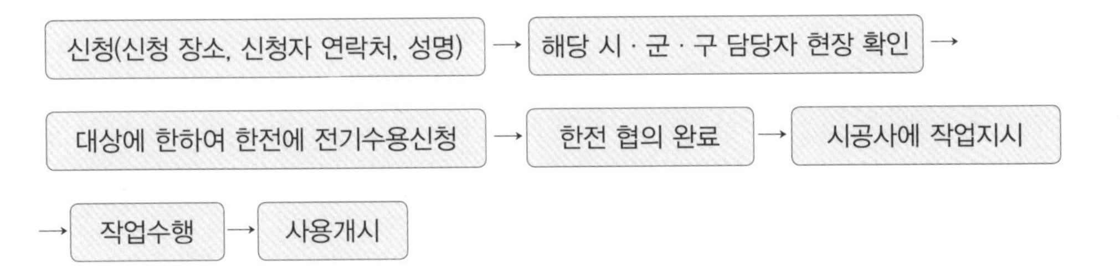

처리과정은 1개월 정도 소요된다.

# 07 겨울철 상수도 동파예방요령

## 1 일반주택

(1) 수도계량기 보호통 내부를 보온재(헌 옷, 인조솜 등)로 꼼꼼히 채우고 비닐덮개로 잘 닫아야 내부가 보온되어 동파를 막을 수 있다.

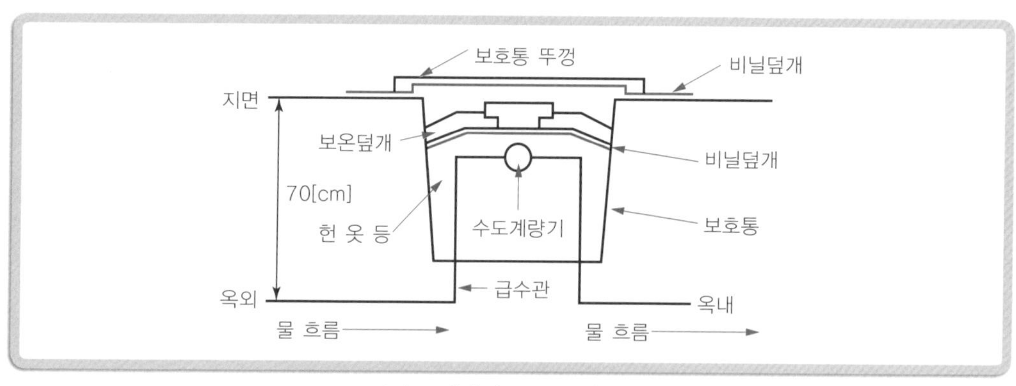


| 수도계량기 보호통 단면 |

(2) 노출된 수도관은 스티로폼, 헌 옷 등의 보온재로 단단히 감싸고 비닐로 재차 감싸서 물과 찬 공기가 스며들지 않도록 한다.

(3) 15년 이상 노후된 계량기 보호통은 새것으로 교체 신청한다.

## 2 공동주택(아파트, 연립, 다세대, 기숙사)

(1) 계량기 보호함에 헌 옷 등을 꼼꼼히 채워 넣어 보온하고 내부에 찬 공기가 스며들지 않도록 함 틀을 테이프로 붙이거나 비닐덮개를 대고 테이프를 붙여 보온한다.

(2) 복도의 출입문 및 창문을 항상 닫고 다니고 보온을 하여도 과거에 계량기가 동파된 적이 있거나 기온이 급감하여 동파 우려가 되는 밤은 수도꼭지를 조금 열어 물이 흐르게 하여 물을 받아 쓰는 게 좋다.

| 아파트 계량기함 |

| 동파된 계량기 |

## 3 상수도시설

### (1) 보온재를 사용한 동파방지

가정의 수도관이나 계량기가 얼어 터지면 많은 비용이 들 뿐 아니라 단수 등으로 큰 불편을 겪게 된다. 우리 집 상수도시설을 미리 점검하고, 보온을 철저히 하여 동결 · 동파를 예방해보자.

① 파이프 보온재 사용(10T=10[mm], 20T=20[mm])

② 보온 매직테이프 사용

③ 배관 및 수도관 보온

수도계량기가 동파되었을 때 교체비용을 각 지자체 조례에 의거 사용자가 부담한다(일반 가정의 경우 13[mm] 약 2만 원).

| 파이프 보온재 |

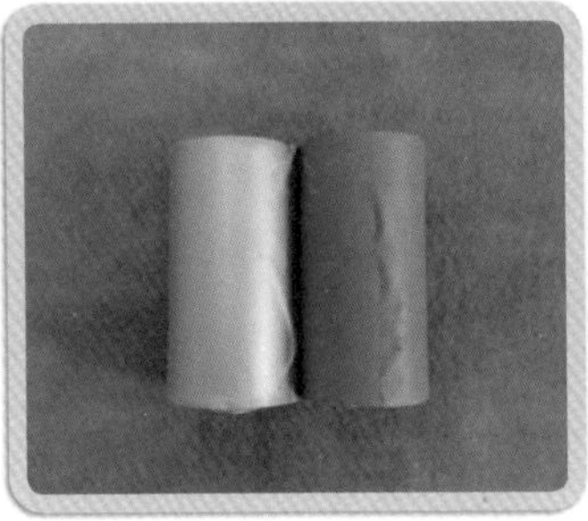
| 보온 매직테이프(회, 청색) |

| 배관 및 수도관 보온 |

PVC 매직테이프(태양 빛에 강한 난연 보온 마감재) : 접착력 없다.

- 냉 · 난방 배관과 소방 · 급수 보온재의 마감재로 사용하고 있다.
- 신축성, 탄력성, 햇빛에 강한 난연성 마감재
- 규격 : 폭10[cm]×길이15[m](1박스에 50개)
- PVC 매직테이프 시공방법 : 보온재 끝부분에서부터 2분의 1이 겹치도록 감아주면 된다.

(2) 전기를 사용한 동파방지

① 동파방지용 열선 히팅케이블을 사용할 경우 반드시 누전차단기를 사용해야 한다(정격감도전류 15[mA] 이하, 동작시간 0.03초 사용을 권장).

| 일반형 동파방지기 |

| 수도 동파 방지히터 |

| 벨트형 동파방지기 |

② 수도관을 열선으로 감아서 전원에 연결하여 보온한다.

③ 수세식 화장실[시스턴밸브(하이탱크식)]의 입수관을 열선으로 감아 전원에 연결하여 보온한다.

④ 수도계량기를 열선으로 감아서 전원에 연결하여 보온한다.

| 옥외 수도관 |

| 수세식 화장실(하이탱크식) |

| 수도계량기 |

전기를 사용한 동파방지 방법에서 전력소모는 열선 1[m]당 약 10~15[W] 발생하고 있다(제조사에 따라 다소 차이가 있다).

## 4 상수관이 부식, 동파, 파손될 경우 응급조치 방법

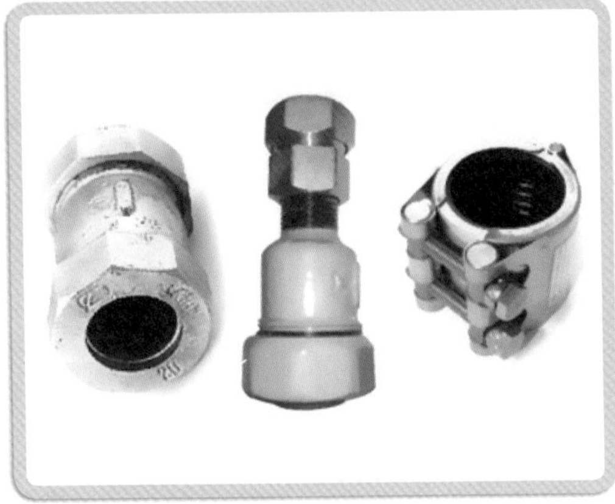

| DR 드레서, DF 발소, 스테인리스클립(멀티) |

| 수도배관 누수 응급조치 |

수도배관 파손, 천공, 부식 등 응급조치시 쓰이는 기구는 스테인리스클립(멀티), DR 드레서, DF 발소 등이 있다.

에폭시 발소 또는 DF 발소의 종류에는 15A, 25A, 32A, 40A, 50A가 있다.

# 08 누수로 인한 상하수도 요금 감면 및 절약방법

## 1 누수로 인한 상하수도 요금 감면 받는 법

(1) 감면대상

① 조례 제11조 제3항 단서에 따른 옥내 급수설비의 누수로서 누수 지점이 땅속 지하이거나 벽체인 경우에는 다음 산식에 따라 산정한 누수에 해당하는 금액을 경감할 수 있다. 다만 동일한 위치에서 발생한 옥내 누수에 대하여 경감 신청한 날부터 최근 1년 동안 경감받은 사실이 없는 경우에 한한다.

> 누수량 = (누수기간 중 월 사용량−누수감면 신청 월의 직전 월을 제외한 전 3개월 간의 평균사용량) ÷ 2

② 위 ①에 따라 경감받으려는 자는 납부고지를 받은 달의 다음 달 말까지 별지 제9호 서식의 누수에 따른 사용료 경감신청서를 제출하여야 한다.

(2) 감면기준

① 누수된 사용량이 누수직전 정상적인 3개월 평균사용량의 2배 또는 3배 이상이어야 한다. 지자체에 따라 차이가 있다.

② 누수 직전 정상적인 3개월 평균사용량을 제외하고 50톤(t) 또는 100~200톤(t) 이상이어야 하고 지자체에 따라 차이가 있다(감면기준 위 두 가지가 모두 충족되고 고객의 고의 또는 과실이 아닌 경우에만 감면대상이 된다).

누수는 하수관을 통해서 배수되는 것은 요금 감면을 받을 수 없다(누수지점이 지하이거나 벽체인 경우에만 요금 감면을 받을 수 있다).

누수지점
1. 지하 누수
2. 벽체에서의 누수
(고객의 과실이 아닌
경우에만 감면대상)

(3) 신청서류

① 누수감면신청서 1부

② 공사내역(영수증) 1부

③ 사진대장(공사 전, 공사 중간, 공사 후) 1부

④ 수도요금 영수증 1부

(4) 신청장소

각 시 · 도 관할 상하수도(맑은 물)사업소

## 2 상하수도 요금 절약하는 법

(1) 세대별 분할 제도를 이용하는 방법

① 한 주택에 여러 세대가 사는 경우에는 사용량에 따라 누진제가 적용되어 사용요금이 많이 나오게 된다.

② 세대별 분할제도 이용은 관할 동사무소(주민센터)에 신고한다.

③ 신고방법은 하나의 수도계량기로 2세대 이상 수돗물을 사용하는 주택은 주민센터에 비치된 신고서를 작성하여 제출한다(신청서류는 별지서식 신고서 1부, 수도요금영수증 1부).

(2) 가정용 수도계량기 검침 등으로 절약하는 방법

① 수도계량기를 스스로 검침하여 인터넷을 통해 입력하면 사용요금에서 일정액 감면된다. 감면금액은 지자체에 따라 다르다.

② 상하수도 요금 자동이체 이용자로 상하수도 요금 안내서를 전자고지(e-mail)로 받으면 상수도 요금 1% 또는 일정액이 감면된다.

**많은 물이 필요할 경우 대처방법**

FPR, PE탱크 등에 물을 채울 경우 많은 양이 필요하므로 옥내소화전함에서 호스를 사용하여 물을 받을 수 있도록 한다(아파트, 연립, 다세대, 기숙사 등 단지 내 수목소독용 물 또는 지하주차장, 외부 대청소용 물).

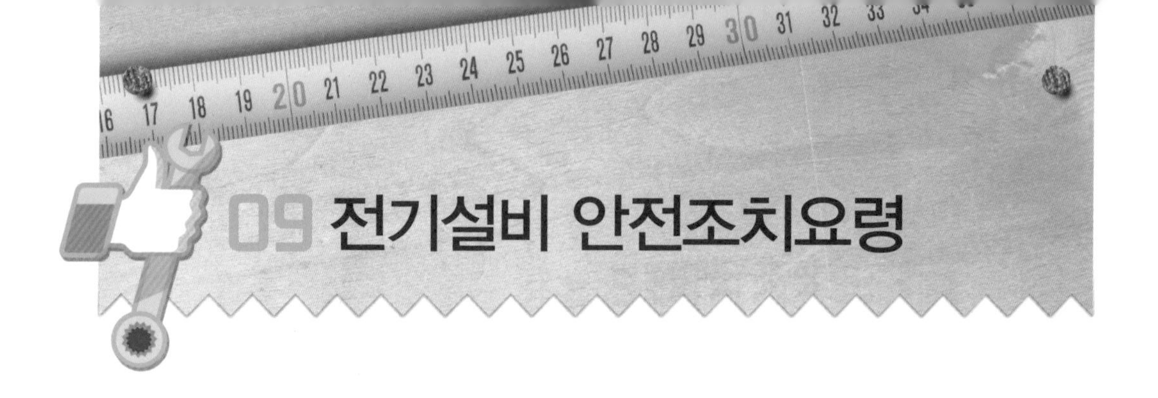


## 1 전기설비 안전조치요령

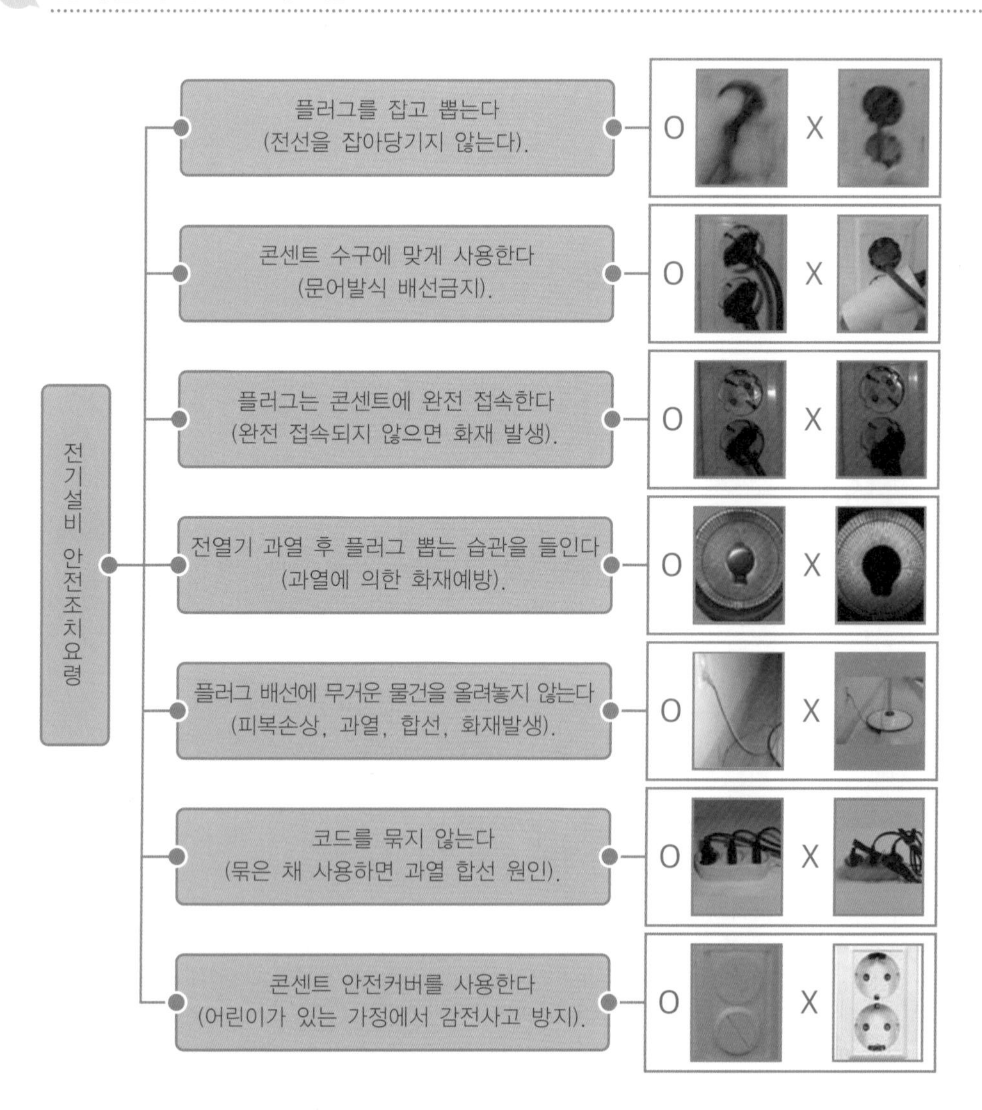

## 2 전기기구의 발화원인

(1) 퓨즈, 차단기가 끊어지거나 떨어지면 반드시 원인을 규명하여 개선해야 한다.

(2) 정전이 되면 사용하던 전열기구는 반드시 스위치를 끄도록 한다.

(3) 전기장판은 접히지 않도록 사용한다.

(4) 이동용 전선이 너무 길거나, 접히거나, 용량이 초과되지 않도록 개선한다.

- 가전제품 : 가정에서 사용하는 세탁기나 냉장고, 텔레비전 등의 전기제품을 이르는 말
- 가전기기 : 가정에서 사용하는 전기기구와 기계를 통틀어 이르는 말(전기기구 : 동력을 얻거나 열을 내는 기구로 전등, 다리미 등이 있다.)

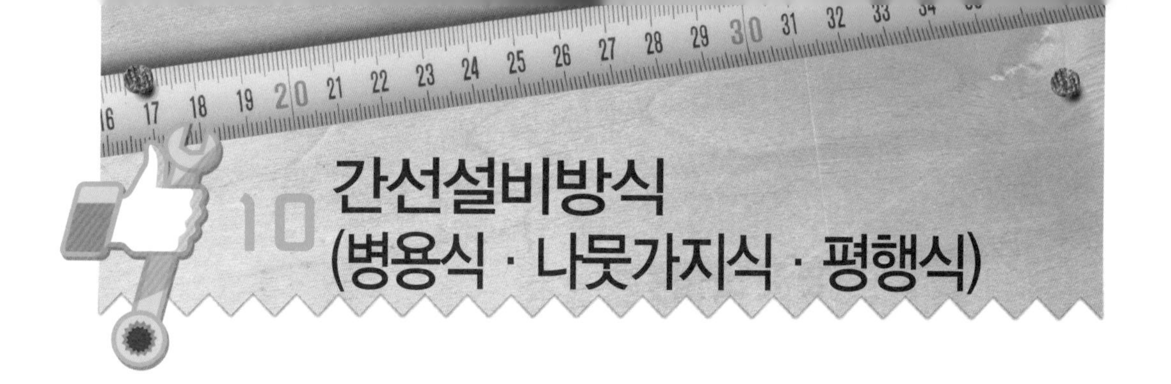

# 10 간선설비방식(병용식 · 나뭇가지식 · 평행식)

## 1 빌 딩

(1) 분전반 예상 부하에 의하여 1회선 간선에 3~5세대 설치한다.

(2) 분전반의 간선 입상방식

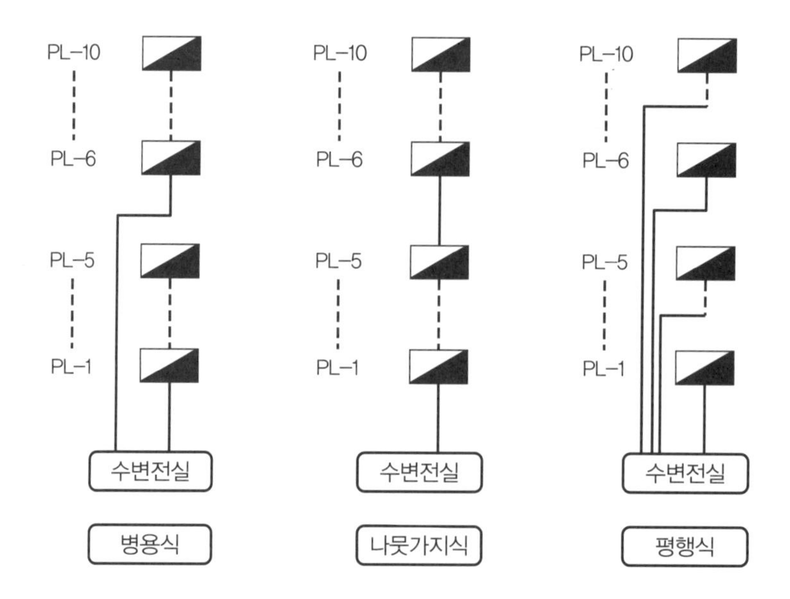


① 병용식이 가장 많이 사용된다.

② 나뭇가지(수지)식은 소규모 건물에 사용하며, 사고범위가 가장 넓고, 전압강하가 크다.

③ 평행식은 대규모 건물에 사용하며, 사고범위가 가장 작고, 전압강하가 작다.

## 2 공동주택(아파트, 연립, 다세대, 기숙사)

(1) 주택용 분전반의 예상 부하에 의하여 1회선 간선에 10~15세대 설치한다.

(2) 계단식 아파트의 분전반 간선수직방식과 복도식 아파트의 분전반 간선수평방식으로 시공한다.

① 계단식 아파트(간선수직방식)의 간선 및 전기계량기(적산전력량계) 계통도

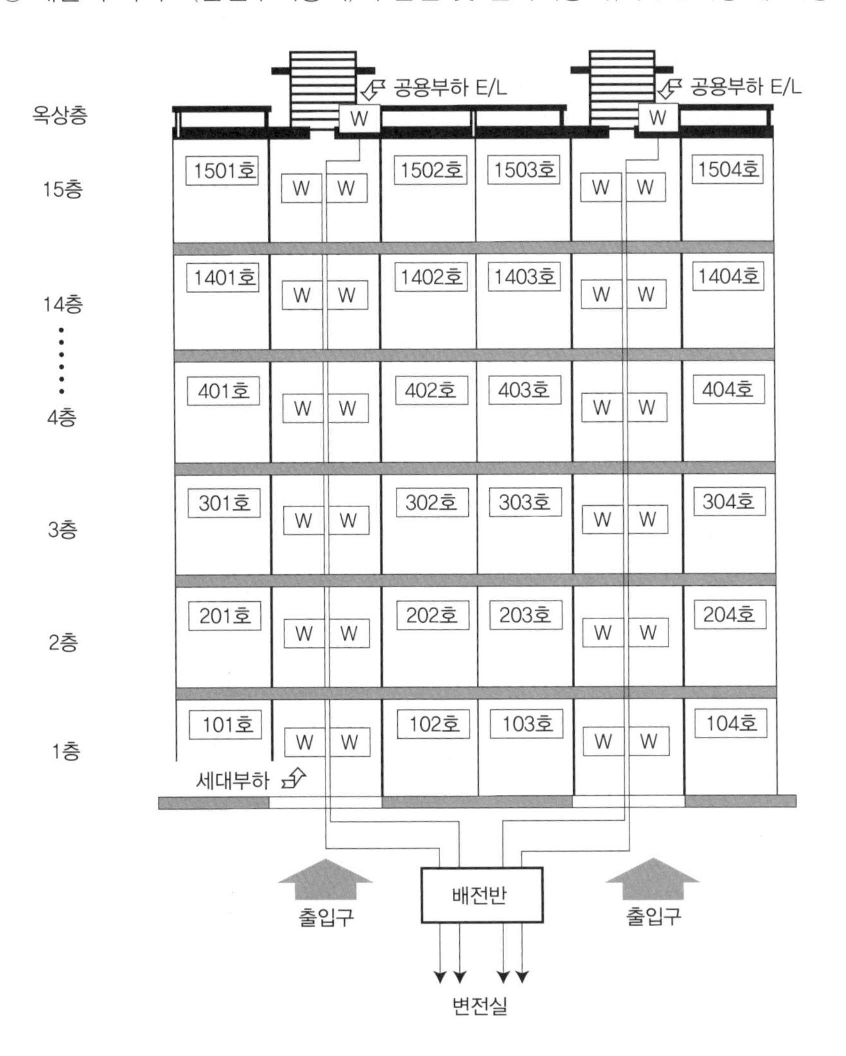

**간선**

인입구에서 분기하여 과전류 차단기에 이르는 배선으로서 분기회로의 분기점에서 전원측까지의 부분을 말한다.

② 복도식 아파트(간선수평방식)의 간선 및 전기계량기(적산전력량계) 계통도

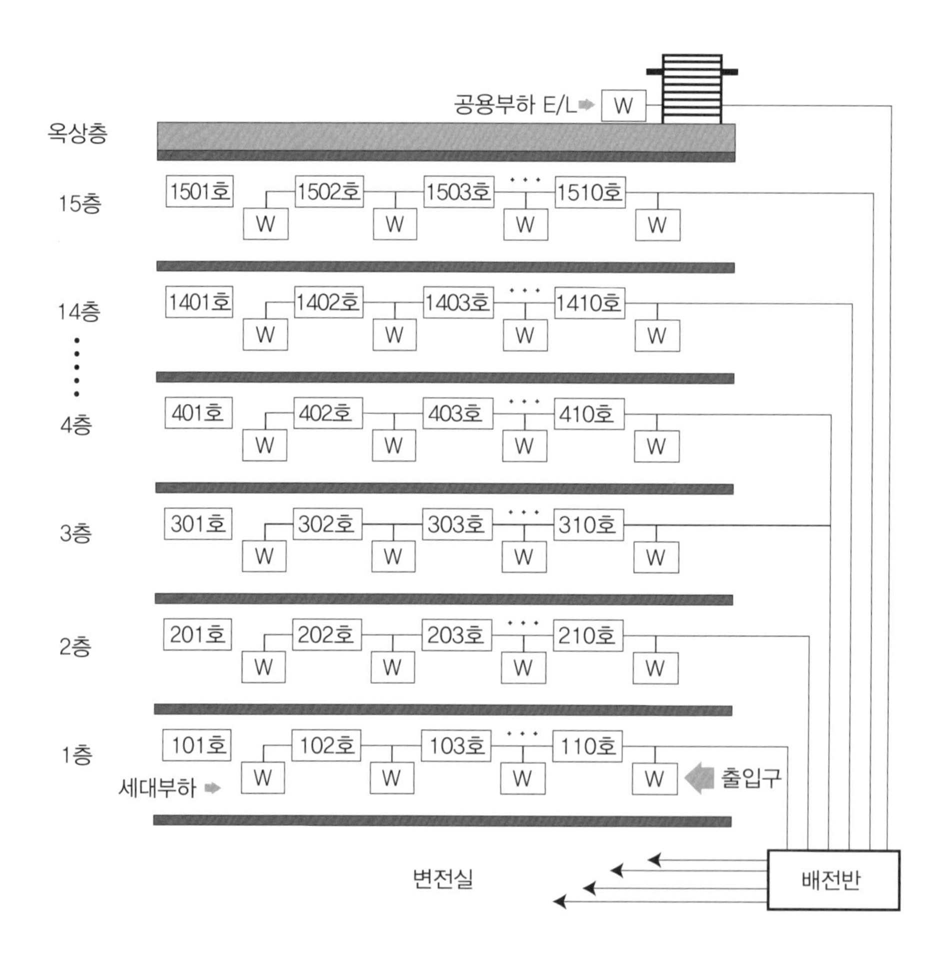

복도식의 간선 및 전기계량기도 계단식 아파트의 분전반처럼 간선수직방식으로 시공하는 경우도 있다.

# 11 누전차단기와 감전사고

## 1 누전차단기

(1) 누전차단기의 점검

① 누전차단기는 옥내에서 누전이 될 경우 아주 미세한 누전 현상(30[mA] 정도)이 발생하여도 0.03초 이내로 전기를 고속 차단시킨다.

② 세대의 누전차단기는 월 1회 이상 시험버튼 우측을 눌러 정상작동 여부를 '입주자'가 확인한다(단, 관리규약으로 명기시 직원이 확인).

③ 공용의 누전차단기는 월 1회 이상 시험버튼을 눌러 옥외 보안등, 가로등, 방범등의 이상 유무를 '직원'이 확인한다.

④ 누전차단기의 시험버튼이 초록색이면 누전 전용 차단기이다.

⑤ 누전차단기의 시험버튼이 빨간색이면 누전 및 과전류 보호용 차단기이다.

⑥ 옥내용 분전반 및 주택용 분전반은 제3종 접지공사를 하여야 한다.

초록색 버튼 누전차단기는 과부하 및 단락, 지락 겸용 누전차단기인 빨간색 버튼 누전차단기로 교체하여야 한다.

| 누전 전용 차단기(초록색 버튼) |

| 누전 및 과전류 보호용 차단기(빨간색 버튼) |

(2) 누전차단기(ELB)의 사용 목적

① 감전 및 누전으로 인한 화재 보호

② 전기기기의 보호

③ 기타 다른 계통으로 사고 파급을 방지

## 2 감전사고

(1) 인체에 흐르는 전류의 크기와 인체의 반응

① 1[mA]는 전기를 느끼는 정도 또는 참을 수 있으나 고통을 느끼는 정도이다(최소 감지전류).

② 5[mA]는 상당한 통전감을 느끼거나 참을 수 있을 정도의 고통을 느낀다(고통전류).

③ 10[mA]는 견디기 어려울 정도 또는 참을 수 없는 정도의 고통을 느낀다(이탈 가능 전류).

④ 15[mA]는 피해자가 심한 경련을 일으킨다.

⑤ 30[mA]는 근육 수축이 심해져 피해자의 의사대로 행동이 불가능하고, 전기적 충격(전격)을 받으며, 그 전원으로부터 떨어질 수 없다(이탈불능전류).

⑥ 50[mA]는 상당히 위험하다(매우 위험).

⑦ 100[mA]는 치명적 결과 초래 또는 심장이 기능을 잃게 되어 사망한다(심실세동 전류).

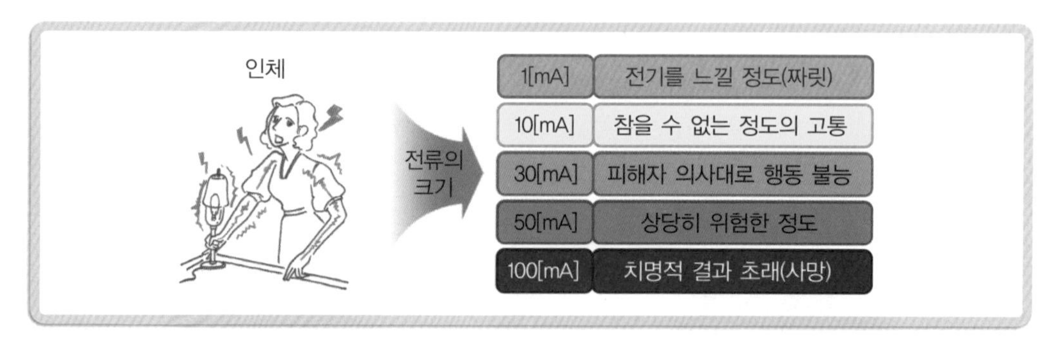


**플러스 tip 디지털 시대의 누설전류 표시**

- 안전사용 0[mA]
- 감전주의 10[mA]
- 감전위험 20[mA]
- 감전사망 50[mA]

(2) 감전시 인체에 미치는 영향

인체에 전류가 흘러 전류의 크기와 흐르는 시간이 어느 정도 이상이 되면 전류의 열용으로 화상을 입게 되어 신체의 세포가 파괴되거나 혈구를 변질시킨다.

(3) 감전의 형태

① 전기설비에서 일어날 수 있는 감전이 고전압 이상의 선로와 저압 선로에서 발생하는 경우가 있으며, 자연현상인 낙뢰 등에 의해서도 감전이 된다.

② 전기감전은 뇌격에 의한 실신, 전류의 발열작용에 따른 체온 상승으로 인한 사망, 전류작용에 의한 국소화상 및 조직 파괴, 감전쇼크로 인한 추락 또는 전도로 사망한다.

③ 정전기감전은 전기적 충격에 의한 불쾌감을 야기(설비기능 저하에 의한 감전), 감전 쇼크로 인한 2차적 재해로 폭발이 발생한다.

④ 낙뢰감전은 전기적 충격으로 인한 실신 또는 사망을 야기(뇌전류에 의한 감전)한다.

(4) 감전방지 안전전류

① 심실세동 한계치는 50[mA · sec]로 감전방지의 목표치이다.

② 인간에게 안전도를 고려 1.67이라는 안전을 부여하고 있다.

③ 50[mA · sec]÷1.67=30[mA · sec]를 안전 전류로 사용하고 있다.

④ 30[mA · sec]를 누전차단기의 감도전류 동작시간을 정하는 기준으로 한다(KS 규격 제정).

⑤ 누전차단기(ELB) 규격은 30[mA] 0.1초와 0.03초에 동작하는 것이 있다.

(5) 감전사고의 특징

① 작은 전류로 인명피해를 입는다.

② 통전경로에 따라 외관에는 아무런 상처가 없어도 치명적일 수 있다.

③ 감전사고는 순간적으로 발생한다.

④ 1차 감전사고가 가벼운 경우라도 2차 재해로 발전하는 경우가 있다.

⑤ 감전사고가 일어나면 사망사고로 연결될 확률이 높다.

⑥ 저압에 의한 감전사고는 6, 7, 8월에 집중적으로 발생한다.

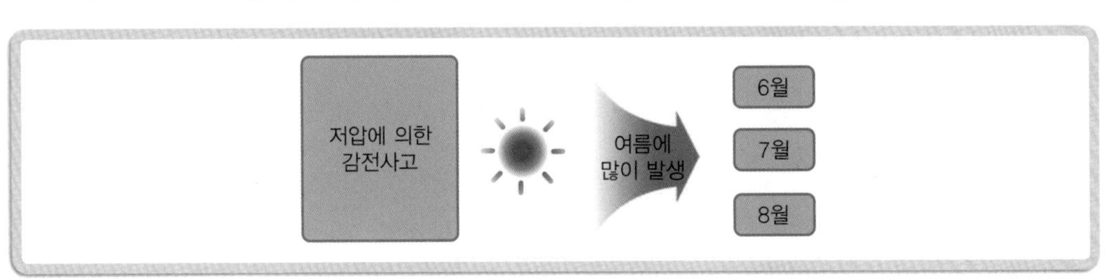

### ⑹ 감전사고 발생의 문제점

① 작업자가 업무를 잘 이해하지 못한 경우

② 작업자가 업무를 이해하고 있지만 시간단축 또는 급히 서둘러서 시공불량, 경솔, 부주의 등으로 발생하는 경우

③ 작업자가 업무를 이해, 사고 방지에 주의했으나 순간적 착오, 망각, 부주의로부터 발생하는 경우

④ 임시조치 또는 시공불량에 의하여 위험요소를 내포하는 경우

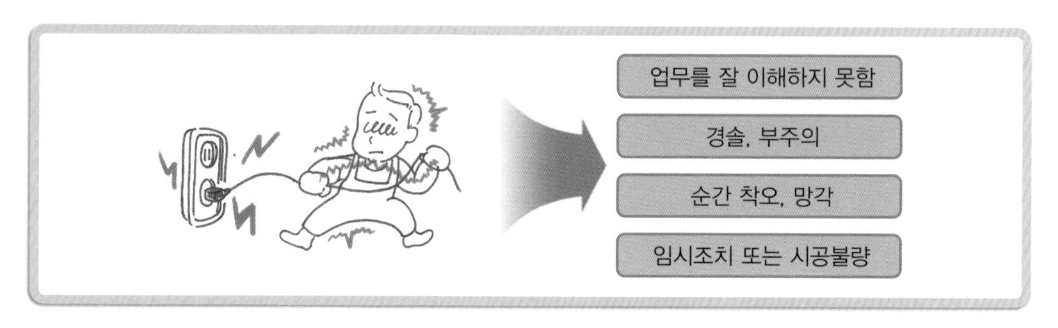


### ⑺ 감전사고 방지법

① 정전작업 중에는 전로를 이중개방한다(차단기 차단).

② 배전반 또는 분전반에서 작업 중에는 투입금지 표지판을 부착한다.

③ 전기회로의 작업 전 차단기를 차단(OFF)하고 반드시 전기가 차단되었는지 체크 후 작업한다.

④ 회로의 오송전을 방지하기 위해서 단락접지를 실시한다.

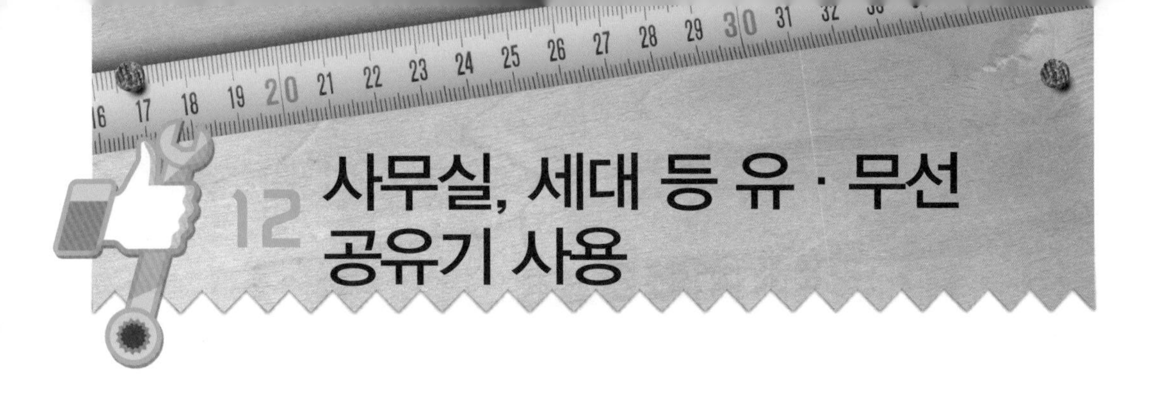

# 12 사무실, 세대 등 유 · 무선 공유기 사용

(1) 인터넷(1회선)을 가입해 인터넷 모뎀, 인터넷 전화(IP 전화) 등을 설치한다.

(2) 사무실, 주택 또는 세대에서 유 · 무선 공유기를 구입한다.

(3) 데스크톱 컴퓨터 유선인터넷 1대(최대 4대까지) 이상, 노트북 컴퓨터 무선인터넷 3대 이상 및 인터넷 전화(IP 전화)를 사용할 경우 아래와 같이 연결하여 사용할 수 있다.

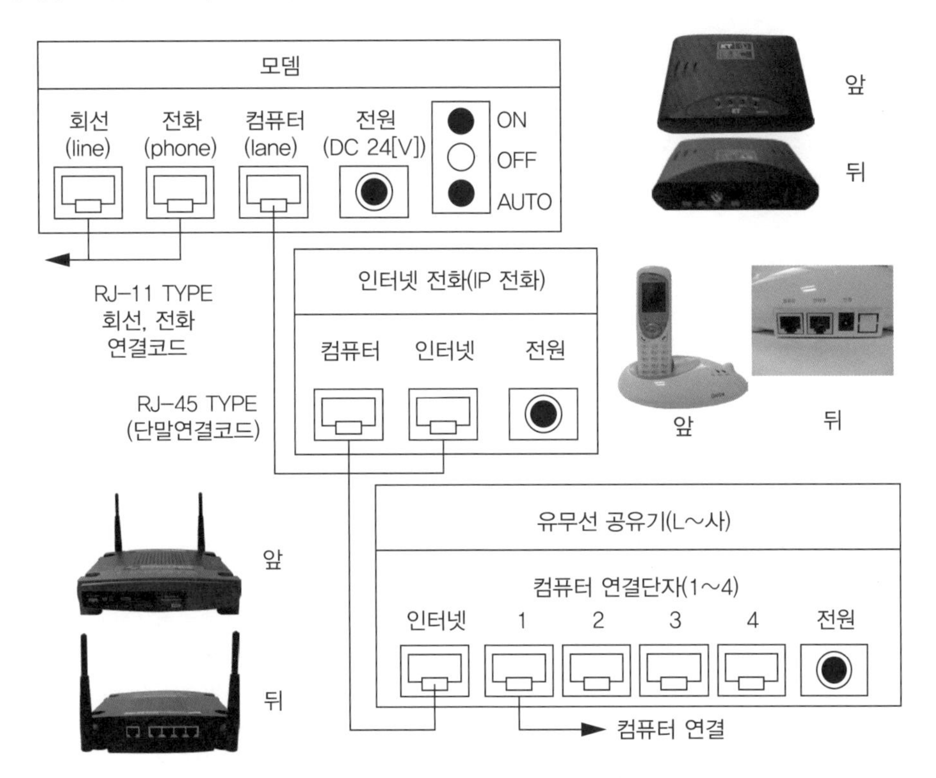

멀티탭 콘센트에서 ON, OFF 스위치가 있는 콘센트에 모뎀, 인터넷 전화(IP 전화), 유 · 무선 공유기 코드를 연결하여 사용하는 경우 가끔 인터넷이 안 될 경우에는 멀티탭 콘센트에서 한 번 껐다가 약 10초 후 켜면 인터넷 연결이 잘 된다.

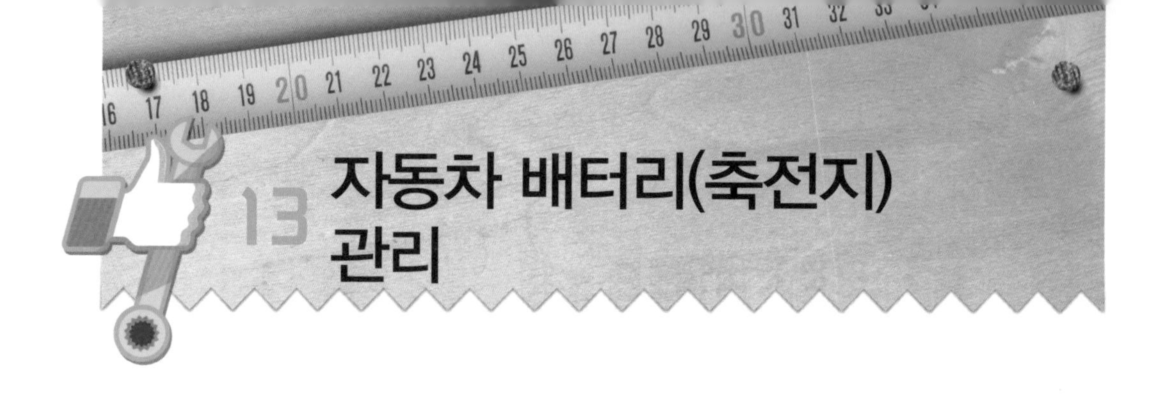

# 13 자동차 배터리(축전지) 관리

## 1 배터리 정상상태 점검하기

배터리 비중과 전압으로 확대하여 보충전 여부 및 이상 유무를 알 수 있다.

| 용 량 | 0[%] | 50[%] | 70[%] | 100[%] |
|---|---|---|---|---|
| 비 중 | 1.080/25[℃] | 1.180/25[℃] | 1.220/25[℃] | 1.280/25[℃] |
| 전 압 | 11.5~11.6[V] | 12.1~12.2[V] | 12.4[V] | 12.7~12.9[V] |
| 조 치 | 보충전 후 점검/교체 | | 보충전 | 정상 |

위 표에서 용량이 50[%] 이하인 경우 겨울철에는 에너지 소모가 크므로 자동차 시동이 걸리지 않을 수 있다.

## 2 주의사항

(1) 배터리의 단자와 케이블 접속이 헐거운 상태로 사용하지 않는다. 스파크 발생으로 인한 파열이 발생할 수 있다.

(2) 배터리 탈거시에는 반드시 (-)단자부터 제거하고, 장착시에는 (+)단자에서 시작하여, (-)단자의 순으로 체결해야 한다. 순서가 틀리면 화재 · 파열의 원인이 될 수 있다.

## 3 배터리 유지 · 관리

(1) 전해액 액위

(2) 깨끗하고 조여진 단자

(3) 부식 제거, 깨끗하고 건조한 케이스 외부
(4) 비중 또는 충전상태
(5) 충전기와 충전율
(6) 균등충전

## 4 축전지의 직렬 및 병렬접속

(1) **직렬접속** : 전압이 2배가 되고 용량은 1개일 때와 같다.
① 전압은 1.5[V]×2개=3[V](전압(밝기)은 아래 (2)의 2배)
② 축전지 1개로 1일 사용할 수 있다면 직렬접속은 1일 사용할 수 있다.

(2) **병렬접속** : 전압 1개일 때와 같고 용량은 2배가 된다.
① 전압은 1.5[V]×1개=1.5[V](전압(밝기)은 위 (1)의 0.5배)
② 축전지 1개로 1일 사용할 수 있다면 병렬접속은 2일 사용할 수 있다.

**축전지를 쓰지 않고 오래두면 못 쓰게 되는 이유**

축전지의 전극에 사용되고 있는 아연판에 불순물에 의한 전지의 작용으로 자기 방전하는 현상이 있기 때문이다.

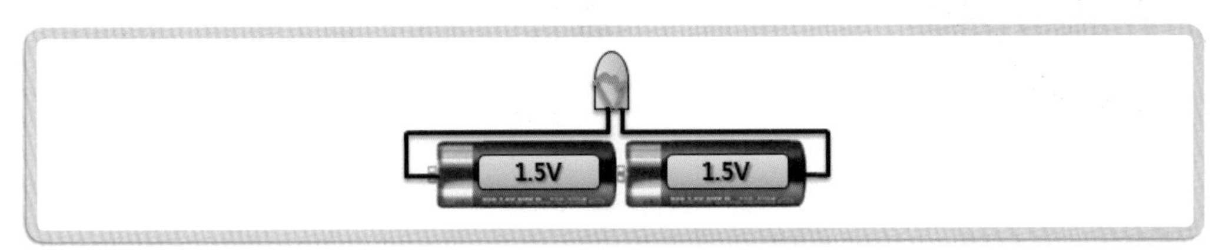


| 전구 3[V] |

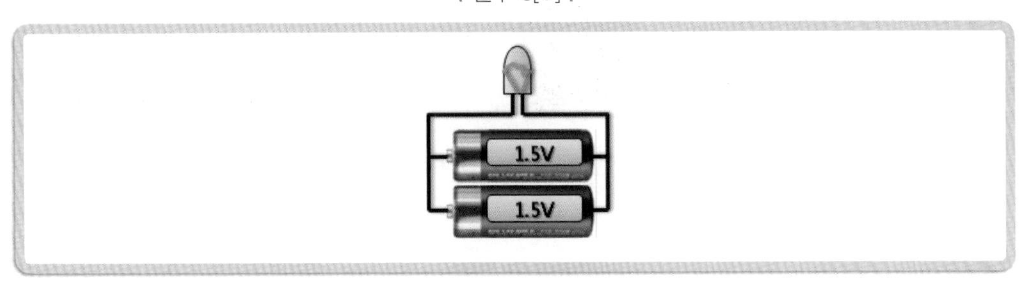


| 전구 1.5[V] |

- 축전지 n개 직렬접속 : 전압의 n배가 되고, 용량은 변하지 않는다.
- 축전지 n개 병렬접속 : 전압은 변하지 않고, 용량의 n배가 된다.

# 14 피크닉 테이블 만들기(6인용)

## 1 준비물

(1) 준비공구

직소기 또는 톱, 충전드릴, 목공용 비트(날), 만능렌치 또는 양구스패너, 줄자, 연귀자(직자 및 분도기), 홀더펜(연필), 목공용 본드, 수평자, 고정클램프(혼자 작업 시 편리)

| 직소기 |

| 충전드릴 |

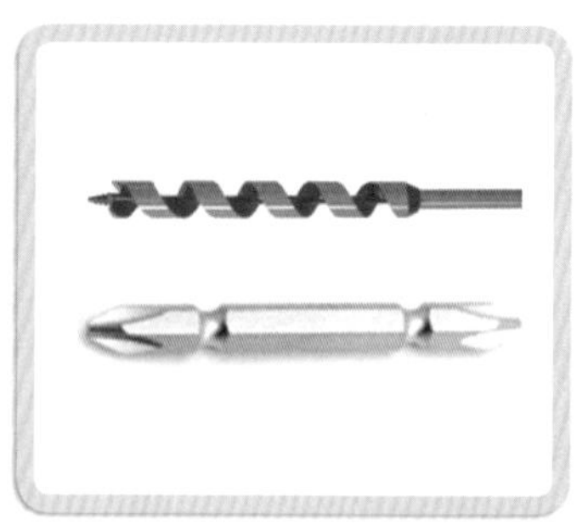

| 목공용 · 드라이버비트(날) |

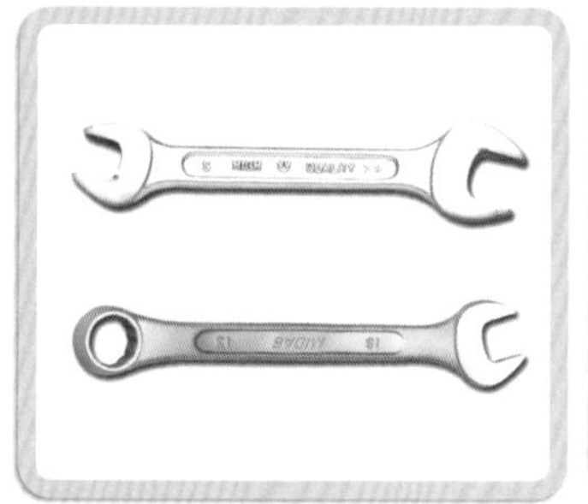

| 양구스패너 |

| 줄자, 연귀자 |

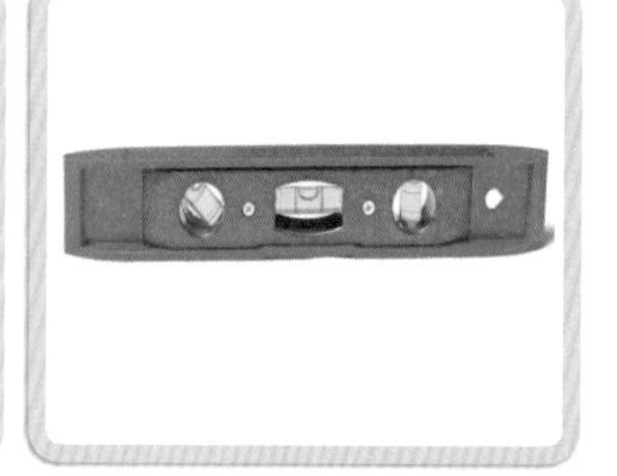

| 수평자 |

(2) 자재구성

① 방부목 각재 38[mm]×140[mm]×3,600[mm]×8개(표면은 매끄러운 것)

② 스테인리스 육각볼트 및 너트(평와셔 2개) 직경10[mm]×100[mm]×16개(볼트 캡 16개)
③ 접시머리 나사못(병목)직경 3.5~4.5[mm]×65~70[mm]×58개(방부목 나사못 간격은 4[cm] 및 11[cm] 2곳, 파라솔지지대 3곳 고정)
④ 오일스텐(밤색) 또는 크레오소트유(밤색)
⑤ 붓

국내 수입되는 2등급 방부목 각재는 한쪽 면은 매끄럽지만 한쪽 면은 거칠다.

## 2 방부목 각재 재단하기

(1) 상판(테이블) 38[mm]×140[mm]×1,800[mm]×5개
(2) 상판(테이블) 받침대 38[mm]×140[mm]×730[mm]×2개 또는 4개
(3) 상판(테이블) 다리 각 55° 38[mm]×140[mm]×877[mm]×4개
(4) 의자 38[mm]×140[mm]×1,800[mm]×4개
(5) 의자 받침대(다리) 38[mm]×140[mm]×1,660[mm]×2개
(6) 파라솔 지지대 하부(중앙 지지대) 38[mm]×140[mm]×1,800[mm]×1개
(7) 각종 부자재
① 스테인리스 육각볼트 및 너트(평와셔 2개) 직경10[mm]×100[mm]×16개(볼트 캡 16개)
② 접시머리 나사못(병목) 직경 3.9~4.2[mm]×64~75[mm]×58개(나사 캡 36개, 방부목 나사못 간격은 4[cm] 및 11[cm] 2곳, 중앙 지지대 3곳 고정)

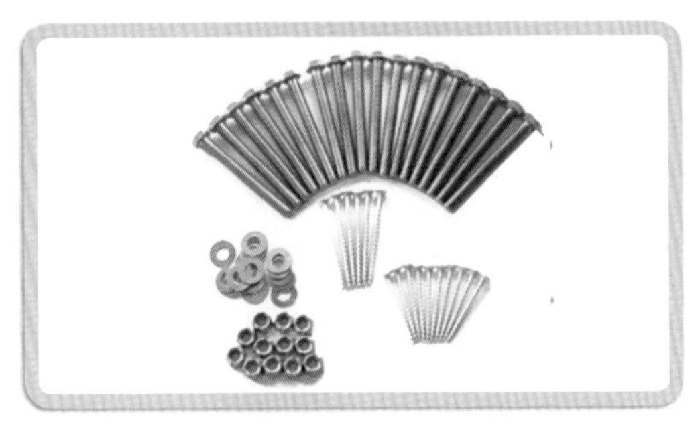
| 육각볼트 · 너트, 평와셔 |

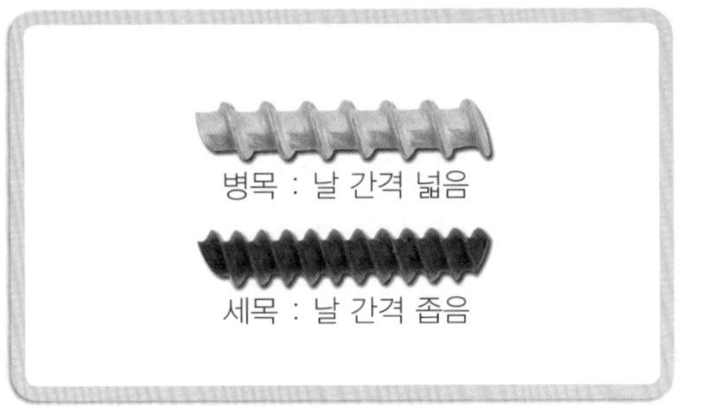

| 나사못 날 간격 구분 |

(8) 상판 3번째 각재와 파라솔 지지대 하부 각재 정중앙에 지름 4[cm] 구멍을 뚫어 파라솔 봉이 들어갈 수 있도록 한다.

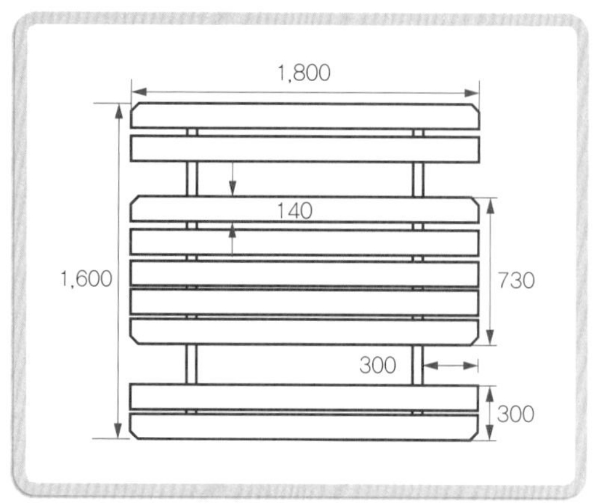


| 평면도 |

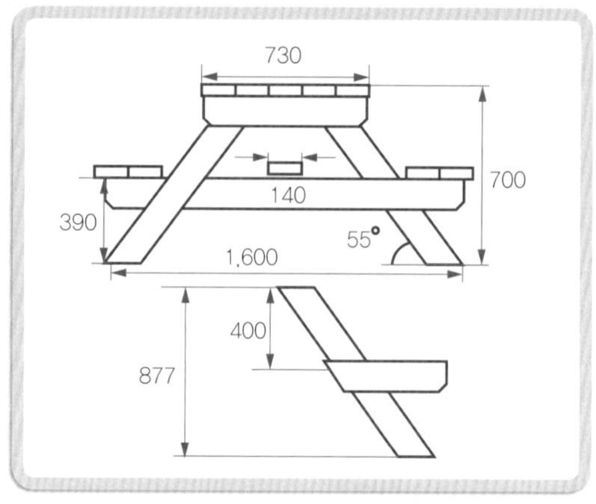


| 우측면도(상판 우측다리 상세도) |

(9) 상판 받침대와 의자 받침대(다리)의 상세도

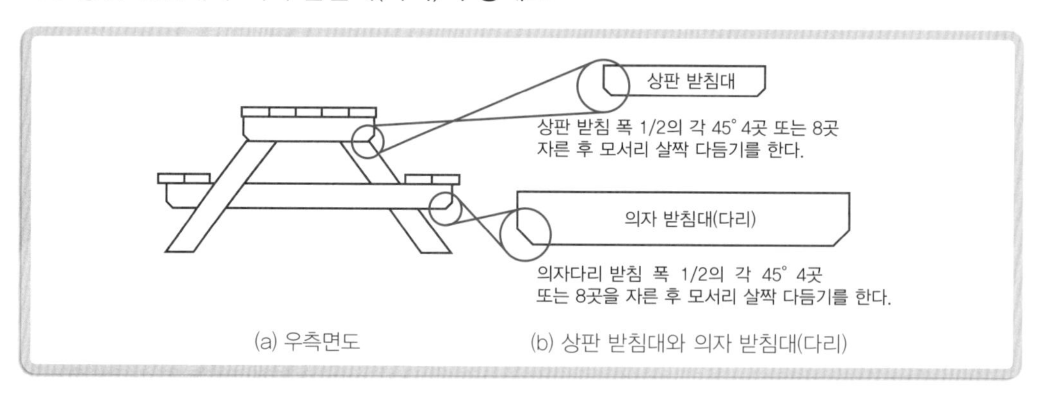


(a) 우측면도 (b) 상판 받침대와 의자 받침대(다리)

## 3 방부목 각재 조립 순서

(1) 상판 테이블까지 높이 700[mm](또는 730[mm])

(2) 의자의 높이 390[mm]

(3) 상판(테이블) 5개와 상판(테이블) 받침대 2개를 양쪽에 고정한다(상판 5개의 각재와 각재 사이 간격을 나무젓가락 넓이 정도로 일정하게 유지).

(4) 상판과 상판 받침대를 조립 후 뒤집어 놓은 상태에서 다리 4개를 고정한다(볼트 및 너트, 평와셔 8개 사용).

(5) 의자 받침대(다리)와 상판 받침대를 우측 볼트 및 너트 와셔를 이용하여 고정하고 같은 방법으로 좌측도 고정한다(볼트 및 너트, 평와셔 8개 사용).

(6) 파라솔 지지대 하부 좌측과 우측을 나사못(스테인리스) 6개를 이용하여 고정시킨다.

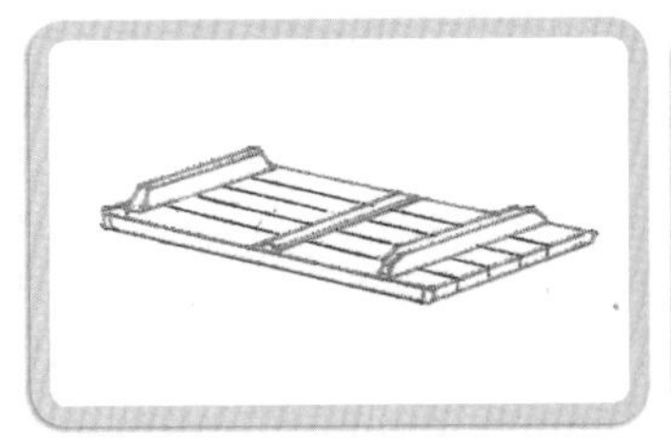

| 상판과 상판받침 고정 |

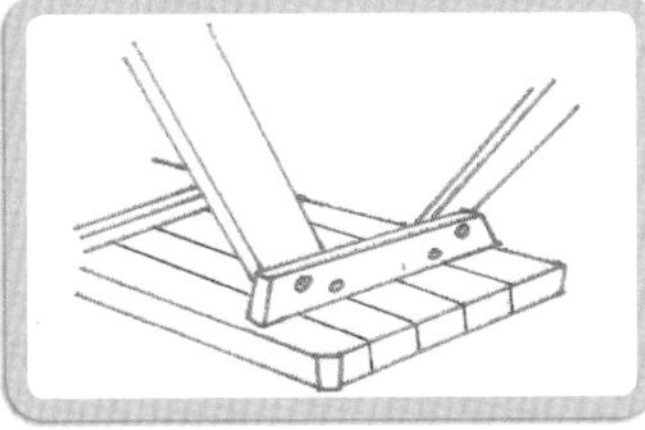

| 받침과 상판다리 고정 |

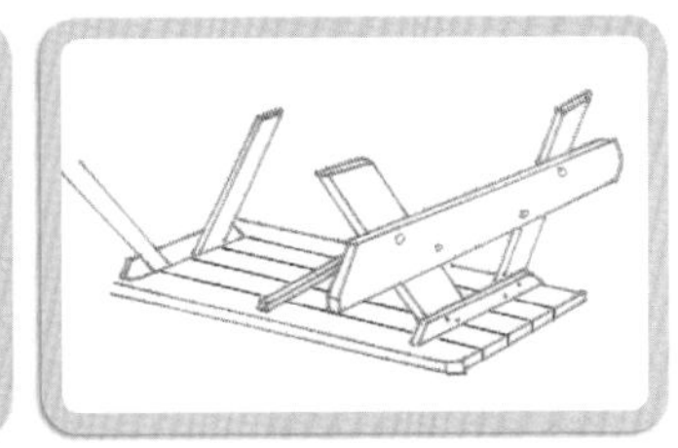

| 상판다리에 의자받침 고정 |

(7) 테이블을 뒤집어(바르게) 놓고 의자 4개(한쪽 2개씩)를 고정한다.

(8) 테이블에 오일스텐을 발라서 방부목이 썩지 않도록 한다.

(9) 상판 3번째 각재와 파라솔 지지대 하부 각재 정중앙에 지름 4[cm] 구멍을 뚫어 파라솔 봉이 들어갈 수 있도록 한다.

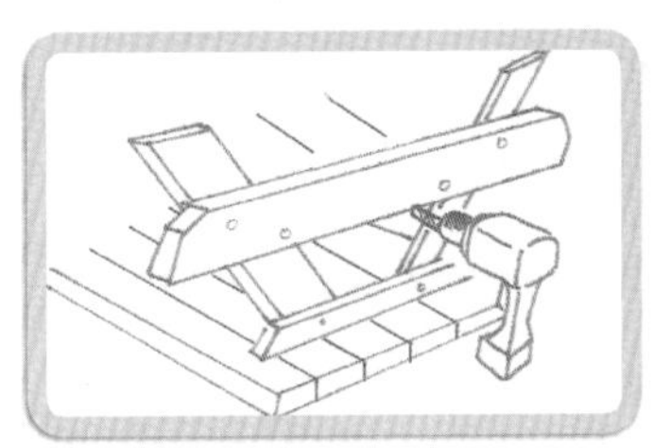

| 파라솔 지지대 좌 · 우측 고정 |

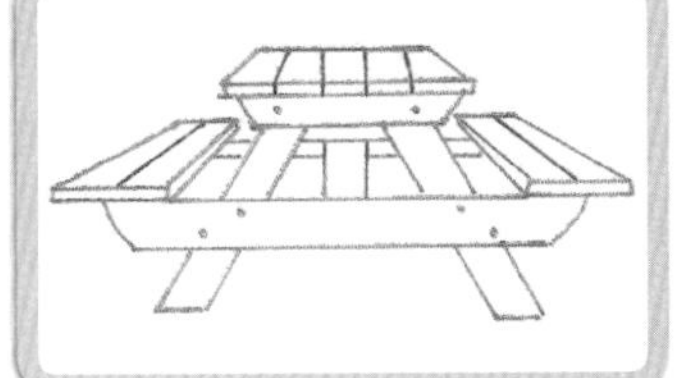

| 의자 4개 고정 |

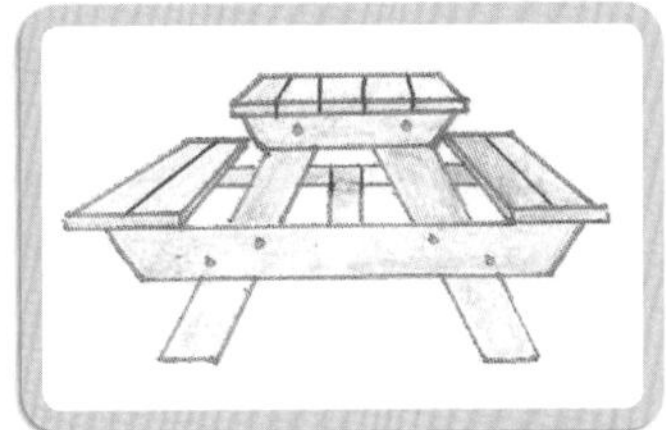

| 오일스텐 칠(방부목) |

플러스 tip **나사못의 규격 및 설명**

나사못에서 나사산이 없는 부분은 목재가 모재인 경우 습기와 관련해 헐거워지는 것을 막기 위해 필요하다.

나사못(굵기×길이)

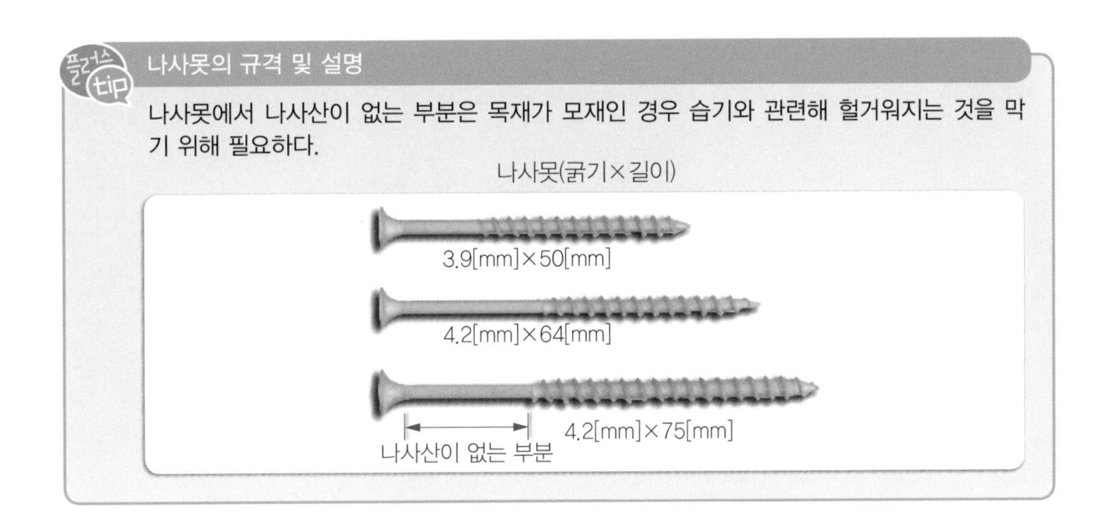

01 | 대기전력 높은 가전제품과 절약방법

02 | 에너지소비효율 높은 제품 선택

03 | 재실감지센서등을 이용한 에너지 절약

04 | 자동점등(센서등) 조명기구를 부착할 경우 절전효과

05 | 비상구유도등의 점등방식에 의한 에너지 절감효과

06 | 백열등과 LED등 사용시 전기요금 비교

07 | 타임스위치를 이용한 난방기, 냉 · 온수기의 전기에너지 절약

08 | 전기밥솥의 소비전력 및 절약하는 방법

09 | 주택용 전력(저압) 전기사용량 누진단계별 비교

10 | 단독주택의 적산전력량계를 이용한 전기요금 절약(신축, 증축 등)

11 | 전기절약하는 여러 가지 습관

Part 3

# 생활 속 전기

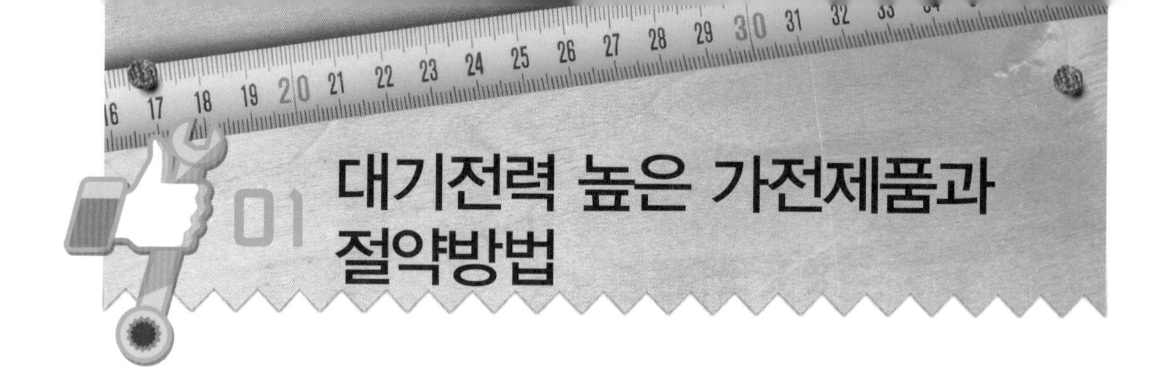

# 01 대기전력 높은 가전제품과 절약방법

## 1 대기전력의 정의

전원을 끈 상태에서 전기제품이 소비하는 전력을 말한다(한국전기연구원(KERI) 표본 실측조사).

## 2 대기전력이 높은 가전제품의 종류

(1) 셋톱박스 : 12.3[W] 정도
(2) 인터넷 모뎀 : 6[W] 정도
(3) 에어컨 · 보일러 : 각 5.8[W] 정도
(4) 오디오 스피커 : 5.6[W] 정도
(5) 홈시어터 : 5.1[W] 정도
(6) 비디오 : 4.9[W] 정도
(7) 오디오 컴포넌트 : 4.4[W] 정도
(8) 유 · 무선 공유기 : 4.0[W] 정도
(9) DVD : 3.7[W] 정도
(10) 전기밥솥 : 3.7[W] 정도
(11) 컴퓨터 · 프린터 : 3.5[W] 정도
(12) 비데 : 2.2[W] 정도

- 복합기(복사기, 프린터) 등 작동소비전력 1,400[W]가 대기소모 전력240[W](복사를 하기 위한 대기 소모전력)이다.
- 셋톱박스 : 디지털 방송을 수신하기 위한 장치이다.

## 3 대기전력은 높은 가전제품 도해

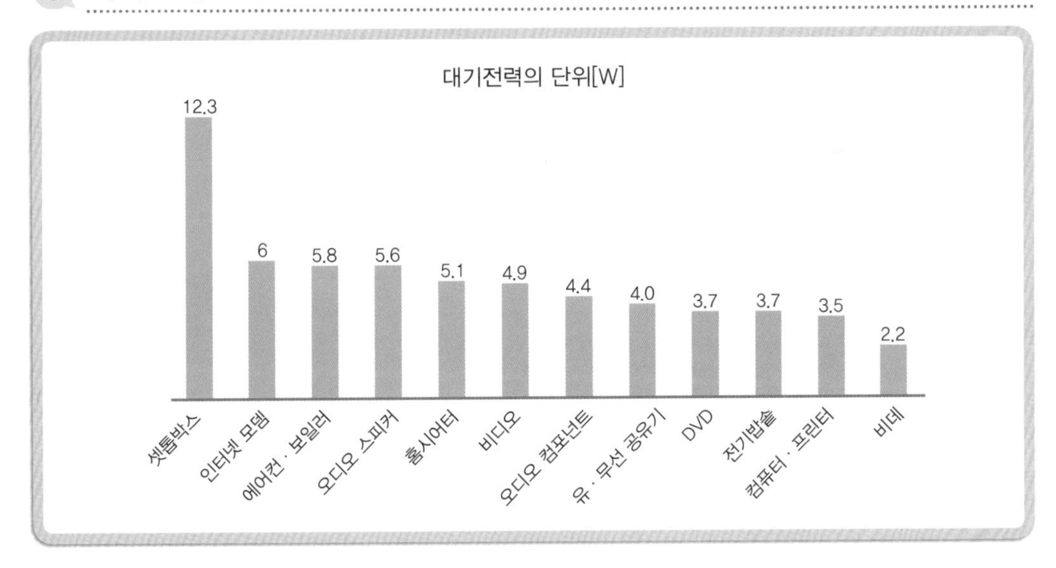


공부방 책상 위 스탠드 조명기구가 11~20[W] 정도이고, 셋톱박스 대기전력이 12.3[W]이다. 이 둘을 비교하면 셋톱박스의 소비전력이 어느 정도인지 확인 가능하다.

## 4 각 가정에서 대기전력으로 절약할 수 있는 금액

가구당 평균 대기전력으로 연간 208.8[kWh]의 전력이 소모된다. 사용하지 않는 가전제품의 플러그를 뽑아 두기만 하면 매월 17.4[kW]의 전기를 덜 사용하고 전기요금은 1,630~20,130원(누진 고려) 정도 절약할 수 있다(매월 500[kWh]를 사용한 세대가 대기전력으로 17[kWh] 더 사용할 경우 20,130원 정도가 낭비되고, 연간 241,560원이 낭비된다).

## 5 우리나라 가정의 대기전력으로 소비하고 있는 전력

전국 가정 내에서 사용하지 않고 플러그만 꽂아둔 가전제품으로 인해 500[MW](500,000,000[W])급 화력발전소 1기 이상의 전력이 소비되고 있다.

## 6 대기전력을 줄이는 방법

(1) 사용시간 외 TV, 컴퓨터, 충전기 등의 플러그 뽑기

세대의 소비전력 약 11[%]가 대기전력으로 낭비된다. 전기사용량 555[kWh]의

대기전력 55[kWh](500[kWh]의 11[%])만 차단해도 세대당 전기요금 181,050원 −130,260원=50,790원 절약되고, 연간 50,790원×12개월=609,480원 절약된다.

**한전 2013.11.21. 주택용 전력(저압) 적용**

- 555[kWh] : 181,050원
- 500[kWh] : 130,260원

⑵ 일반 매입 콘센트를 스위치 부착 매입 콘센트로 교체

일반 매입 콘센트를 '스위치 부착 매입 콘센트'로 교체하면 세대에서 낭비되는 대기전력을 아낄 수 있어 전기에너지를 절약할 수 있다.

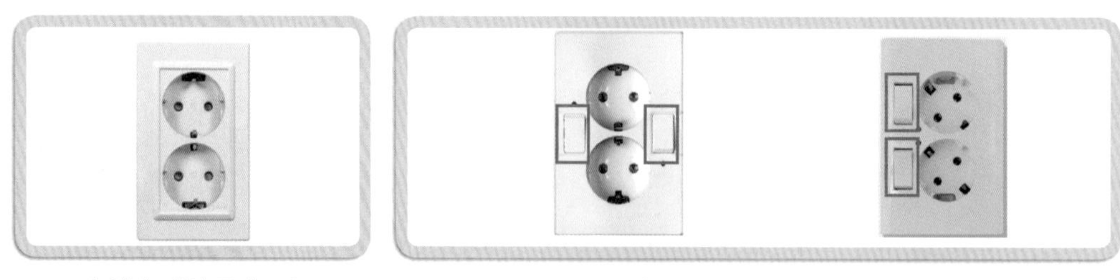

| 일반 매입 콘센트 |　　| 스위치 부착 콘센트 |

⑶ 플러그를 뽑기가 번거로울 경우에는 대기전력을 차단할 수 있는 절전형 멀티탭을 사용하여 차단한다. 멀티탭 각각의 스위치를 차단할 경우 양극(양극 차단스위치)을 동시에 차단하여 대기전력을 100[%] 차단한다(LED램프 적용).

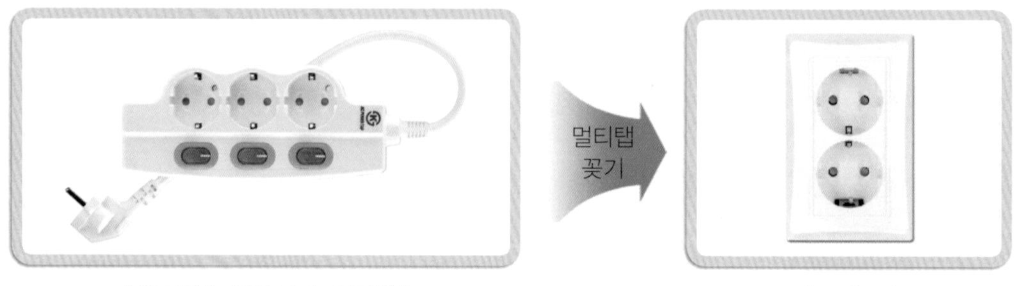


| 멀티탭(대기전력 차단 · 절전형) |　　| 콘센트 |

(4) 냉 · 온수기, 유 · 무선 공유기, 정수기는 사용하지 않는 시간에 타임스위치를 이용하여 ON과 OFF를 설정해 사용하면 대기전력을 많이 차단할 수 있다.

| 냉 · 온수기 |

| 디지털 타임스위치 |

| 아날로그 타임스위치 |



(5) 에너지 절약 등급, 마크가 붙어 있는 제품을 구입한다.

- 대기전력 차단 콘센트를 2008년 10월 설계되는 아파트부터 적용한다고 공공기관에서 언급하였으나 아직 실행되지 않고 있다. 이를 설계에 반영하여 시공하게 되면 각 가정의 전기사용의 약 11[%]를 절감할 것으로 보인다.
- 멀티탭(모둠꽂이) : 여러 개의 플러그를 꽂을 수 있게 만드는 이동식 콘센트이다.
- 점멸기 1개의 전등 군에 속하는 등기구 수는 6개 이내로 설치한다.
- 가정용 전기기계기구 : 텔레비전, 선풍기, 냉장고, 세탁기, 라디오, 다리미, 스탠드 등 기타 이와 유사한 것으로 가정용으로 사용되는 전기제품을 말한다.
- 가반형 전기기계기구 : 탁상용 선풍기, 전기다리미, 텔레비전, 전기세탁기, 가반 전기드릴 등과 같이 손으로 운반하기 쉽고 수시로 옥내배선에 접속하거나 또는 옥내배선에서 분리할 수 있도록 삽입 플러그가 달린 코드 등이 부속되어 있는 것을 말한다.

# 02 에너지소비효율 높은 제품 선택

## 1 에너지소비효율등급 제품 현황

| 제품명 | 연간 전력사용량[kWh] | | 절감[%] |
|---|---|---|---|
| | 1등급 | 3등급 | |
| 냉장고(540~600[L]) | 456 | 684 | 33 |
| 에어컨(15평형) | 793 | 1,033 | 23 |
| 세탁기(10[kg]) | 29 | 43 | 33 |
| 김치냉장고(180~240[L]) | 240 | 300 | 20 |
| 전기밥솥(10인용) | 1,248(효율 '높음') | 1,387(효율 '낮음') | 10 |
| 자동차 | 970[L/년] | 1,179[L/년] | 15[%] 더 운전 |
| 정수기<br>(냉수 3.5[L], 온수 3.5[L]) | 576 | 780 | 26 |
| 식기세척기(12인용) | 540 | 720 | 25 |
| 가정용 가스보일러 | 2,534[Nm$^3$]/년(효율 '높음') | 2,837[Nm$^3$]/년(효율 '낮음') | 11 |
| 냉동고(180[L]) | 332 | 532 | 38 |
| 진공청소기 | 130 | 175 | 26 |
| 형광램프 | 107 | 96 | 10 |
| 백열등(전구) | 198 | 180 | 9 |
| 형광램프용 안정기 | 107 | 96 | 10 |
| 안정기 내장형 램프 | 66 | 60 | 9 |

구형 제품의 에너지소비효율 1등급보다 신형 제품의 에너지소비효율 1등급이 전력이 더 많이 절감된다.

## 2 연간 에너지 절약 금액(냉장고 · 냉동고 1등급과 3등급 비교)

(1) 냉장고 및 냉동고 등을 신제품으로 구입할 때 전력소비량을 확인하고 가족 수에 알맞은 용량을 선택한다. 1등급에 가까울수록 절전형 제품이므로 1등급을 구입하는 것이 향후 고효율과 전기에너지 절전측면에서 좋다.

(2) 냉장고(540～600[L])의 연간 에너지 절약금액 비교(냉장고는 대형화 추세)

| 제품명 | 냉장고 (1등급) | 냉장고 (3등급) | 절감률 [%] | 절감량 [kWh] | 절감금액 [원] |
|---|---|---|---|---|---|
| 전력사용량[kWh] | 456 | 684 | 33 | 228(월 19) | 최저 39,480원 ~ 최고 261,000원 절약 |

① 100～119[kWh] 사용하는 세대

- 1등급 냉장고로 100[kWh]를 사용한 세대는 매월 전기료 7,350원이 발생한다.
- 3등급 냉장고로 119[kWh]를 사용한 세대는 매월 전기료 10,640원이 발생한다.
- 그러므로 1등급 냉장고를 사용하면 매월 3,290원이 절약되고, 연간 3,290원×12개월=39,480원이 절약된다. 따라서 최저 39,480원을 절약할 수 있다.

② 500～519[kWh] 사용하는 세대

- 1등급 냉장고로 500[kWh]를 사용한 세대는 매월 전기료 130,260원이 발생한다.
- 3등급 냉장고로 519[kWh]를 사용한 세대는 매월 전기료 152,010원이 발생한다.
- 그러므로 1등급 냉장고를 사용하면 매월 21,750원이 절약되고, 연간 21,750원×12개월=261,000원이 절약된다. 따라서 최고 261,000원 절약된다.

③ 냉장고 연간 에너지 절약금액 : 최저 39,480원～최고 261,000원 절약

최고 절약금액
261,000원

(3) 냉동고(180[L])의 연간 에너지 절감금액 비교

| 제품명 | 냉동고 (1등급) | 냉동고 (3등급) | 절감률 [%] | 절감량 [kWh] | 절감금액 [원] |
|---|---|---|---|---|---|
| 전력사용량[kWh] | 332 | 532 | 38 | 200(월 16.7) | 최저 36,120원~ 최고 241,560원 절약 |

① 100～117[kWh] 사용하는 세대

- 1등급 냉동고로 100[kWh]를 사용한 세대는 매월 전기료 7,350원이 발생한다.
- 3등급 냉동고로 117[kWh]를 사용한 세대는 매월 전기료 10,360원이 발생한다.
- 그러므로 1등급을 사용하면 매월 3,010원이 절약되고, 연간 3,010원×12개월=36,120원이 절약된다. 따라서 최저 36,120원 절약된다.

② 500～517[kWh] 사용하는 세대

- 1등급 냉동고로 500[kWh]를 사용한 세대는 매월 전기료 130,260원이 발생한다.
- 3등급 냉동고로 517[kWh]를 사용한 세대는 매월 전기료 150,390원이 발생한다.
- 그러므로 1등급을 사용하면 매월 20,130원이 절약되고, 연간 20,130원×12개월=241,560원이 절약된다. 따라서 최고 241,560원 절약된다.

③ 냉동고 연간 에너지 절약금액 : 최저 36,120원～최고 241,560원 절약

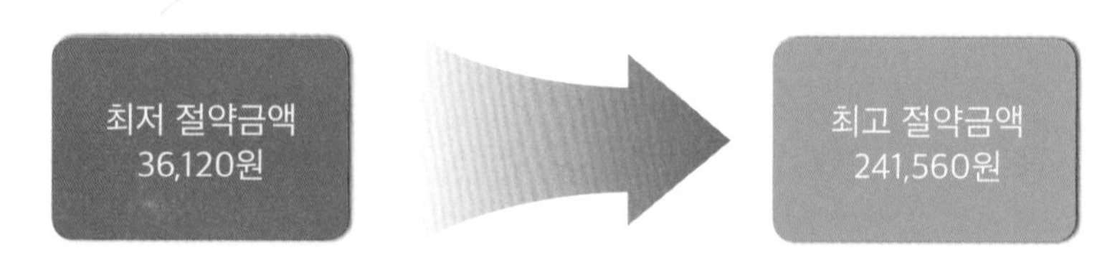


플러스 tip **전기절약**

가전제품(냉장고, 세탁기, 전기밥솥 등) 1등급 구입시 5등급과 비교하여 약 30~40[%] 정도 전기가 절약된다(단, 같은 용량일 경우).

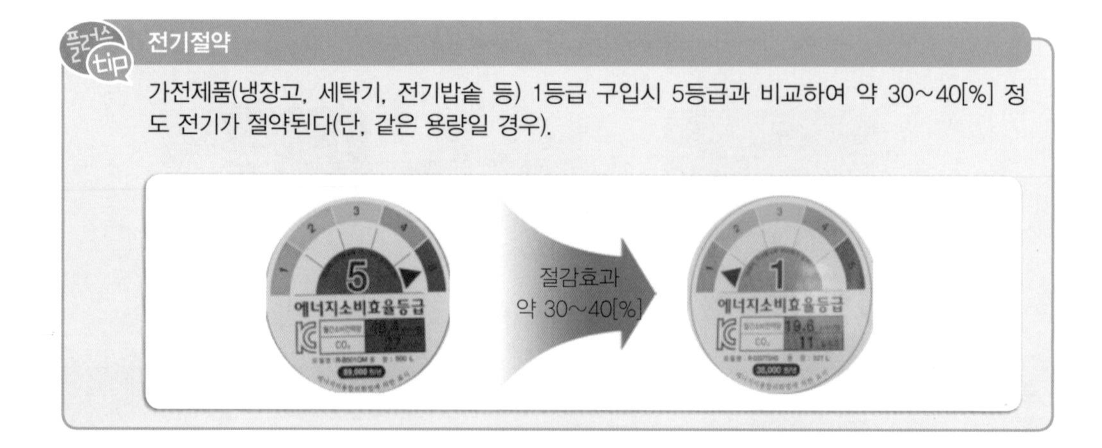

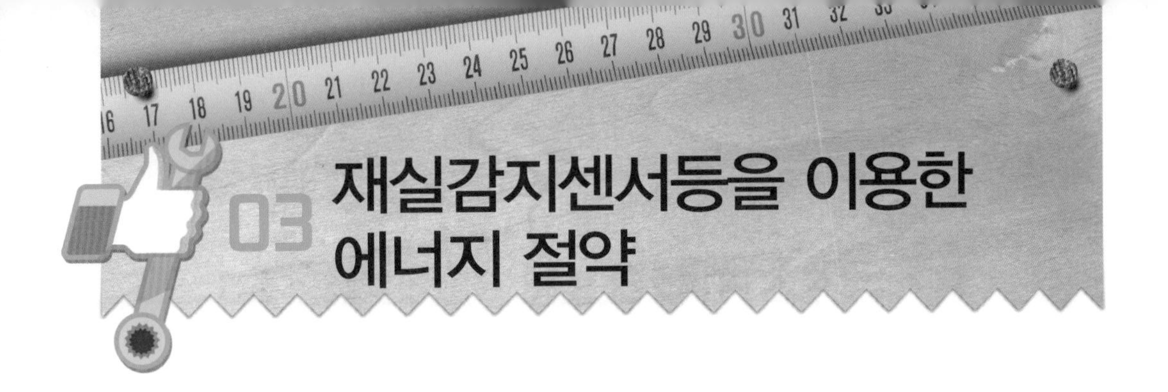

# 03 재실감지센서등을 이용한 에너지 절약

## 1 전기에너지 40~80[%] 절약하기(업무용 빌딩, 교육시설, 상가빌딩 등)

실내감지센서(재실감지센서)는 사람의 활동상황을 스스로 감지하여 자동 점·소등 기능으로 줄일 수 있다.

(1) 전구의 수명이 2~3배 연장되어 오래 사용한다.

(2) 화장실, 복도, 창고, 강의실, 지하주차장 등에 재실감지센서를 설치하면 공중화장실 70~80[%], 일반가정 40[%] 정도의 에너지를 절약할 수 있다.

## 2 재실감지센서의 설치

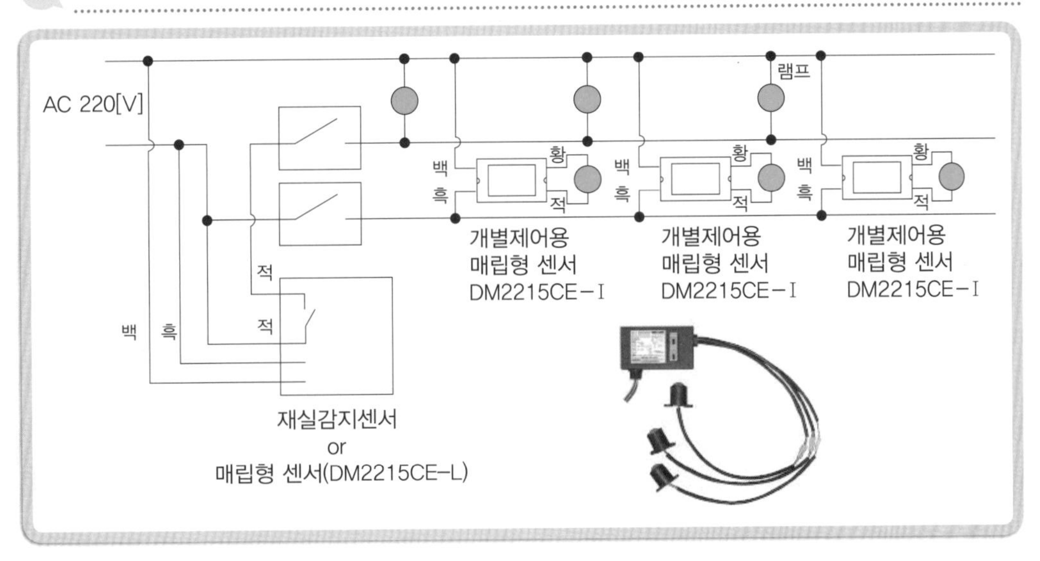

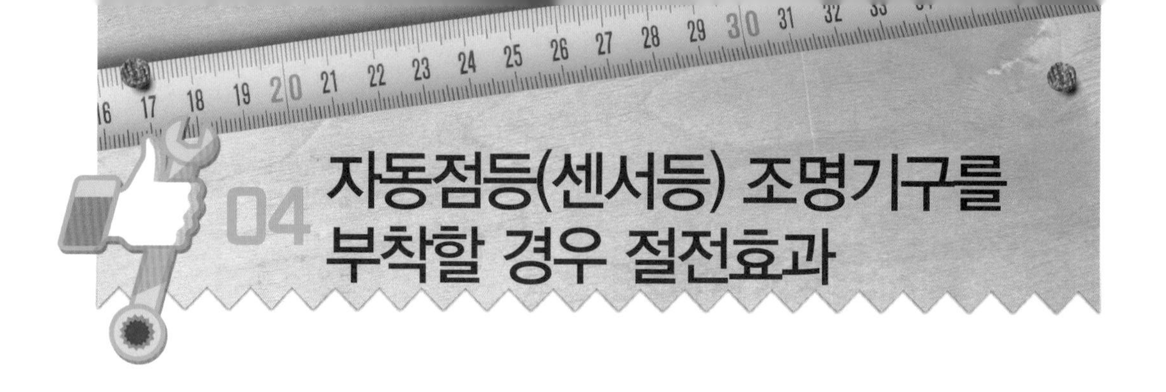

# 04 자동점등(센서등) 조명기구를 부착할 경우 절전효과

## 1 기존 스위치와 센서 스위치 조명기구의 비교

| 종류 \ 구분 | 기존 스위치 조명기구 | 센서 스위치 조명기구 | 절전효과 |
|---|---|---|---|
| 백열등 60[W]<br>(현관, 복도) | 60[W]×10시간×365일<br>=219[kWh/년] | 60[W]×1시간×365일<br>=21.9[kWh/년] | 90[%]<br>절감효과 |
| 삼파장 40[W]<br>(창고, 복도) | 40[W]×10시간×365일<br>=146[kWh/년] | 40[W]×1시간×365일<br>=14.6[kWh/년] | |
| 백열등 60[W],<br>삼파장 40[W]<br>(현관, 복도) | 기존 스위치 삼파장 40[W] 사용<br>40[W]×10시간×365일<br>=146[kWh/년] | 센서 스위치는 백열등 60[W] 사용<br>60[W]×1시간 ×365일<br>=21.9[kWh/년] | 85[%]<br>절감효과 |

(1) 센서 스위치에는 삼파장 40[W]의 전구를 사용하는 경우 전구의 수명이 급속히 짧아진다. 그러므로 백열등 60[W], 삼파장 11[W], LED등 7.5[W] 전구를 사용하는 것이 바람직하다(기술개발로 삼파장 센서 스위치에 사용이 가능하다).

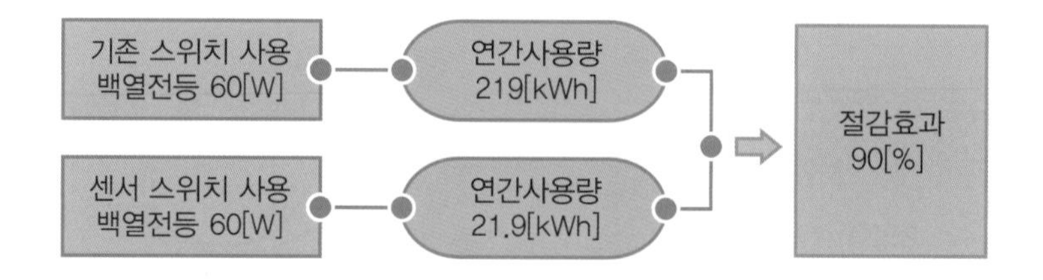


(2) 점멸기 종류

① 점멸기 : 전등 등의 점멸에 사용하는 개폐기를 말한다.

② 타임스위치, 3로 점멸기(스위치), 4로 점멸기(스위치), 리모콘 점멸기(스위치) 등이 있다.

## 2 조명기구의 종류

(1) **기존 스위치 조명기구(직부등)**

점멸장치 스위치는 등기구 6개 이내이다(타이머, 집중제어실의 경우 제외).

(2) **센서 스위치 조명기구(센서등)**

① 인체감지형 스위치

② 조도감지형 스위치

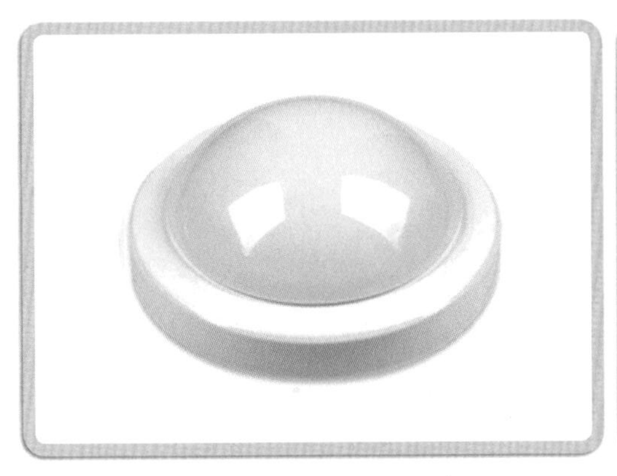

| 기존 스위치 조명(직부등) |

| 센서 스위치 조명(센서등) |

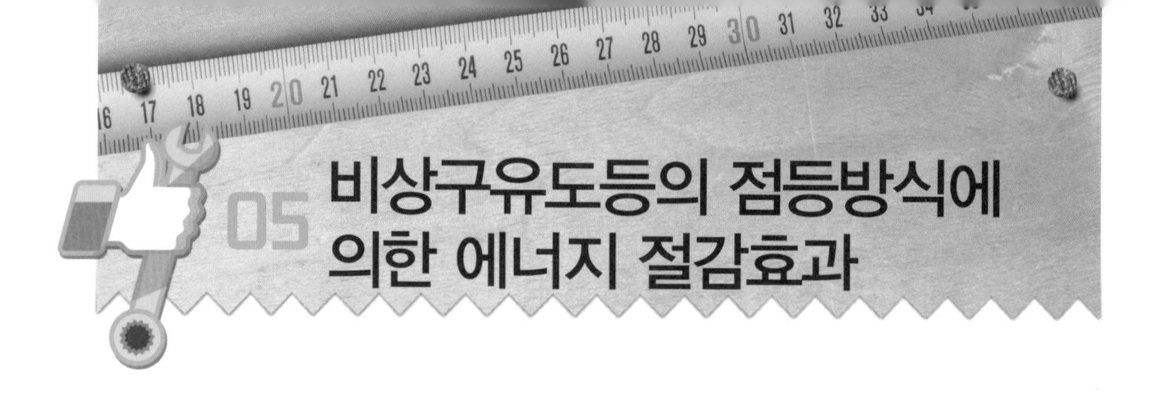

# 05 비상구유도등의 점등방식에 의한 에너지 절감효과

## 1 2선식 점등방식(24시간 점등)

(1) 비상구유도등의 용량 : 10[W]

(2) 비상구유도등 수 : 1등

(3) 연간사용시간 : 24시간×365일=8,760시간

(4) 소비전력량 : 10[W]×1등×24시간×365일=87.6[kWh/년]

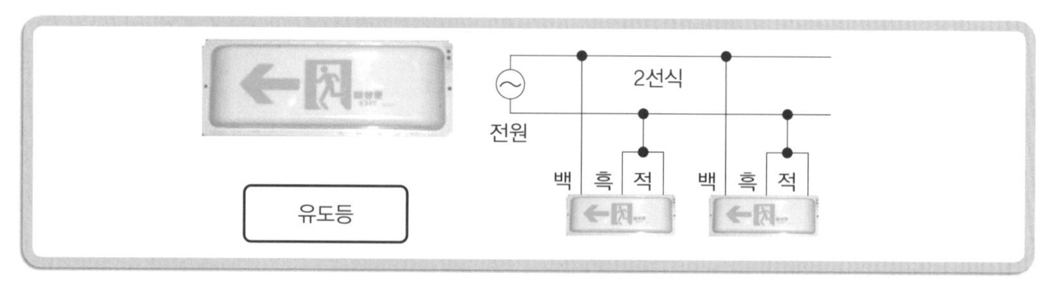


## 2 3선식 점등방식(상시 소등되었다가 비상시(감지기 작동, 정전시)만 점등)

(1) 비상구유도등의 용량 : 10[W]

(2) 비상구유도등 수 : 1등

(3) 연간사용시간 : 9시간

(4) 소비전력량 : 10[W]×1등×9[시간]=0.09[kWh/년]

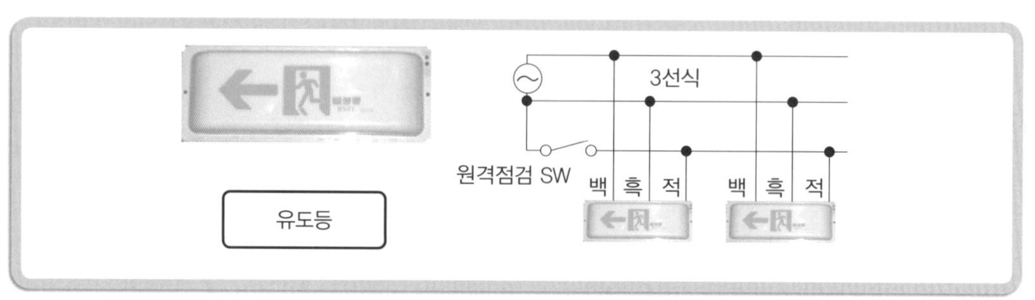

## 3 절감전력의 효과

전력절감량 87.6[kWh/년]－0.09[kWh/년]＝87.51[kWh/년]
∴87.51[kWh/년]

## 4 기대 효과

(1) 99.9[%]의 효과를 가져온다. 그러므로 비상구유도등은 3선식이 가장 좋은 방식이다.

(2) 2선식과 3선식 점등방식으로 시공하였을 때의 차이점

| 2선식 점등방식 | 3선식 점등방식 |
|---|---|
| 점멸기에 의거하여 자동소등을 하게 되면 자동적으로 예비전원에 의한 점등이 20분 이상 지속된 후 꺼진다. | 점멸기에 의거하여 소등을 하게 되면 유도등은 꺼지나 예비전원에 의해 계속 충전되고 있는 상태가 된다. |

(3) 유도등 3선식이 점등되어야 하는 시기

① 자동화재 탐지설비의 감지기 또는 발신기가 작동되는 시기
② 비상경보설비의 발신기가 작동되는 시기
③ 상용전원이 정전되거나 전원이 단선되는 시기
④ 방재업무를 통제하는 곳 또는 전기실의 배전반에서 수동으로 점등하는 시기
⑤ 자동소화설비가 작동되는 시기

• LED 유도등(소) → 4[W](구,10[W])
• LED 유도등(중) → 8[W](구, 20[W])
• LED 유도등(대) → 16[W](구,40[W])
(유도등 및 유도표지의 화재안전기준[NFSC 303] 시행 2012. 8. 20.[소방방재청고시 제2012-130호, 2012. 8. 20. 일부개정] 제9조 유도등의 전원 제3항 제2호 규정 참고)

# 06 백열등과 LED등 사용시 전기요금 비교

## 1 백열등과 LED등

(1) 백열등 60[W] 1개의 전등으로 LED등 7.5[W]를 8개 사용할 수 있다.
(2) 백열등은 2014년 1월부터 생산과 수입이 전면 중단되었다(백열등은 전기에너지의 95[%]는 열로 낭비하고 5[%]만 빛을 내는 데 쓰이는 '최저소비효율' 조명이다).
(3) LED등은 180[lm/W]의 광효율이 뛰어난 제품이 개발되어서 적용되고 있다.

백열등은 7.8[lm/W], 형광등은 37.6[lm/W] 광효율을 방출하고 있다.

## 2 백열등 전기요금

(1) 전기사용량 : $60[W] \times 24[h] \times 10$개 $\times 365$일 $\times 10^{-3} = 5,256[kWh]$
(2) 전기요금 : $5,256[kWh] \times 100$원 $= 525,600$원

## 3 LED등 전기요금

(1) 전기사용량 : $7.5[W] \times 24[h] \times 10$개 $\times 365$일 $\times 10^{-3} = 657[kWh]$
(2) 전기요금 : $657[kWh] \times 100$원 $= 65,700$원

## 4 백열등을 LED등으로 교체했을 때의 효과

(1) 87.5[%]의 전기요금 절약효과를 가져온다.
① 절감 전력량[W] : $60[W] - 7.5[W] = 52.5[W]$
② 절약된 전기요금 : 525,600원(백열등) − 65,700원(LED등) = 459,900원
∴ 459,900원 절약된다.

| 백열등 60[W] |

| LED등 7.5[W] |

(2) 욕실, 발코니 등의 백열등을 'LED등'으로 교체하면 87.5[%] 절전되고, 수명은 50배 이상 연장된다.
(3) 욕실, 발코니 등의 백열등을 '전구식 형광등'으로 교체하면 81.6[%] 절전되고, 수명은 8~10배 연장된다.
(4) 기존에 사용 중인 40[W] 형광등을 28[W] 형광등으로 교체하면 약 30[%]의 소비전력 절감효과가 있다.

조명등의 밝기는 백열등 60[W]와 전구식 형광등 11[W], LED등 7.5[W]가 거의 같다.

| 백열등 60[W] |

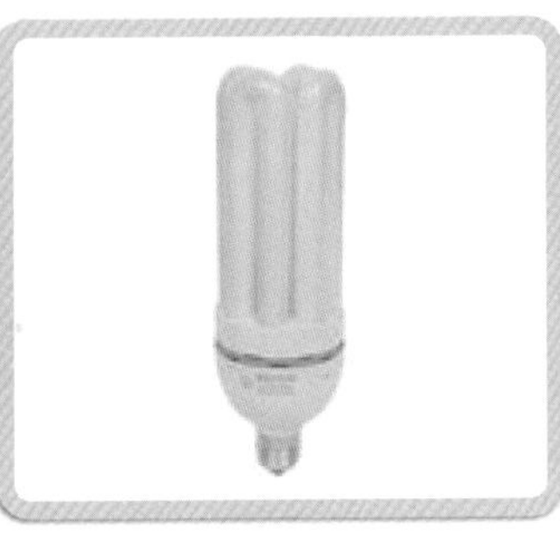

| 전구식 형광등 11[W] |

| LED등 7.5[W] |

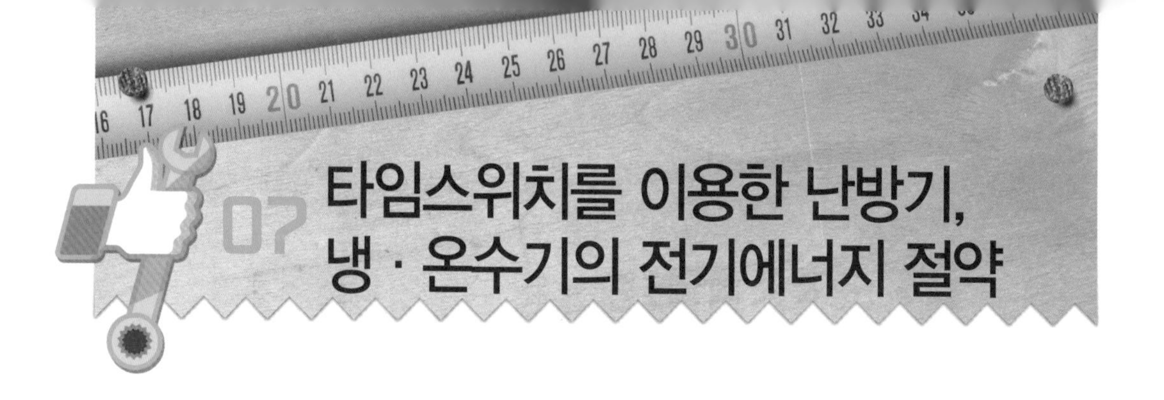

# 07 타임스위치를 이용한 난방기, 냉·온수기의 전기에너지 절약

## 1 타임스위치의 종류

### (1) 아날로그 타임스위치(24시간용)

① 일반용 콘센트 플러그 일체형

② 램프 부하 : 4[A]

③ 모터 부하 및 유도성 부하 : 3[A]

④ 최소설정단위(핀) : 10분/핀, 15분/핀

⑤ 최대 꺼짐 · 켜짐 설정횟수 : 72회/일, 48회/일

⑥ 부하를 동작시키고자 하는 시간대에 해당하는 설정핀을 바깥쪽으로 밀어낸다.

⑦ 자동 · 켜짐 절환 스위치 사용

- 'Auto' 위치는 설정된 핀의 프로그램에 따라 부하를 자동 동작시키는 상태
- '영구 ON' 위치는 설정된 핀의 프로그램과 상관없이 부하를 계속 동작시키는 상태

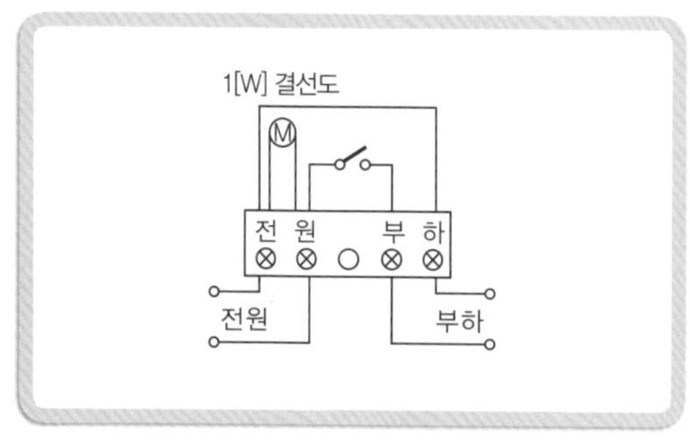


| 타임스위치 회로도 |

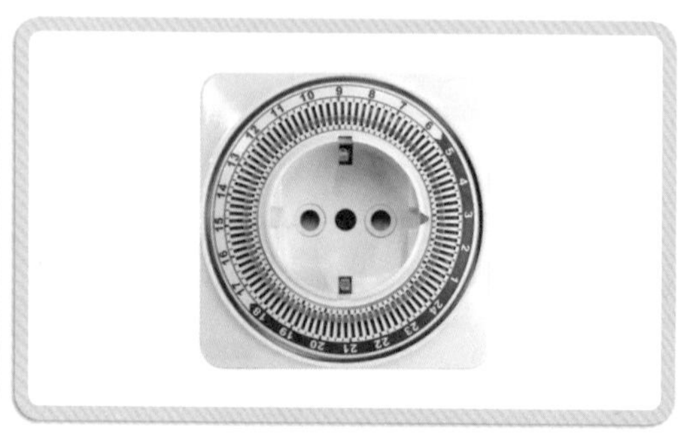

| 아날로그 타임스위치 |

### (2) 디지털 타임스위치(일 또는 2주용)

① 디지털 콘센트 플러그 일체형

② 램프 부하 : 4[A]

③ 모터 부하 및 유도성 부하 : 3[A]

④ 최소설정단위 : 1분

⑤ 최대 꺼짐 · 켜짐 설정횟수 : 20회/일, 20회/2주

⑥ 24시간 타임스위치 기능은 동작시간 설정시 모든 요일(월, 화, 수, 목, 금, 토, 일) 선택 후 동작시간을 지정하면 24시간 순환 주기로 타임스위치가 반복 동작한다.

⑦ 일주일 타임스위치 기능은 매 요일 또는 특정 요일 동작 시간을 다르게 설정하여 일주일 순환 주기로 타임스위치가 반복 동작한다.

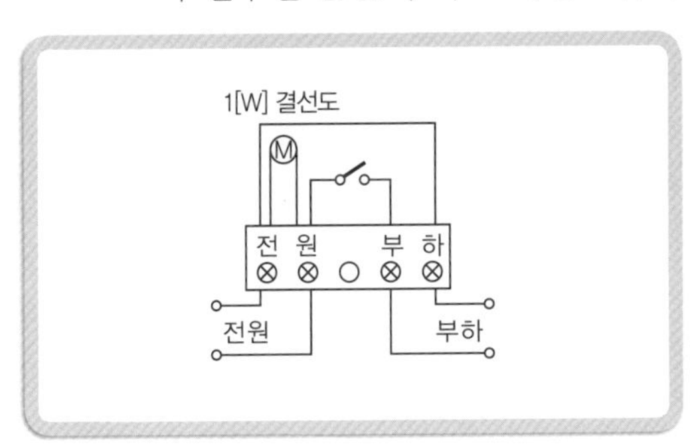


| 타임스위치 회로도 |

| 디지털 타임스위치 |

## 2 타임스위치를 이용한 난방기 절약

(1) 중식시간 및 퇴실 1시간 전에는 난방기 가동을 중지한다.

(2) 타임스위치로 중식시간과 퇴근시간 전에 난방을 끄도록 예약하면 불편 없이 많은 양의 전기를 절약할 수 있다.

(3) 연속난방의 경우에는 난방을 중지하여도 중식시간과 퇴근 1시간 정도는 난방 효과를 낼 수 있다.

## 3 타임스위치를 이용한 냉 · 온수기 절약

(1) 타임스위치로 퇴근 후부터 출근 30분 전까지 냉 · 온수기를 끄도록 예약한다(냉 · 온수기는 사용하기 15분 전에 전원을 투입하면 약 85[℃] 온수를 사용할 수 있다)

(2) 냉 · 온수기는 사무실 등에 사람이 있을 경우에 작동하고 사람이 없을 경우 및 휴무인 경우 전원을 차단하여 전기를 절약한다.

타임스위치를 사용하여 기동 및 중지를 할 경우에는 '디지털타임 스위치'가 1분 단위로 설정이 가능하므로 많은 전기절약을 할 수 있다.

## 4 디지털 타임스위치를 사용했을 때의 장점

(1) 퇴근 후부터 출근시간 30분 전까지 14시간 동안 전기를 절약할 수 있다.

(2) 토요일이 휴무인 경우에는 24시간 동안 전기를 절약할 수 있다.

(3) 일요일이 휴무인 경우에는 24시간 동안 전기를 절약할 수 있다.

(4) 기타 국경일도 2주 안에서 조정이 가능하다(단, (2)~(4)는 '디지털 타임스위치'만 조정 가능).

# 08 전기밥솥의 소비전력 및 절약하는 방법

## 1 전기밥솥의 소비전력

(1) 전기밥솥(6인용)의 취사 소비전력은 950[W]이고 보온 소비전력은 105[W]이다.

(2) 밥을 7~9시간 이상 보온하면 새로 밥을 짓는 것과 동일한 전력이 소비된다.

① 집에서 아침 7시 30분에 출근하고, 퇴근해서 집에 7시 30분에 도착한다고 가정하면 보온시간은 12시간이다. 이 경우 소비전력은 다음과 같다.

- 취사 소비전력은 950[W]이다.
- 보온 소비전력은 105[W]×12시간=1,260[W]이다.

② 취사소비전력보다 310[W]가 더 낭비되고 있다.

- 1,260[W]−950[W]=310[W]
- 한 번에 밥을 많이 짓는 것보다 아침과 저녁으로 나누어 밥을 지으면 더 많은 전력이 절약된다.

③ 낭비되는 소비전력 310[W]로는 LED등 7.5[W](백열등 60[W] 밝기) 약 41개를 켜서 사용할 수 있다.

## 2 절약하는 방법

(1) 남은 밥을 밥솥에서 장시간 보온하지 말고 1회분씩 나누어 냉장, 냉동 보온하면 전력을 절약할 수 있다.

(2) 따뜻한 물을 사용하여 취사하면 밥 짓는 시간과 전력사용량을 많이 줄일 수 있다.

**맛있는 밥 짓기**

전기밥솥 또는 전기압력밥솥의 밥솥 안 용기의 3분의 1만 채워서 밥을 짓게 되면 밥알이 공기와 충분히 혼합되어 맛있는 밥을 먹을 수 있다.

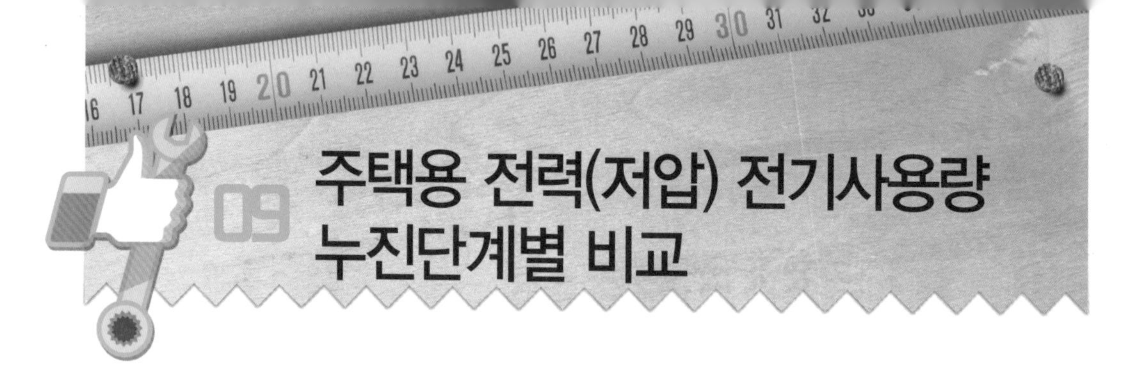


# 주택용 전력(저압) 전기사용량 누진단계별 비교

## 1 주택용 전력(저압) 전기사용량 누진단계(1~6단계) 비교

| 사용량[kWh] | 100 이하 | 101~200 | 201~300 | 301~400 | 401~500 | 500 초과 |
|---|---|---|---|---|---|---|
| 사용량 단계 | 1단계 | 2단계 | 3단계 | 4단계 | 5단계 | 6단계 |
| 단계별 요금(원) | 60.70 | 125.90 | 187.90 | 280.60 | 417.70 | 709.50 |
| 단계별 증가 | 1배 | 2.1배 | 3.1배 | 4.6배 | 6.9배 | 11.7배 |

## 2 1~6단계의 단계별 전기요금 증가폭 구분

(1) 1단계(100[kWh]) : 1배

(2) 2단계(101~200[kWh]) : 2.1배

(3) 3단계(201~300[kWh]) : 3.1배

(4) 4단계(301~400[kWh]) : 4.6배

(5) 5단계(401~500[kWh]) : 6.9배

(6) 6단계(500[kWh] 초과) : 11.7배

(7) 전기수급체계가 1단계에서 6단계(11.7배)로 나누어져 있어 여름, 겨울의 전력수요 급증으로 평소보다 3~4배의 많은 전기요금을 부담할 수 있다.

전기사용량이 400[kWh]를 초과하면 단계별 전기요금이 많이 상승하고 500[kWh]를 초과하면 단계별 전기요금이 급격하게(누진세 적용) 상승하는 것을 볼 수 있다(세대에서는 될 수 있으면 전기사용량을 300[kWh] 미만 사용하는 것이 전기요금을 적게 내는 방법이다).

## 3 주택용 전력(저압) 전기 누진요금제도 비교

(1) 전기에너지 소비절약을 유도하기 위한 제도로 전력소비량이 증가함에 따라 단계적으로 전기요금 단가가 증가하는 제도이다(특히, 여름철과 겨울철 전력소모가 많은 제품(에어컨, 전열기 등) 과다 사용시 전기요금이 큰 폭으로 증가).

(2) 전기사용량 및 전기요금 증가(저압 기준)

| 전기사용량[kW] | 100 | 200 | 300 | 400 | 500 | 600 |
|---|---|---|---|---|---|---|
| 사용량 단계 | 1배 | 2배 | 3배 | 4배 | 5배 | 6배 |
| 전기요금[원] | 7,350 | 22,240 | 44,390 | 78,850 | 130,260 | 217,350 |
| 누진요금 단계 | 1배 | 3배 | 6배 | 11배 | 18배 | 29.6배 |

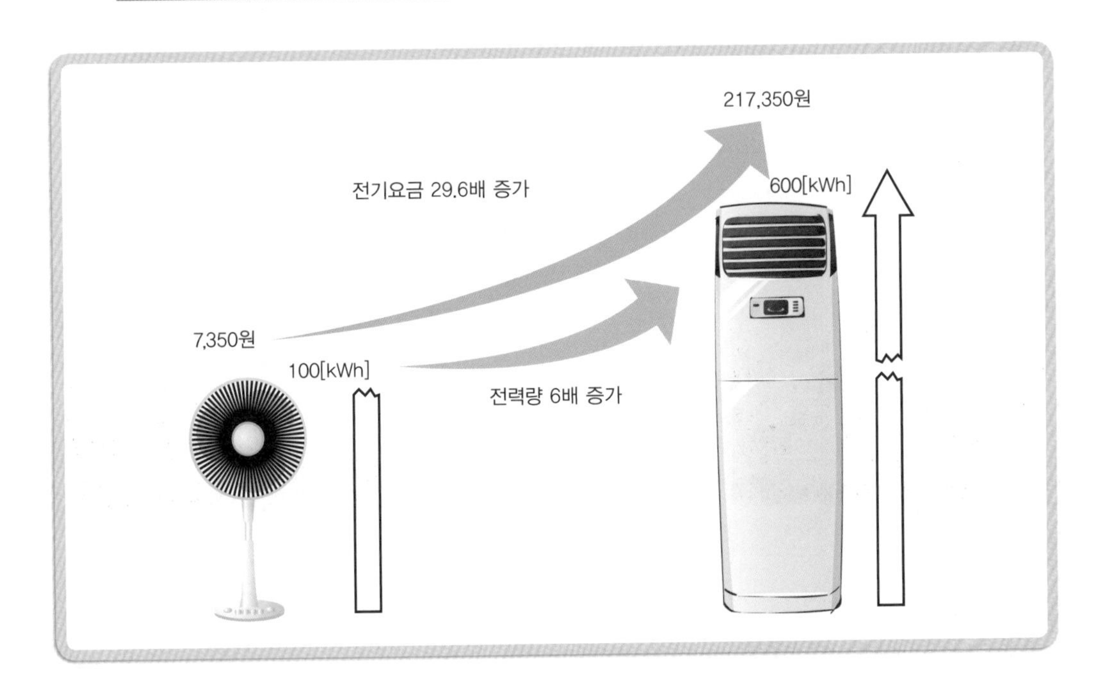


(3) 냉방 및 난방기기 사용시 요금 예시(저압 기준)

① 월간 100[kWh] 사용 고객이 추가로 정격소비전력 1,964[W]를 1일 8시간 30분씩 1개월(30일) 사용하였을 경우

② 냉방 및 난방기기로 인한 추가 사용량

$1,964[W] \times 8.5[h] \times 30일 \times 10^{-3} = 500.82[kWh]$

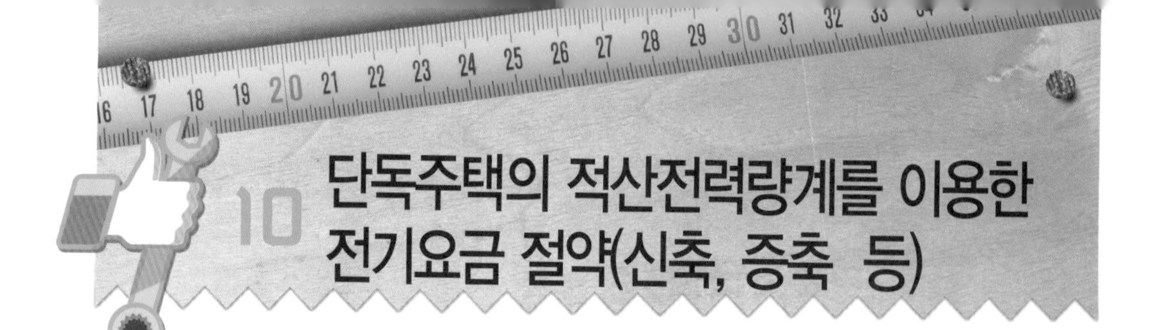

# 10 단독주택의 적산전력량계를 이용한 전기요금 절약(신축, 증축 등)

(1) 단독주택 1층 또는 2층 건물에 적산전력량계 1대를 설치하여 전기 사용량이 600[kWh]인 경우에 전기요금은 217,350원 발생한다.

(2) 단독주택 1층 또는 2층 건물에 적산전력량계 2대가 설치되어 있고, 전기사용량이 각각 300[kWh]인 경우 전기요금은 44,390원×2대=88,780원 발생한다.

(3) **절약된 전기요금** : 217,350−88,780=128,570원(참고, 한국전력공사 2013년 11월 21일 시행 주택용 전력(저압) 전기요금 사용량별 요금표)

① 600[kWh] : 전기요금 217,350원

② 300[kWh] : 전기요금 44,390원

(4) 전기사용량이 같은 경우에도 약 2.5배의 절감효과를 가져온다.

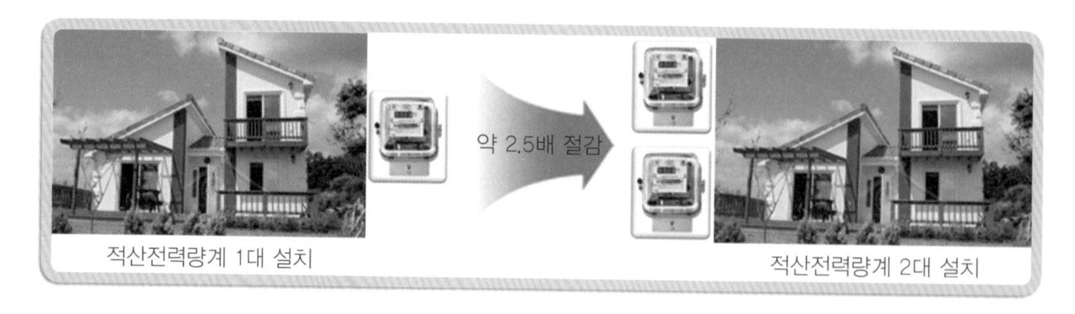


적산전력량계 1대 설치　　적산전력량계 2대 설치

(5) **적산전력량계 취부조건** : 1층 건축물의 주거기능을 가지고 독립 취사를 하고 있는 가구는 적산전력량계 2대 취부가 가능하다.

전기사용량이 1~6단계가 적용되므로 단계별 요금 증가 11.7배, 그러나 전기 요금은 누진단계를 적용하므로 29.6배의 '전기요금'이 발생한다. 이제는 누진단계를 고려할 시점이 왔다.

# 11 전기절약하는 여러 가지 습관

## 1 조명기구를 이용한 전기절약

(1) 백열등은 '전구식 형광등' 또는 'LED(발광다이오드)등' 기구로 교체한다.

(2) 복도, 현관 등에는 센서 또는 타임스위치를 설치한다.

(3) 고효율 조명기기 정부지원 에너지절약 전문기업을 이용하면 많은 에너지절약효과를 가질 수 있다.

(4) 조명 한등 끄기 습관을 기른다.

(5) 조명기구를 고효율 조명으로 바꾼다.

## 2 냉장고를 이용한 전기절약

(1) 설정온도를 조절한다. 설정온도는 '강', '중', '약'으로 조절이 가능하고, '약'은 '강'에 비해 약 20[%] 전기소비량이 적다(계절에 따라서 온도를 설정하도록 한다).

(2) 문을 1회 여닫는 데 약 0.35[%]의 전력이 소모되므로 문을 여닫는 횟수를 줄인다.

(3) 냉장실은 60[%]만 채운다(냉장고 안의 음식물을 10[%] 증가시키면 전기소비량은 3.6[%] 증가한다).

(4) 냉장고는 가족 수에 알맞은 용량을 선택한다(1인당 약 50[L]가 적당하다).

(5) 냉장고 · 냉동고는 벽과 거리를 두고 설치하고, 뒷면 방열판을 주기적으로 청소한다.

## 3 TV를 이용한 전기절약

(1) TV 화면을 너무 밝게 설정하면 일반모드나 영화모드에 비해 10~20[W] 이상의 전력을 더 소비하므로 상황에 맞게 화면모드를 설정한다.

(2) TV 시청 시간을 한 시간만 줄인다.

## 4 실내 난방(냉방)온도를 이용한 전기절약

(1) 실내 난방온도는 20[℃] 이하로 유지한다(겨울철).

① 23[℃]에서 22[℃]로 1[℃] 낮게 설정하면 약 4~6[%] 에너지를 아낄 수 있다.

② 23[℃]에서 21[℃]로 2[℃] 낮게 설정하면 약 10[%]의 에너지를 아낄 수 있다.

③ 23[℃]에서 20[℃]로 3[℃] 낮게 설정하면 약 20[%] 에너지를 아낄 수 있다.

(2) 여름철 냉방온도는 반대로 생각한다.

**체감온도를 올리는 손쉬운 3가지 방법**

- 내복착용 : +3[℃]
- 무릎담요 : +2.5[℃]
- 가디건 : +2[℃]

## 5 그 외 절약방법

(1) 전화 통화시간을 1분만 짧게 한다.

(2) 전기압력밥솥 대신 가스압력밥솥을 사용한다.

(3) 3층 이하는 엘리베이터 대신 계단을 이용하고, 엘리베이터는 격층으로 운행한다.

(4) 다림질은 전력소비가 많은 시간을 피해서 한 번에 모아 다림질 한다.

(5) 열의 흡수가 잘되는 밑바닥이 넓은 조리기구를 사용한다.

당신의 꿈을 실현시키는
**최고의 맞춤 교육!!**

## 생생 전기현장 실무

김대성 지음 / 4 · 6배판 / 360쪽 / 30,000원

전기에 처음 입문하는 조공, 아직 체계가 덜 잡힌 준전기공의 현장 지침서!

전기현장에 나가게 되면 이론으로는 이해가 안 되는 부분이 실무에서 종종 발생하곤 한다. 이러한 문제점을 가지고 있는 전기 초보자나 준전기공들을 위해서 이 교재는 철저히 현장 위주로 집필되었다.
이 책은 지금도 전기현장을 지키고 있는 저자가 현장에서 보고, 듣고, 느낀 내용을 직접 찍은 사진과 함께 수록하여 이론만으로 이해가 부족한 내용을 자세하고 생생하게 설명하였다.

## 생생 수배전설비 실무 기초

김대성 지음 / 4 · 6배판 / 452쪽 / 39,000원

아파트나 빌딩 전기실의 수배전설비에 대한 기초를 쉽게 이해할 수 있는 생생한 현장실무 교재!

이 책은 자격증 취득 후 일을 시작하는 과정에서 생기는 실무적인 어려움을 해소하기 위해 수배전 단선계통도를 중심으로 한전 인입부터 저압에 이르기까지 수전설비들의 기초부분을 풍부한 현장사진을 덧붙여 설명하였다. 그 외 수배전과 관련하여 반드시 숙지하고 있어야 할 수배전 일반기기들의 동작계통을 다루었다. 또한, 교재의 처음부터 끝까지 동영상강의를 통해 자세하게 설명하여 학습효과를 극대화하였다.

## 생생 전기기능사 실기

김대성 지음 / 4 · 6배판 / 272쪽 / 33,000원

일반 온 · 오프라인 학원에서 취급하지 않는 실기교재의 새로운 분야 개척!

기존의 전기기능사 실기교재와는 확연한 차별을 두고 있는 이 책은 동영상을 보는 것처럼 실습과정을 사진으로 수록하여 그대로 따라할 수 있도록 구성하였다. 또한 결선과정을 생생하게 컬러사진으로 수록하여 완벽한 이해를 도왔다.

## 생생 자동제어 기초

김대성 지음 / 4 · 6배판 / 360쪽 / 38,000원

자동제어회로의 기초 이론과 실습을 위한 지침서!

이 책은 자동제어회로에 필요한 기초 이론을 습득하고 이와 관련한 기초 실습을 한 다음, 실전 실습을 할 수 있도록 엮었다.
또한, 매 결선과제마다 제어회로를 결선해 나가는 과정을 순서대로 컬러사진과 회로도를 수록하여 독자들이 완벽하게 이해할 수 있도록 하였다.

## 생생 소방전기(시설) 기초

김대성 지음 / 4 · 6배판 / 304쪽 / 37,000원

소방전기(시설)의 현장감을 느끼며 실무의 기본을 배우기 위한 지침서!

소방전기(시설) 기초는 소방전기(시설)의 현장감을 느끼며 실무의 기본을 탄탄하게 배우기 위해서 꼭 필요한 책이다.
이 책은 소방전기(시설)에 필요한 기초 이론을 알고 이와 관련한 결선 모습을 이해하기 쉽도록 컬러사진을 수록하여 완벽하게 학습할 수 있도록 하였다.

## 생생 가정생활전기

김대성 지음 / 4 · 6배판 / 248쪽 / 25,000원

가정에 꼭 필요한 전기 매뉴얼 북!

가정에서 흔히 발생할 수 있는 전기 문제에 대해 집중적으로 다룸으로써 간단한 것은 전문가의 도움 없이도 손쉽게 해결할 수 있도록 하였다. 특히 가정생활전기와 관련하여 가장 궁금한 질문을 저자의 생생한 경험을 통해 해결하였다. 책의 내용을 생생한 컬러사진을 통해 접함으로써 전기설비에 대한 기본지식과 원리를 효과적으로 이해할 수 있도록 하였다.

쇼핑몰 QR코드 ▶다양한 전문서적을 빠르고 신속하게 만나실 수 있습니다.
경기도 파주시 문발로 112번지 파주 출판 문화도시(제작 및 물류) TEL. 031) 950-6300 FAX. 031) 955-0510
서울시 마포구 양화로 127 첨단빌딩 3층(출판기획 R&D센터) TEL. 02) 3142-0036
BM (주)도서출판 성안당

착착! 아파트·빌딩·상가 등
시설물 유지·관리 테크닉북

2014. 7. 25. 초 판 1쇄 발행
**2023. 11. 1. 1차 개정증보 1판 2쇄 발행**

저자와의 협의하에 검인생략

지은이 | 김재규
펴낸이 | 이종춘
펴낸곳 | BM (주)도서출판 성안당
주소 | 04032 서울시 마포구 양화로 127 첨단빌딩 3층(출판기획 R&D 센터)
10881 경기도 파주시 문발로 112 파주 출판 문화도시(제작 및 물류)
전화 | 02) 3142-0036
031) 950-6300
팩스 | 031) 955-0510
등록 | 1973. 2. 1. 제406-2005-000046호
출판사 홈페이지 | **www.cyber.co.kr**
ISBN | 978-89-315-3774-1 (13550)
**정가** | **30,000원**

**이 책을 만든 사람들**
기획 | 최옥현
진행 | 박경희
교정·교열 | 김혜린
전산편집 | 정희선
표지 디자인 | 정희선, 임흥순
홍보 | 김계향, 유미나, 정단비, 김주승
국제부 | 이선민, 조혜란
마케팅 | 구본철, 차정욱, 오영일, 나진호, 강호묵
마케팅 지원 | 장상범
제작 | 김유석